电子技术实习

主　编　臧　琛

副主编　郭连考

参　编　巴特尔　春　兰

　　　　寇志伟　苏　曦

北京理工大学出版社
BEIJING INSTITUTE OF TECHNOLOGY PRESS

内 容 简 介

本书共9章，包括安全用电、电子技术国家标准、常用电子仪器仪表、常用电子元件及其检测、电子技术基本技能、电子产品组装与调试、电子基本单元电路、印制电路板的设计与制作、电子工艺实训项目等方面的内容。

本书可作为本科、专科在校大学生进行电子工程训练的教材，也可作为从业人员的参考书籍。

图书在版编目（CIP）数据

电子技术实习／臧琛主编．—北京：北京理工大学出版社，2012.9（2017.1 重印）
ISBN 978 - 7 - 5640 - 6417 - 4

I. ①电… Ⅱ. ①臧… Ⅲ. ①电子技术—高等学校—教材 Ⅳ. ①TN

中国版本图书馆 CIP 数据核字（2012）第 180404 号

出版发行／北京理工大学出版社
社　　址／北京市海淀区中关村南大街 5 号
邮　　编／100081
电　　话／(010)68914775(办公室)　68944990(批销中心)　68911084(读者服务部)
网　　址／http：// www. bitpress. com. cn
经　　销／全国各地新华书店
印　　刷／虎彩印艺股份有限公司
开　　本／787 毫米×1092 毫米　1/16
印　　张／17.25
字　　数／396 千字
版　　次／2012 年 9 月第 1 版　　2017 年 1 月第 4 次印刷　　　　　责任编辑／陈莉华
印　　数／4701~5200 册　　　　　　　　　　　　　　　　　　　　责任校对／周瑞红
定　　价／33.00 元　　　　　　　　　　　　　　　　　　　　　　责任印制／王美丽

图书出现印装质量问题，本社负责调换

前　言

工程训练是高等院校工程教育的主要环节，是培养学生工程实践能力的基本方法，在工科高等教育中举足轻重。电子工程训练是工程训练的重要组成部分，它既为学生认知电子技术、工艺提供了机会，也是学生们深入理解电子技术基础及电子设计方法的基本环节。为了进一步深化实践教学环节的教学改革，提高工科工程教学质量，在内蒙古工业大学工程训练中心领导的深切关怀下，编者们在总结了多年教学和实践经验的基础上，群策群力完成了本书的编写，进一步促进了本校电子工程训练向工程训练"学习工艺知识，增强工程实践能力，提高综合素质（包括工程素质），培养创新精神和创新能力"的教学目标迈进。

本书作为内蒙古自治区实验教学示范中心——内蒙古工业大学工程训练中心组织编写的工程训练系列教材之一，在模拟电子技术、数字电路技术等理论基础之上，专门针对电子工程训练的各个环节编写而成。全书共分9章。第1章介绍了安全用电常识及电子工程训练实验室的各项规章制度与注意事项，对预防用电事故和保障人身及设备安全的方法进行了详尽的介绍；第2章对电子相关国家标准进行了说明；第3、4章以基本电子测量设备和常用电子元器件作为主要介绍对象，详细介绍了电子测量设备的使用方法、工作原理以及电子元器件的辨识和检测方法；第5、6章阐述了电子手工焊接及产品组装调试等相关内容，对焊接方法、质量要求、检测方法及整机组装、调试方法进行了详细说明；第7章介绍了电子系统中常见的基本单元电路，并对基本单元电路的作用、原理、特点、使用注意事项进行了分析和说明；第8、9章对印制电路板的设计、制作及基本电子工程训练进行了介绍，系统阐述了印制电路板在设计和制作时的工艺、方法及要求，并对电子工程训练基本项目进行了简单介绍。

本书立足于电子工程训练的教学目标和课程需要，既注重了实用技术的工艺性，又强调了工程设计的重要性，结合了理论与实践，遵循循序渐进的原则，由浅入深地对电子工程实践知识进行系统的介绍与阐述，使学生达到更好的学习效果，更好地为社会和教学服务。

本书第1、2章由春兰编写，第3、4章由巴特尔编写，第5、6章由寇志伟编写，第7章由臧琛编写，第8、9章由苏曦编写，全书由郭连考统稿。本书可以作为本科、专科在校大学生进行电子工程训练的学习教材，也可以作为相关从业人员的参考书籍。

本书在编写过程中得到了王鹏程教授、吕芳教授的大力支持与帮助，在此谨表衷心的感谢。

限于作者学识水平和时间仓促，本书中难免有缺点和疏漏之处，恳请读者批评指正。

编　者

目　　录

第1章

安全用电

1.1 安全用电概论

电能的广泛应用，要求人们必须掌握安全用电基本知识。若用电不慎，就可能造成电源中断、设备损坏、人员伤亡，将给生产和生活造成很大的损失。实验室的安全工作，是教学和科研的保证，一定要树立"安全第一"的观点。因此，掌握安全用电基本常识意义重大。

1.1.1 安全用电的意义

电作为一种能源，同阳光、水、空气一样，是人类不可缺少的伙伴。但是历史也血迹斑斑地证明了电是一匹难以驯服的野马，当你还没有驯服这匹野马的时候，在生活或工作中就会出现触电、电击、烧伤、火灾以及呼吸窒息、生命垂危、设备损坏、财产损失，从而造成不可估量的经济损失和政治影响。因此，掌握安全用电的知识与技能，不仅是电气工作人员必须做到的，也是每个人应该做到的。只有这样电气系统才能正常地运行，才能在工作、生活中安全用电，正确使用电器，让电为人类更好地服务。

电气安全技术是一种用途很广的、极为重要的实用技术，随着工业技术和家用电器的迅猛发展，电气系统已深入到国民和人民生活的每个角落，每个人都必须掌握一定的安全用电技术，一方面是保证个人的人身安全，另一方面是为了保证电气系统、电气设备、电气线路以及涉及的环境、建筑物、各种设施的安全，这在国民经济和国家政治生活中都占有很重要的位置，这是每个人都不容忽视的。

人类在生活实践中，已经总结出了很多用电安全的规则和方法，并且形成了安全用电保证体系。人们只要按照这个体系中的规则及方法去工作、去处理电的故障，电气系统及工作人员就会安然无恙。但是由于诸多的原因，往往会在其中的某个或几个环节上出现漏洞，乃至发生不同程度的电气事故。因此，安全用电已成为电气工程中一项首当其冲的要求。

安全是一个间接的生产力，在国民经济及工业生产中有很重要的地位，因此常见到"安全第一"的标语及口号。安全本身并不创造价值，往往还要注入很大的资金，但是安全保证了人身不受伤害，保证了机械设备、运输设备、电气系统等的正常运行，提高了生产率，减少了运行中的损耗及发生事故后的费用，实际上等于生产价值的升值，间接地提高了生产力。因此，安全是国民经济及工业生产中不容忽视的一项工作。

但是，由于用电安全技术普及不够，近些年来国内的几次重大火灾事故几乎都与电气有关。通过这些事实足以说明，很多人不具有安全用电的基本常识。而且长期以来，普及电气基本知识、安全用电常识的出版物也不多见，因而导致了这方面工作的失误。

"电气安全技术"实习教育，旨在贯彻有关"国家电气安全标准和规范"中的安全教育，紧密结合电工电子实习中的实习项目以及日常工作、学习生活中的用电事项，掌握防止触电及急救措施的基本知识，增强对电气安全的意识和防范措施。

在电工电子实习中开设"电气安全技术"实习教育，对学生后续的在校生产实习以及今后的工作和生活，将有极大的安全保护作用。

1.1.2 安全用电的条件

1. 保证安全用电的条件
1）严格的电气安全管理制度。
2）完整的电气作业安全措施。
3）细致的电气安全操作规程。
4）用电人员素质的培养及提高。
5）确保电气设备、元件、材料产品质量。
6）确保电气工程的设计质量和安装质量。
7）加强防止自然灾害侵袭的能力及措施。
8）全社会大讲安全用电，普及安全用电技术。
2. 电气设备、元件、材料产品质量的要求
（1）电气绝缘

保持配电线路和电气设备的绝缘良好，是保证人身安全和电气设备正常运行的最基本要素。电气绝缘的性能是否良好，可通过测量其绝缘电阻、耐压强度、泄漏电流和介质损耗等参数来衡量。

（2）安全距离

电气安全距离是指人体、物体等接近带电体而不发生危险的安全可靠距离。如带电体与地面之间、带电体与带电体之间、带电体与人体之间、带电体与其他设施和设备之间，均应保持一定距离。通常，在配电线路和变、配电装置附近工作时，应考虑线路安全距离，变、配电装置安全距离，检修安全距离和操作安全距离等。

（3）安全载流量

导体的安全载流量，是指允许持续通过导体内部的电流量。持续通过导体的电流如果超过安全载流量，导体的发热将超过允许值，导致绝缘损坏，甚至引起漏电和发生火灾。因此，根据导体的安全载流量确定导体截面和选择设备是十分重要的。

（4）标志

明显、准确、统一的标志是保证用电安全的重要因素。标志一般有颜色标志、标示牌标志和型号标志等。颜色标志表示不同性质、不同用途的导线；标示牌标志一般作为危险场所的标志；型号标志作为设备特殊结构的标志。

1.1.3 安全用电技术的特点

（1）周密性

任何一项电气安全技术的产生都有着严格的过程，不得有任何疏忽，任何一个细微的地

方都应考虑并做实验，以保证技术的可靠、周密；否则将会带来不可估量的损失。

（2）完整性

电气安全技术是一个非常完整的体系，不仅包括电气本身的各种安全技术，而且包括用电气技术去保证其他方面安全的各项技术。同时，这两方面都完整无缺、滴水不漏且面面俱到，从安全组织管理、技术手段到人员素质、产品质量及设计安装等，形成了一个完整的安全体系。

（3）复杂性

正因为上述两点导致了电气安全技术的复杂性。电气安全技术的对象，不仅是单一的用电场所，一些非用电场所也有电气安全问题。此外，利用电气及控制技术来解决安全问题以及有关安全技术的元件，不仅有电气技术，还有电子技术、微机技术、检测技术、传感技术及机械技术，这便使得电气安全技术变得很复杂。

（4）综合性

综上所述，电气安全技术是一门综合技术，除了电气电子技术外，还涉及许多学科领域，其中包括管理技术、操作规范以及消防、防爆、焊接、起重吊装、挖掘、高空作业、传感器及元器件制作等。随着工业及文明的发展，电的应用越来越广泛，电气安全技术将更为复杂化、更具有综合性。

（5）不断修改性

任何一项安全措施、操作规程、元器件的产生都是人们在生产实践中不断总结修改而产生的，也只有这样才能具备上述的严密性、完整性。

（6）安全第一，预防为主

安全工作必须走在事故的前面；否则安全工作就失去了意义。

1.1.4　实验室安全用电的相关规定

违章用电常常可能造成人身伤亡、火灾、损坏仪器设备等严重事故。为了顺利完成实验任务，确保人身、仪器设备的安全和实验室的环境卫生，使学生能够养成良好的实验习惯，达到全面提高学生综合素质的目的，特对进入实验室做实验的学生制定以下守则。

1. **课堂遵守的规则**

1）实验室是开展教学和科学研究的场地，进入实验室的学生必须严格遵守实验室的各项规章制度和操作规程。

2）进入实验室的学生必须穿着实验服，保持实验室内的整洁、安静，不得迟到早退、喧哗、打闹、吸烟、进食和随地吐痰；不得穿凉鞋、高跟鞋或拖鞋；留长发者应束扎头发。

3）实验前须参加安全、环保、节约教育和基本技术培训，必须严格按照仪器设备的操作规程操作。如有损坏或丢失，应立即向老师报告，等待处理。

4）实验前必须充分预习，认真阅读教材和老师指定的资料，熟悉实验内容，明确实验的目的和要求，理解实验原理，掌握实验操作方法及有关注意事项。

5）上课不迟到、不早退。进入实验室须换实验服，应服从教师指导，在指定位置做实验。

6）严格遵守课堂纪律。不得在室内喧哗、打闹；不得吸烟、饮食、随地吐痰、乱扔纸屑和其他杂物；不得将与实验无关的物品带入实验室；不得将实验室物品带出实验室；不得在实验台和仪器设备上乱写乱画。

7）进行实验时，应认真操作，仔细观察，及时记录，注意理论联系实际，用已学的知识判断、理解、分析和解决实验中所观察到的现象和所遇到的问题，不断提高分析问题和解决问题的能力。

8）实验做完后，要将仪器、物品、实验凳和实验药品放回原处；将玻璃仪器刷洗干净；实验台面收拾整洁，经实验教师允许后方可离开实验室。

9）值日生要最后检查实验室物品的摆放是否整齐，彻底打扫实验室的环境卫生，仔细检查水、电、气是否关闭，认真填好值日生工作日志，经管理教师批准后，方可离开实验室。

10）严格执行各项实验室安全规定，节约水电、药品，爱护仪器和设备。

11）培养良好的职业道德，养成良好的实验室工作习惯，勤奋好学，吃苦耐劳，爱护集体，关心他人。

2. 防止触电

1）不用潮湿的手接触电器。

2）电源裸露部分应有绝缘装置（如电线接头处应裹上绝缘胶布）。

3）所有电器的金属外壳都应保护接地。

4）实验时，应先连接好电路后再接通电源。实验结束时，先切断电源再拆线路。

5）修理或安装电器时，应先切断电源。

6）不能用验电笔去试高压电。使用高压电源应有专门的防护措施。

7）如有人触电，应迅速切断电源，然后进行抢救。

8）在需要带电操作的低电压电路实验时用单手比用双手操作安全。

9）在潮湿或高温或有导电灰尘的场所，应该用超低电压供电。工作地点相对湿度大于75%的，属于危险、易触电环境。

10）电工应该穿绝缘鞋工作。

11）实验前先检查用电设备，再接通电源；实验结束后，先关仪器设备，再关闭电源；工作人员离开实验室或遇突然断电，应关闭电源，尤其要关闭加热电器的电源开关；不得将供电线任意放在通道上，以免因绝缘破损造成短路。

3. 防止引起火灾

1）使用的熔丝要与实验室允许的用电量相符。

2）电线的安全通电量应大于用电功率。

3）室内若有氢气、煤气等易燃易爆气体，应避免产生电火花。继电器工作和开关电闸时，易产生电火花，要特别小心。电器接触点（如电插头）接触不良时，应及时修理或更换。

4）如遇电线起火，立即切断电源，用沙或二氧化碳、四氯化碳灭火器灭火，禁止用水或泡沫灭火器等导电液体灭火。

5）交、直流回路不可以合用一条电缆。

6）电力配电线五线制 U、V、W、零线、地线的色标分别为黄、绿、红、蓝、双色线。

7）单相三芯线电缆中的红线代表火线。

4. 防止短路

1）线路中各接点应牢固，电路元件两端接头不要互相接触，以防短路。

2）电线、电器不要被水淋湿或浸在导电液体中，如实验室加热用的灯泡接口不要浸在水中。

3）三相电闸闭合后或三相空气开关闭合后，由于缺相会导致三相电机"嗡嗡"响、不转或转速很慢。

4）实验时，电源变压器副边输出被短路，会出现电源变压器有异味、电源变压器冒烟、电源变压器发热等，直至烧毁。

5）交流电路断电后，内部的电容可能会有高电压，用仪表测量电容值时会损坏仪表。

1.2 电气事故

1.2.1 触电事故

1. 根据触电事故分类

人体是导电体，一旦有电流通过时，将会受到不同程度的伤害。由于触电的种类、方式及条件的不同，受伤害的后果也不一样。触电事故是指电流流过人体时对人体产生的生理和病理的伤害，这种伤害是多方面的，一般分为电击和电伤两种。

（1）电击及其分类

电击是指电流通过人体时所造成的内部伤害，它会破坏人的心脏、呼吸及神经系统的正常工作，甚至危及生命。其根本原因：在低压系统通电电流不大且时间不长的情况下，电流会引起人的心室颤动，是电击致死的主要原因；在通过电流较小但时间较长的情况下，电流会造成人体窒息而导致死亡。绝大部分触电死亡事故都是电击造成的。日常所说的触电事故，基本上多指电击而言。

电击可分为直接电击与间接电击两种。直接电击是指人体直接触及正常运行的带电体所发生的电击；间接电击则是指电气设备发生故障后，人体触及该意外带电部分所发生的电击。直接电击多数发生在误触相线、刀闸或其他设备带电部分。间接电击大都发生在大风刮断架空线或接户线后，搭落在金属物或广播线上，相线和电杆拉线搭连，电动机等用电设备的线圈绝缘损坏而引起外壳带电等情况下。

（2）电伤及其分类

电伤是指电流的热效应、化学效应或机械效应对人体造成的伤害。

1）电弧烧伤。它也叫电灼伤，是最常见也是最严重的一种电伤，多由电流的热效应引起，具体症状是皮肤发红、起泡甚至皮肉组织被破坏或烧焦。通常发生在：低压系统带负荷拉开裸露的刀闸开关时电弧烧伤人的手和面部；线路发生短路或误操作引起短路；高压系统因误操作产生强烈电弧导致严重烧伤；人体与带电体之间的距离小于安全距离而放电。

2）电烙印。当载流导体较长时间接触人体时，因电流的化学效应和机械效应作用，接触部分的皮肤会变硬并形成圆形或椭圆形的肿块痕迹，如同烙印一般。

3）皮肤金属化。由于电流或电弧作用（熔化或蒸发）产生的金属微粒渗入了人体皮肤表层而引起，使皮肤变得粗糙坚硬并呈青黑色或褐色。

2. 根据触电方式分类

按照人体触及带电体的方式和电流流过人体的途径，电击可分为低压触电和高压触电。其中，低压触电可分为单相触电和两相触电，高压触电可分为高压电弧触电和跨步电压触电。

（1）低压触电

1）单相触电。这是常见的触电方式。人体的某一部分接触带电体的同时，另一部分又与大地或中性线相接，电流从带电体流经人体到大地（或中性线）形成回路，如图 1 - 1 所示。

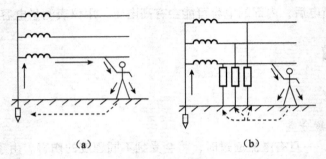

（a） （b）

图 1 - 1 单相触电
（a）中性点直接接地；（b）中性点不直接接地

2）两相触电。人体的不同部分同时接触两相电源时造成的触电，如图 1 - 2 所示。对于这种情况，无论电网中性点是否接地，人体所承受的线电压将比单相触电时高，危险更大。

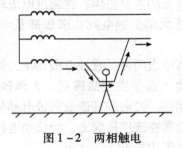

图 1 - 2 两相触电

（2）高压触电

1）高压电弧触电。高压电弧触电是指人靠近高压线（高压带电体），造成弧光放电而触电。电压越高，对人身的危险性越大。干电池的电压只有 1.5 V，对人不会造成伤害；家庭照明电路的电压是 220 V，就已经很危险了；高压输电线路的电压高达几万伏甚至几十万伏，即使不直接接触，也能使人致命。

弧光放电，由于电压过高，即使不接触高压输电线路，在接近过程中人会看到一瞬的闪光（就是弧光），并被高压击倒触电受伤或死亡。

2）跨步电压触电。雷电流入地或电力线（特别是高压线）断散到地时，会在导线接地点及周围形成强电场。当人跨进这个区域，两脚之间出现的电位差称为跨步电压 U_{st}。在这种电压的作用下，电流从接触高电位的脚流进，从接触低电位的脚流出，从而形成触电，如图 1 – 3 所示。跨步电压的大小取决于人体站立点与接地点的距离，距离越小，其跨步电压越大。当距离超过 20 m（理论上为无穷远处），可认为跨步电压为零，不会发生触电危险。

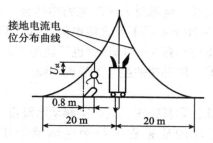

图 1 – 3　跨步电压触电

下列情况和部位可能发生跨步电压电击：

带电导体，特别是高压导体故障接地处，流散电流在地面各点产生的电位差造成跨步电压电击。接地装置流过故障电流时，流散电流在附近地面各点产生的电位差造成跨步电压电击。正常时有较大工作电流流过的接地装置附近，流散电流在地面各点产生的电位差造成跨步电压电击。防雷装置接受雷击时，极大的流散电流在其接地装置附近地面各点产生的电位差造成跨步电压电击。高大设施或高大树木遭受雷击时，极大的流散电流在附近地面各点产生的电位差造成跨步电压电击。

3. 电流对人体产生的效应

电流对人体伤害程度一般与以下因素有关。

（1）通过人体的电流大小

电流是触电伤害的直接因素。电流越大，伤害越严重。电击致死的原因比较复杂。例如，高压触电事故中，可能因电弧或很大的电流通过人体烧伤而致命；低压触电事故中，因心室颤动或窒息时间过长而致命。在电流不超过数百毫安的情况下，电击致命主要是由电流引起心室颤动造成的。对于工频交流电，按照通过人体电流的大小和人体所呈现的不同状态，电流大致分为下列 3 种。

1）感觉电流。感觉电流是指引起人体感觉的最小电流。实验表明，成年男性的平均感觉电流约为 1.1 mA，成年女性为 0.7 mA。感觉电流不会对人体造成伤害，但电流增大时，人体反应强烈，可能造成坠落等间接事故。

2）摆脱电流。摆脱电流是指人体触电后能自主摆脱电源的最大电流。实验表明，成年男性的平均摆脱电流约为 16 mA，成年女性的约为 10 mA。

3）致命电流。致命电流是指在较短的时间内危及生命的最小电流。实验表明，当通过人体的电流达到 50 mA 以上时，心脏会停止跳动，甚至导致死亡。

（2）电流通过人体的途径

电流通过心脏会引起心室颤动，较大的电流还会使心脏停止跳动、血液循环中断导致死亡；电流通过中枢神经或有关部位，会引起中枢神经系统强烈失调而导致死亡；电流通过头部会使人昏迷，若电流较大，会对脑产生严重损害，使人不醒而死亡；电流通过脊髓，会使人截瘫。电流通过人体的途径中以胸到左手的通路为最危险，从脚到脚是危险性较小的电流途径。

（3）触电时间长短

一般可用触电电流与触电持续时间的乘积（称为电击能量）来反映触电的危害程度。通电时间越长，能量积累增加，即越容易引起心室颤动。若电击能量超过 50 mA·s，人就有生命危险。人体触电时间越长，电流对人体产生的热伤害、化学伤害及生理伤害越严重。一般情况下，工频电流在 15～20 mA 以下及直流电流 50 mA 以下，对人体是安全的。但如果触电时间很长，即使工频电流小到 8～10 mA，也可能使人致命。

因此，当发现有人触电时，应迅速使触电人脱离电源。

（4）电流种类

直流电流与交流电流相比，容易摆脱，其心室颤动电流也比较高，因而，直流电击事故很少。经研究表明，人体触电的危害程度与触电电流频率有关。一般来说，频率在 25～300 Hz 的电流对人体触电的伤害程度最为严重。低于或高于此频率段的电流对人体触电的伤害程度明显减轻。如果在高频情况下，人体能够承受更大的电流作用。目前，医疗上采用 20 kHz 以上的高频电流对人体进行治疗。

（5）人体电阻的影响

在一定电压作用下，流过人体的电流与人体电阻成反比。因此，人体电阻是影响人体触电后果的另一因素。人体电阻由表面电阻和体积电阻构成。表面电阻即人体皮肤电阻，对人体电阻起主要作用。有关研究结果表明，人体电阻一般在 1000～3000 Ω 范围内。人体皮肤电阻与皮肤状态有关，随条件不同在很大范围内变化。如皮肤在干燥、洁净、无破损的情况下，可高达几十千欧，而潮湿的皮肤，其电阻可能在 1000 Ω 以下。同时，人体电阻还与皮肤的粗糙程度有关。

4. 触电规律

（1）有明显的季节性

统计资料表明，每年以二、三季度事故较多，6～9 月最集中。因为夏、秋两季天气潮湿、多雨，降低了电气设备的绝缘性能；人体多汗，皮肤电阻降低，容易导电；天气炎热，电扇用电或临时线路增多，且操作人员不穿戴工作服和绝缘护具；正值农忙季节，农村用电量和用电场所增加，触电概率增大。

（2）低压触电多于高压触电

国内外资料表明，低压触电多于高压触电。其主要是因为低压设备多、电网广，与人接触机会多；低压设备简陋，而且管理不严，多数群众缺乏电气安全知识，思想麻痹。

（3）农村触电事故多于城市

主要是由于农村用电条件差，设备简陋，技术水平低，管理不严。

（4）青年和中年触电多

一方面是因为中青年多数是主要操作者。另一方面因这些人多数已有几年工龄，不再如初学时那么小心谨慎。

（5）电气连接部位触电事故多

大量触电事故的资料表明，很多触电事故发生在接线端子、缠接接头、压接接头、焊接接头、电缆头、灯座、插销、插座、控制开关、接触器、熔断器等分支线、接户线处。主要是由于这些连接部位机械牢固性较差、接触电阻较大、绝缘强度较低及可能发生化学反应的缘故。

（6）携带式设备和移动式设备触电事故多

主要是由于这些设备需要经常移动，工作条件较差，容易发生故障，而且很多设备是在人的紧握之下工作。

（7）冶金、矿业、建筑、机械行业触电事故多

由于这些行业存在潮湿、高温的生产场所，移动式电气设备和金属设备多。

（8）错误操作和违章作业造成的触电事故多

大量触电事故的统计资料表明，有 85% 以上的事故是由于错误操作和违章作业造成的。其主要原因是安全教育不够、安全制度不严和安全措施不完善、操作者素质不高等造成。

触电事故的规律不是一成不变的。在一定的条件下，触电事故的规律也会发生一定的变化。例如，低压触电事故多于高压触电事故在一般情况下是成立的，但对于专业电气工作人员来说，情况往往是相反的。因此，应当在实践中不断分析和总结触电事故的规律，为做好电气安全工作积累经验。

造成触电事故的具体原因有：缺乏电气安全知识、违反操作规程、设备不合格、维修不善等。由于电气线路设备安装不符合要求，会直接造成触电事故；由于电气设备运行检修管理不当，绝缘损坏而漏电，又没有有效的安全措施，也会造成触电；接线错误，特别是插销、插座接错线，造成过很多触电事故；由于操作失误、带负荷拉刀闸、未拆除接地线合刀闸等均会导致电弧引起触电；检修工作中，保证安全的组织措施、技术措施不完善，误入带电间隔、误登带电设备、误合开关等造成触电事故；高压线断落地面可能造成跨步电压触电等。应当注意，很多触电事故都不是由单一原因所致。希望人们提高警觉，尽量避免触电事故的发生。

5. 触电急救

如果遇到触电情况，要沉着冷静、迅速果断地采取应急措施。针对不同的伤情，采取相应的急救方法，争分夺秒地抢救，直到医护人员到来。

触电急救的要点是动作迅速、救护得法。发现有人触电，首先要使触电者尽快脱离电源，然后根据具体情况，进行相应的救治。

（1）脱离电源

1）如开关箱在附近，可立即拉下闸刀或拔掉插头，断开电源。

2）如距离闸刀较远，应迅速用绝缘良好的电工钳或有干燥木柄的利器（刀、斧、锹等）砍断电线，或用干燥的木棒、竹竿、硬塑料管等物迅速将电线拨离触电者。

3）若现场无任何合适的绝缘物（如橡胶、尼龙、木头等）可利用，救护人员亦可用几层干燥的衣服将手包裹好，站在干燥的木板上，拉触电者的衣服，使其脱离电源。

4）对高压触电，应立即通知有关部门停电，或迅速拉下开关，或由有经验的人采取特殊措施切断电源。

脱离电源的注意事项：

①救护者一定要判明情况，做好自身防护。

②在触电人脱离电源的同时，要防止二次摔伤事故。

③如果是夜间抢救，要及时解决临时照明，以避免延误抢救时机。

（2）对症救治

对于触电者，可按以下 3 种情况分别处理：

1）对触电后神志清醒者，要有专人照顾、观察，情况稳定后，方可正常活动；对轻度昏迷或呼吸微弱者，可针刺或掐人中、十宣、涌泉等穴位，并送医院救治。

2）对触电后无呼吸但心脏有跳动者，应立即采用口对口人工呼吸；对有呼吸但心脏停止跳动者，则应立刻采用胸外心脏按压法进行抢救。

3）如触电者心跳和呼吸都已停止，则须同时采取人工呼吸和俯卧压背法、仰卧压胸法、心脏按压法等措施交替进行抢救。

俯卧压背法：被救者俯卧，头偏向一侧，一臂弯曲垫于头下。救护者两腿分开，跪跨于病人大腿两侧，两臂伸直，两手掌心放在病人背部。拇指靠近脊柱，四指向外紧贴肋骨，以身体重量压迫病人背部，然后身体向后，两手放松，使病人胸部自然扩张，空气进入肺部。按照上述方法重复操作，每分钟 16～20 次。

仰卧压胸法：被救者仰卧，背后放上一个枕垫，使胸部突出，两手伸直，头侧向一边。救护者两腿分开，跪跨在病人大腿上部两侧，面对病人头部，两手掌心压放在病人的胸部，大拇指向上，四指伸开，自然压迫病人胸部，使肺中的空气被压出。然后把手放松，病人胸部依其弹性自然扩张，空气进入肺内。这样反复进行，每分钟 16～20 次。

心脏按压法：触电者心跳停止时，必须立即用心脏按压法进行抢救，具体方法如下。

①将触电者衣服解开，使其仰卧在地板上，头向后仰，姿势与口对口人工呼吸法相同。

②救护者跪跨在触电者的腰部两侧，两手相叠，手掌根部放在触电者心口窝上方，胸骨下 1/3 处。

③掌根用力垂直向下，向脊背方向挤压，对成人应压陷 3～4 cm，每秒钟挤压 1 次，每分钟挤压 60 次为宜。

④按压后，掌根迅速全部放松，让触电者胸部自动复原，每次放松时掌根不必完全离开胸部。

上述步骤反复操作。如果触电者的呼吸和心跳都停止了，应同时进行口对口人工呼吸和胸外心脏按压。如果现场仅一人抢救，两种方法应交替进行。每次吹气 2～3 次，再挤压 10～15 次。

6．防止人身触电的技术措施

（1）直接触电的预防

直接触电的预防措施有以下 3 种。

1）绝缘措施。良好的绝缘是保证电气设备和线路正常运行的必要条件，是防止触电事故的重要措施。选用绝缘材料必须与电气设备的工作电压、工作环境和运行条件相适应。不同的设备或电路对绝缘电阻的要求不同。例如，新装或大修后的低压设备和线路，绝缘电阻不应低于 0.5 MΩ；运行中的线路和设备，绝缘电阻要求每伏工作电压 1 kΩ 以上；高压线路和设备的绝缘电阻不低于每伏 1000 MΩ。

2）屏护措施。采用屏护装置，如常用电器的绝缘外壳、金属网罩、金属外壳、变压器的遮栏、栅栏等将带电体与外界隔绝开来，以杜绝不安全因素。凡是金属材料制作的屏护装置，应妥善接地或接零。

3）间距措施。为防止人体触及或过分接近带电体，在带电体与地面之间、带电体与其他设备之间，应保持一定的安全间距。安全间距的大小取决于电压的高低、设备类型、安装方式等因素。

（2）间接触电的预防

间接触电的预防措施有以下 3 种。

1）加强绝缘。对电气设备或线路采取双重绝缘的措施，可使设备或线路绝缘牢固，不易损坏。即使工作绝缘损坏，还有一层加强绝缘，不致发生金属导体裸露造成间接触电。

2）电气隔离。采用隔离变压器或具有同等隔离作用的发电机，使电气线路和设备的带电部分处于悬浮状态。即使线路或设备的工作绝缘损坏，人站在地面上与之接触也不易触电。

必须注意，被隔离回路的电压不得超过 500 V，其带电部分不能与其他电气回路或大地相连。

3）自动断电保护。在带电线路或设备上采取漏电保护、过流保护、过压或欠压保护、短路保护、接零保护等自动断电措施，当发生触电事故时，在规定时间内能自动切断电源起到保护作用。

4）其他预防措施。

①加强用电管理，建立健全安全工作规程和制度，并严格执行。

②使用、维护、检修电气设备，严格遵守有关安全规程和操作规程。

③尽量不进行带电作业，特别在危险场所（如高温、潮湿地点），严禁带电工作；必须带电工作时，应使用各种安全防护工具，如使用绝缘棒、绝缘钳和必要的仪表，戴绝缘手套、穿绝缘靴等，并设专人监护。

④对各种电气设备按规定进行定期检查，如发现绝缘损坏、漏电和其他故障，应及时处理；对不能修复的设备，不可使用其带"病"进行，应予以更换。

⑤根据生产现场情况，在不宜使用 380 V/220 V 电压的场所，应使用 12 ~ 36 V 的安全电压。

⑥禁止非电工人员乱装乱拆电气设备，更不得乱接导线。

⑦加强技术培训，普及安全用电知识，开展以预防为主的反事故演习。

1.2.2　静电事故

1. 静电产生

物质都是由分子组成的，分子是由原子组成的，原子由带负电的电子和带正电荷的质子组成。在正常状况下，一个原子的质子数与电子数量相同，正负电平衡，所以对外表现出不带电的现象。但是由于外界作用如摩擦或以各种能量如动能、位能、热能、化学能等的形式作用会使原子的正负电不平衡。在日常生活中所说的摩擦实质上就是一种不断接触与分离的过程。有些情况下不摩擦也能产生静电，如感应静电起电、热电和压电起电、喷射起电等。

当两个不同的物体相互接触时就会使得一个物体失去一些电荷如电子转移到另一个物体使其带正电，而另一个得到一些剩余电子的物体而带负电。若在分离的过程中电荷难以中和，电荷就会积累使物体带上静电。所以物体与其他物体接触后分离就会带上静电。固体、液体甚至气体都会因接触分离而带上静电。这是因为气体也是由分子、原子组成的，当空气流动时分子、原子也会发生"接触分离"而起电。

在干燥和多风的秋天，常常会碰到这种现象：晚上脱衣服睡觉时，黑暗中常听到"噼啪"的声响，而且伴有蓝光；见面握手时，手指刚一接触到对方，会突然感到指尖针刺般疼痛，令人大惊失色；早上起来梳头时，头发会经常"飘"起来，越理越乱；拉门把手、开水龙头时都会"触电"，时常发出"啪、啪"的声响，这就是发生在人体的静电。

2. 静电危害

随着大规模及超大规模集成电路的问世，在应用中人们逐渐发现器件无缘无故地损坏或早期失效，这是由于静电放电（Electro-Static Discharge，ESD）造成的。无论是静电电场还是静电电流都可能给器件造成致命的危害或潜在的损伤。

人体有感的静电放电电压一般约在 3000 V 以上，对于 3000 V 以下的静电人并无异常不适感，而对电子产品来说却具有很大的危害性。静电产生后会在其周围形成静电场产生力学效应、放电效应及静电感应效应等，人员身体携带静电也会对其他物体放电。在上述几种效应中静电的放电效应造成的危害最为严重，此种放电导致元器件的击穿或对系统造成破坏无法正常运行，对这种破坏一般简称为 ESD 损害。

（1）引发燃爆事故

据测量，一个普通男子站在绝缘地板上脱化纤毛衣时人体静电电位可达 8200 V，起电量为 0.95 μC，积累的静电能量为 3.9 mJ，这个能量比汽油的最小静电点火能 0.21 mJ、黑火药的最小静电点火能 0.19 mJ 都大许多倍，如果发生静电放电火花则有引起燃烧爆炸的危险。

（2）损伤电子元器件破坏系统正常工作

静电放电一般产生频带为几百 kHz 至几十 MHz，电平高达几十 mV 的电磁脉冲干扰可使静电敏感器件（Static Sensitive Device，SSD）损坏。当今由于集成电路的集成度越来越高、体积缩小、光刻线条变细、线间距离窄及采用大量新型材料（其抗静电性很低），致使其抗静电性明显下降。

在世界已进入电子计算机时代的今天，静电更是电子工业乃至各类电子电器用户的一大隐患。某些大规模集成电路中的被氧化膜只有十万分之几厘米厚，IC 电路会在数百伏电压下被击穿，MOSFET 甚至受到十几伏电压作用就会被毁掉，如遇人体静电或其他微弱的静电放电，它们就会像雷击中一幢大型建筑物一样使之轰然倒塌遭到毁坏，因而以大规模集成电路为基础的工业产品如计算机工业、自动化控制器等都要防止静电造成的危害。

据报道，在静电危害没有得到有效防治之前，美国电子工业部门由于静电原因使 IC 电路遭到破坏和损伤而造成的损失每年高达数亿美元，此外电子计算机、微处理器等会因静电放电而失去记忆或工作中断，使已有的信息丢失，破坏系统使其无法正常工作。

（3）影响产品质量

在电子元器件制造电影胶片印制过程中，静电放电会使其发生意外故障或疵病而达不到质量标准。

（4）影响正常生产

在纺织、印刷胶片、造纸等工业生产中，纤维、纸张、胶片等会因静电而粘连在一起，给生产带来麻烦。

（5）对人体造成电击不适感甚至引发次生事故

人体静电放电会使人有电震、电麻感觉，若此人此时处在高位或接触危险品就可能引发次生事故。目前，防静电安全技术越来越受到各国的重视。

3. 防静电措施

静电最为严重的危险是引起爆炸和火灾，因此，静电安全防护主要是对爆炸和火灾的防护。这些措施对于防止静电电击和防止静电影响生产也是有效的。

（1）环境危险程度控制

静电引起爆炸和火灾的条件之一是有爆炸性混合物存在。为了防止静电的危险，可采取取代易燃介质、降低爆炸性混合物的浓度、减少氧化剂含量等措施，控制所在环境爆炸和火灾危险程度的措施。

（2）工艺控制

为了有利于静电的泄漏，可采用导电性工具；为了减轻火花放电和感应带电的危险，可采用阻值为 $10^7 \sim 10^9$ Ω 的导电性工具。为了防止静电放电，在液体灌装过程中不得进行取样、检测或测温操作。进行上述操作前，应使液体静置一定的时间，使静电得到足够的消散或松弛。

为了避免液体在容器内喷射和溅射，应将注油管延伸至容器底部；装油前清除罐底积水和污物，以减少附加静电。

（3）接地

接地的作用主要是消除导体上的静电。金属导体应直接接地。为了防止火花放电，应将可能发生火花放电的间隙跨接连通起来，并予以接地。

防静电接地电阻原则上不超过 1 $M\Omega$ 即可；对于金属导体，为了检测方便，可要求接地电阻不超过 $100 \sim 1000$ Ω。对于产生和积累静电的高绝缘材料，宜通过 10^6 Ω 或稍大一些的电阻接地。

（4）增湿

为防止大量带电，相对湿度应在 50% 以上；为了提高降低静电的效果，相对湿度应提高到 65% ~70%。增湿的方法不宜用于防止高温环境里的绝缘体上的静电。

（5）抗静电添加剂

抗静电添加剂是化学药剂。在容易产生静电的高绝缘材料中加入抗静电添加剂之后，能降低材料的体积电阻率或表面电阻率以加速静电的泄漏，消除静电的危险。

（6）静电中和器

静电中和器又称静电消除器。静电中和器是能产生电子和离子的装置。由于产生了电子和离子，物料上的静电电荷得到异性电荷的中和，从而消除静电的危险。静电中和器主要用来消除非导体上的静电。

（7）加强静电安全管理

静电安全管理包括制定关联静电安全操作规程，制定静电安全指标、静电安全教育、静电检测管理等内容。

1.2.3　雷电事故

1. 过电压及雷电

（1）过电压的种类

过电压是指在电气设备或线路上出现的超过正常工作要求，并对其绝缘构成威胁的电压。

过电压按产生原因，可分为内部过电压和雷电过电压。

1）内部过电压。内部过电压（又称操作过电压），指供配电系统内部由于开关操作、参数不利组合、单相接地等原因，使电力系统的工作状态突然改变，从而在其过渡过程中引起的过电压。

内部过电压分为暂态过电压、操作过电压和谐振过电压。

暂态过电压是由于断路器操作或发生短路故障，使电力系统经历过渡过程以后重新达到某种暂时稳定的情况下所出现的过电压，又称工频电压升高。常见的有：空载长线电容效应（费兰梯效应），在工频电源作用下，由于远距离空载线路电容效应的积累，使沿线电压分布不等，末端电压最高；不对称短路接地，三相输电线路 A 相短路接地故障时，B、C 相上的电压会升高；甩负荷过电压，输电线路因发生故障而被迫突然甩掉负荷时，由于电源电动势尚未及时自动调节而引起的过电压。

操作过电压是由于进行断路器操作或发生突然短路而引起的衰减较快、持续时间较短的过电压，常见的有：空载线路合闸和重合闸过电压；切除空载线路过电压；切断空载变压器过电压；弧光接地过电压。

谐振过电压是电力系统中电感、电容等储能元件在某些接线方式下与电源频率发生谐振所造成的过电压。一般按起因分为线性谐振过电压、铁磁谐振过电压、参量谐振过电压。

2）雷电过电压。雷电过电压又称大气过电压或外部过电压，是指雷云放电现象在电力网中引起的过电压。雷电过电压一般分为直击雷、间接雷击和雷电侵入波 3 种类型。

①直击雷。直击雷是遭受直击雷击时产生的过电压。经验表明，直击雷击时雷电流可高达几百千安，雷电电压可达几百万伏。遭受直击雷击时均难免灾难性结果。因此，必须采取防御措施。

②间接雷击。间接雷击又简称感应雷，是雷电对设备、线路或其他物体的静电感应或电磁感应所引起的过电压。图 1-4 所示为架空线路上由于静电感应而积聚大量异性的束缚电荷，在雷云的电荷向其他地方放电后，线路上的束缚电荷被释放形成自由电荷，向线路两端运行，形成很高的过电压。经验表明，高压线路上感应雷可高达几十万伏，低压线路上感应雷也可达几万伏，对供电系统的危害很大。

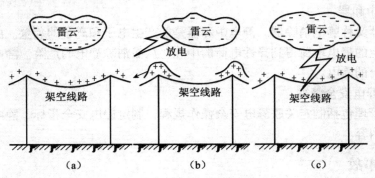

图 1-4　架空线路上的感应过电压

（a）雷云在线路上方时；（b）雷云对地或其他物体放电；（c）雷云对架空线路放电

③雷电侵入波。雷电侵入波是感应雷的另一种表现，是由于直击雷或感应雷在电力线路的附近、地面或杆塔顶点，从而在导线上感应产生的冲击电压波，它沿着导线以光速向两侧流动，故又称为过电压行波。行波沿着电力线路侵入变配电所或其他建筑物，并在变压器内部引起行波反射，产生很高的过电压。据统计，雷电侵入波造成的雷害事故，要占所有雷害事故的50%～70%。

（2）雷电

1）雷电形成。雷电是带有电荷的"雷云"之间、"雷云"对大地或物体之间产生急剧放电的一种自然现象。关于雷云普遍的看法是：在闷热的天气里，地面的水汽蒸发上升，在高空低温影响下，水蒸气凝成冰晶。冰晶受到上升气流的冲击而破碎分裂，气流挟带一部分带正电的小冰晶上升，形成"正雷云"，而另一部分较大的带负电的冰晶则下降，形成"负雷云"。由于高空气流的流动，正雷云和负雷云均在空中飘浮不定。据观测，在地面上产生雷击的雷云多为负雷云。

当空中的雷云靠近大地时，雷云与大地之间形成一个很大的雷电场。由于静电感应作用，使地面出现与雷云的电荷极性相反的电荷。当雷云与大地之间在某一方位的电场强度达到25～30 kV/cm时，雷云就开始向这一方位放电，形成一个导电的空气通道，称为雷电先导。

当其下行到离地面100～300 m时，就引起一个上行的迎雷先导。当上、下行先导相互接近时，正、负电荷强烈吸引、中和而产生强大的雷电流，并伴有雷鸣电闪。这就是直击雷的主放电阶段，这一阶段的时间极短。主放电阶段结束后，雷云中的剩余电荷会继续沿主放电通道向大地放电，形成断续的隆隆雷声。

这就是直击雷的余辉放电阶段，时间一般为0.03～0.15 s，电流较小，约为几百安。雷电先导在主放电阶段与地面上雷击对象之间的最小空间距离，称为闪击距离。雷电的闪击距离与雷电流的幅值和陡度有关。确定直击雷防护范围的"滚球半径"大小，就与闪击距离有关。

2）雷电的有关概念。

①雷电流幅值和陡度。雷电流是一个幅值很大、陡度很高的冲击波电流，如图1-5所示。成半余弦波形的雷电波可分为波头和波尾两部分，一般在主放电阶段1～4 μs内即可达到雷电流幅值。雷电流从零上升到幅值的波形部分，称为波头；雷电流从下降到1/2的波形部分，称为波尾。

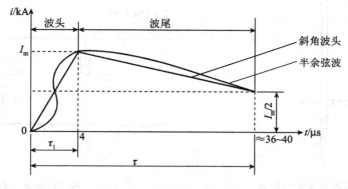

图1-5 雷电流波形示意图

雷电流的陡度即雷电流波升高的速度，用$\frac{di}{dt}$表示。因雷电流开始时数值很快增加，陡度也很快达到极大值，当雷电流陡度达到最大值时，陡度降为零。

雷电流幅值大小的变化范围很大，需要积累大量的资料。图1-6给出了我国的雷电流幅值概率曲线。从图1-6可知，≥20 kA出现的概率是65%，≥120 kA出现的概率只有7%。一般变配电所防雷设计中的耐雷水平取雷电流最大幅值为100 kA。

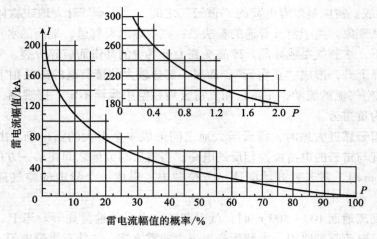

图1-6 雷电流幅值概率曲线

②年平均雷暴日数。凡有雷电活动的日子，包括见到闪电和听到雷声，由当地气象台统计的，多年雷暴日的年平均值称为年平均雷暴日数。年平均雷暴日数不超过15天的地区称为少雷区，多于40天的地区称为多雷区。

2. 防雷设计

（1）防雷装置

防雷装置是接闪器、避雷器、引下线和接地装置等的总和。图1-7和图1-8所示为不同的防雷装置的设置组合。

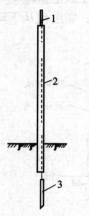

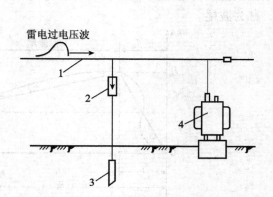

图1-7 避雷针装置示意图　　　　　　　　图1-8 避雷器装置示意图

1—避雷针；2—引下线；3—接地装置　　　1—架空线路；2—避雷器；3—接地体；4—电力变压器

要保护建筑物等不受雷击损害，应有防御直击雷、感应雷和雷电侵入波的不同措施和防雷设备。

直击雷的防御主要须设法把直击雷迅速流散到大地中去。一般采用避雷针、避雷线、避雷网等避雷装置。

感应雷的防御是对建筑物最有效的防护措施，其防御方法是把建筑物内的所有金属物，如设备外壳、管道、构架等均进行可靠接地，混凝土内的钢筋应绑扎或焊成闭合回路。

雷电侵入波的防御一般采用避雷器。避雷器装设在输电线路进线处或 10 kV 母线上，如有条件可采用 30~50 m 的电缆段埋地引入，在架空线终端杆上也可装设避雷器。避雷器的接地线应与电缆金属外壳相连后直接接地，并连入公共地网。

1）接闪器。接闪器是专门用来接收直击雷的金属物体。接闪的金属杆称为避雷针；接闪的金属线称为避雷线，或称为架空地线；接闪的金属带、网称为避雷带、避雷网。

①避雷针。避雷针一般采用镀锌圆钢（针长 1 m 以下时，直径不小于 12 mm；针长 1~2 m 时，直径不小于 16 mm）或镀锌钢管（针长 1 m 以下时，直径不小于 20 mm，针长 1~2 m 时，直径不小于 25 mm）制成。它通常安装在电杆、构架或建筑物上。它的下端通过引下线与接地装置可靠连接。

避雷针的功能实质是引雷作用。它能对雷电场产生一个附加电场（该附加电场是由于雷云对避雷针产生静电感应引起的），使雷电场畸变，从而改变雷云放电的通道。雷云经避雷针、引下线和接地装置，泄放到大地中去，使被保护物免受直击雷击。

②避雷线。避雷线一般用截面不小于 35 mm² 的镀锌钢绞线，架设在架空线或建筑物的上面，以保护架空线或建筑物免遭直击雷击。由于避雷线既是架空的又是接地的，也称为架空地线。

③避雷网和避雷带。避雷网和避雷带主要用来保护高层建筑物免遭直击雷击和感应雷击。

避雷网和避雷带宜采用圆钢和扁钢，优先采用圆钢。圆钢直径不小于 9 mm，扁钢截面不小于 49 mm²，其厚度不小于 4 mm。当烟囱上采用避雷环时，其圆钢直径不小于 12 mm，扁钢截面不小于 100 mm²，其厚度不小于 4 mm。避雷网的网络尺寸要求应符合表 1-1 的规定。

表 1-1　按建筑物防雷类别确定滚球半径和避雷网格尺寸

建筑物防雷类别	滚球半径 h_r/m	避雷网格尺寸/m×m
第一类防雷建筑物	30	≤5×5 或 ≤6×4
第二类防雷建筑物	45	≤10×10 或 ≤12×8
第三类防雷建筑物	60	≤20×20 或 ≤24×16

2）避雷器。避雷器是一种能释放过电压能量、限制过电压幅值的设备。当过电压出现时，避雷器两端子间的电压不超过规定值，使电气设备免受过电压损坏；过电压作用后，又能使系统迅速恢复正常状态。

避雷器通常接于带电导线与地之间，与被保护设备并联。当过电压值达到规定的动作电压时，避雷器立即动作，流过电荷，限制过电压幅值，保护设备绝缘；电压值正常后，避雷器又迅速恢复原状，以保证系统正常供电。避雷器的主要作用是通过并联放电间隙或非线性电阻的作用，对入侵流动波进行削幅，降低被保护设备所受过电压值，从而达到保护电力设备的作用。

避雷器不仅可用来防护大气高电压，也可用来防护操作高电压。如果出现雷雨天气，电闪雷鸣就会出现高电压，电力设备就可能有危险，此时避雷器就会起作用，保护电力设备免受损害。避雷器的最大作用也是最重要的作用就是限制过电压以保护电气设备。避雷器是使雷电流流入大地，使电气设备不产生高压的一种装置，主要类型有管型避雷器、阀型避雷器和氧化锌避雷器等。每种类型避雷器的主要工作原理是不同的，但是它们的工作实质是相同的，都是为了保护电气设备不受损害。

避雷器按发展先后可分为管型避雷器、阀型避雷器和氧化锌避雷器等。

①管型避雷器是保护间隙型避雷器中的一种，大多用在供电线路上作避雷保护。这种避雷器可以在供电线路中发挥很好的作用，在供电线路中有效地保护各种设备。

②阀型避雷器由火花间隙及阀片电阻组成，阀片电阻的制作材料是特种碳化硅。利用碳化硅制作阀片电阻可以有效防止雷电和高电压，对设备进行保护。当有雷电高电压时，火花间隙被击穿，阀片电阻的电阻值下降，将雷电流引入大地，这就保护了电气设备免受雷电流的危害。在正常的情况下，火花间隙是不会被击穿的，阀片电阻的电阻值上升，阻止了正常交流电流通过。阀型避雷器是利用特种材料制成的避雷器，可以对电气设备进行保护，把电流直接导入大地。

③氧化锌避雷器是一种保护性能优越、质量轻、耐污秽、阀片性能稳定的避雷设备。氧化锌避雷器不仅可作雷电过电压保护，也可作内部操作过电压保护。氧化锌避雷器性能稳定，可以有效地防止雷电高电压或者对操作过电压进行保护，这是一种具有良好绝缘效果的避雷器，在危急情况下，能够有效地保护电力设备不受损害。

每种避雷器各自有各自的优点和特点，需要针对不同的环境使用。避雷器在额定电压下，相当于绝缘体，不会有任何的动作产生。当出现危机或者高电压的情况下，避雷器就会发挥作用，将电流导入大地，有效地保护电力设备。

3）接地装置。接地装置由接地极（板）、接地母线（户内、户外）、接地引下线（接地跨接线）、构架接地组成接地装置。它被用以实现电气系统与大地相连接的目的。与大地直接接触实现电气连接的金属物体为接地极。它可以是人工接地极，也可以是自然接地极。对此接地极可赋予某种电气功能，如用以作系统接地、保护接地或信号接地。接地母排是建筑物电气装置的参考电位点，通过它将电气装置内需接地的部分与接地极相连接。它还起另一作用，即通过它将电气装置内诸等电位连接线互相连通，从而实现一建筑物内大件导电部分间的总等电位连接。接地极与接地母排之间的连接线称为接地极引线。

①接地装置的技术要求。

a. 变（配）电所的接地装置。

● 变（配）电所的接地装置的接地体应水平敷设。其接地体采用长度为 2.5 m、直径不小于 12 mm 的圆钢或厚度不小于 4 mm 的角钢，或厚度不小于 4 mm 的钢管，并用截面不小于 25 mm×4 mm 的扁钢相连为闭合环形，外缘各角要做成弧形。

● 接地体应埋设在变（配）所墙外，距离不小于 3 m，接地网的埋设深度应超过当地冻土层厚度，最小埋设深度不得小于 0.6 m。

- 变（配）电所的主变压器，其工作接地和保护接地，要分别与人工接地网连接。
- 避雷针（线）宜设独立的接地装置。

b. 易燃易爆场所的电气设备的保护接地。

- 易燃易爆场所的电气设备、机械设备、金属管道和建筑物的金属结构均应接地，并在管道接头处敷设跨接线。
- 在 1 kV 以下中性点接地线路中，当线路过电流保护为熔断器时，其保护装置的动作安全系数不小于 4，为断路器时，动作安全系数不小于 2。
- 接地干线与接地体的连接点不得少于 2 个，并在建筑物两端分别与接地体相连。
- 为防止测量接地电阻时产生火花引起事故，需要测量时应在无爆炸危险的地方进行，或将测量用的端钮引至易燃易爆场所以外地方进行。

c. 直流设备的接地。由于直流电流的作用，对金属腐蚀严重，使接触电阻增大，因此在直流线路上装设接地装置时，必须认真考虑以下措施。

- 对直流设备的接地，不能利用自然接地体作为 PE 线或重复接地的接地体和接地线，且不能与自然接地体相连。
- 直流系统的人工接地体，其厚度不应小于 5 mm，并要定期检查侵蚀情况。

d. 手持式、移动式电气设备的接地。手持式、移动式电气设备的接地线应采用软铜线，其截面不小于 1.5 mm²，以保证足够的机械强度。接地线与电气设备或接地体的连接应采用螺栓或专用的夹具，以保证其接触良好，并符合短路电流作用下动、热稳定要求。

②接地装置运行。接地装置运行中，接地线和接地体会因外力破坏或腐蚀而损伤或断裂，接地电阻也会随土壤变化而发生变化，因此，必须对接地装置定期进行检查和实验。

a. 检查周期。

- 变（配）电所的接地装置一般每年检查一次。
- 根据车间或建筑物的具体情况，对接地线的运行情况一般每年检查 1～2 次。
- 各种防雷装置的接地装置每年在雷雨季前检查一次。
- 对有腐蚀性土壤的接地装置，应根据运行情况一般每 3～5 年对地面下接地体检查一次。
- 手持式、移动式电气设备的接地线应在每次使用前进行检查。
- 接地装置的接地电阻一般 1～3 年测量一次。

b. 检查项目。

- 检查接地装置的各连接点的接触是否良好，有无损伤、折断和腐蚀现象。
- 对含有重酸、碱、盐等化学成分的土壤地带（一般可能为化工生产企业、药品生产企业及部分食品工业企业）应检查地面下 500 mm 以上部位的接地体的腐蚀程度。
- 在土壤电阻率最大时（一般为雨季前）测量接地装置的接地电阻，并对测量结果进行分析比较。
- 电气设备检修后，应检查接地线连接情况，是否牢固可靠。
- 检查电气设备与接地线连接、接地线与接地网连接、接地线与接地干线连接是否完好。

3. 维护人员要求

（1）认真观察

通过眼睛的观察可以发现的异常现象有：破裂、断线；变形（膨胀、收缩、弯曲）；松动；漏油、漏水、漏气；污秽；腐蚀；磨损；变色（烧焦、硅胶变色、油变黑）；冒烟（产生火花）；有杂质异物；不正常的动作等。

（2）耳听鼻闻

设备由于交流电的作用而产生振动并发出特有的声音，并呈现出一定的规律性。如果仔细倾听这些声音，并熟练掌握声音变化的特点，就可以通过它的高低节奏、音色的变化、音量的强弱、是否伴有杂音等，来判断设备是否运行正常。

电气设备的绝缘材料因过热而产生的特有的焦烟气味，大多数的人都能嗅到，并能准确地辨别。值班人员在进入配电室检查电气设备时，如果闻到了设备过热或绝缘材料烧焦而产生的气味时，就应着手进行检查，看看有没有冒烟变色的地方，听一听有没有放电、散落的声音，直到找出原因为止。闻气味也是对电气设备某些异常和缺陷比较灵敏的一种判别方法。

（3）用手触摸

运行人员可用手触摸被检查的设备，来判断设备的缺陷和异常。应该强调的是，用手触试带电的高压设备是绝对禁止的。通过手摸，可以感觉出设备温度的变化和振动，如变压器的温度变化、局部发热、继电器的发热和振动等，都可以用触摸法检查出来。

（4）了解运行状况

设备检修人员向运行人员了解设备的运行状况，发生故障时的天气变化，负荷的大小，以往发生类似故障的记录及解决的办法等。通过这些"问"，可以较快地掌握设备运行的最基本的情况，便于检修人员快速、完整地处理事故，避免事故查找工作进入误区而延长停电时间，扩大事故范围。

1.2.4 电磁辐射伤害事故

辐射电磁波指频率在100 kHz以上的电磁波。在一定强度的高频电磁波照射下，人体所受到的伤害主要表现为头晕、记忆力减退、睡眠不好等神经衰弱症状。严重者除神经衰弱症状加重外，还伴有心血管系统症状。电磁波对人体的伤害有滞后性，并可能通过遗传因子影响到后代。除对人体有伤害外，高频电磁波还能造成高频感应放电和高频干扰。

除无线电设备外，高频金属加热设备（如高频淬火设备、高频焊接设备）、高频介质加热设备（如高频热合机、绝缘材料干燥设备）也是有电磁辐射危险的设备。

1. 电磁场对人体的危害

电磁场危害是指在强电磁场的长期作用下，吸收辐射能量而受到的不同程度的伤害。高频电磁场对人体的主要伤害是引起中枢神经系统功能失调，表现为神经衰弱症候群的出现，如头痛、头晕、乏力、记忆力减退等；高频电磁场还对心血管系统的正常机能有一定影响。电磁场对人体的伤害主要是功能性改变，一般具有可变性特征。

电磁场对生物体的影响，其机理比较复杂，涉及多门学科，其中有些领域已被人们所认识，而有些只观察到了一些现象，其机理尚不十分清楚，还有待于人们进一步去研究与探索。

电磁场对人体的危害有以下几点。

1）超过一定强度的电磁场，会引起人的中枢神经系统的机能障碍和以交感神经疲乏紧张为主的植物神经紧张失调，其临床症状可表现为头昏脑涨、失眠多梦、疲劳无力、记忆力减退、心悸、头疼、四肢酸疼、食欲不振、脱发、多汗等，部分人员还会出现心动过缓、血压下降、心率不齐等症状，妇女中会发生月经周期紊乱等症状；大强度、长时间的微波照射还会影响男子睾丸精子的活动能力和引起眼睛晶体混浊，严重的会导致白内障。

2）电磁场对人体的危害程度，一般随频率的增高而递增。频率较低的电磁场，其影响多数是功能性的，是可逆的，人体脱离电磁场的影响后，功能可逐渐恢复正常；频率高的电磁场的影响，往往会造成器质性的损伤，如眼睛晶体混浊、皮肤灼伤等。

3）电磁场对人体的危害有一定的积累效应，随着人体在电磁场中暴露时间的增加和积累，症状会逐渐加重。

4）电磁场是无声、无光、无味的作用场，不达到很强的程度，人是感觉不到的。所以这种危害具有很强的"隐蔽性"，往往不被人们所察觉和重视。

2. 有害电磁场的防护

（1）屏蔽

对有害电磁场的场源采取屏蔽措施是最有效的一种防护措施。防护性屏蔽不同于一般的防干扰屏蔽，它面临的是近区场，屏蔽体自身将参与与场源直接进行能量交换，这一特点决定了防护性屏蔽除了采用一般的屏蔽技术外，还要掌握一些特殊的技术措施。

根据防护性屏蔽的基本原理，在技术上应遵循下述原则。

1）高屏效、低损耗。为了获得较高的屏蔽效能，应正确认识和处理屏蔽效能与损耗的关系。由于屏蔽体本身具有电导率和磁导率，电导率越高，涡流越大，屏蔽效能越高；加在屏蔽体上的场强越大，涡流也越大，损耗亦加大，这种"大"无助于屏蔽效能的提高，而且损耗增大后引起屏蔽体发热，并减低了设备的输出功率（满负荷工作时更明显）。所以为了提高屏蔽效能，选材时应考虑场的性质、场源的工作频率、现场工作需要等。

2）低阻抗。主要是指接地系统的阻抗要低，以利泄放感应电荷。由于屏蔽体要泄放的不是一般的静电荷，而是交变电荷，因此接地系统中的电感量和分布容量都会起作用。为了达到低阻抗，应尽量减小接地系统的电感量，要求连接线采用扁宽的铜带，而不要用单股线。接地线要短而直，切忌绕圈。为了适应短波段设备的泄放接地，可以在接地干线中串入一适量的电容器，以电容器的容抗抵消系统中的感抗。如果选择适当，则整个系统中的阻抗下降，屏蔽效果将明显提高。

3）等电位。为了避免不同接地点之间产生寄生的高频电流和发生电腐蚀现象，应遵循以下几点。

① 一个屏蔽装置只设一套接地系统。

② 屏蔽装置力求单点接地。若屏蔽装置是多单元拼装的，则各单元亦应单点接地；各单元的接地线应以大致相同的规格与长度接到接地干线上。

③ 接地线只与接地系统相连，中途不要与机壳或别的导电性物体相碰。

④ 各连接点应采用焊接，不要压接或铆接。

⑤ 接地系统的子线、母线（干线）应用同一种金属材料。

4）全面治理。一台高频设备工作时产生辐射的部位很多，不仅有明显的（如高频变压器、感应器、馈线等），也有隐蔽的（如用非金属材料遮盖起来的振荡电路、高频变压器和感应器的冷却水管等），有的辐射虽不严重，但工作人员经常靠近它（如屏极电压、电流表等）。所以，凡对人有害的辐射部位都需加以屏蔽，予以全面治理。

（2）改进操作工艺

采用远距离控制或自动化作业，使操作人员远离场源。

（3）使用个人防护用品

适用于电磁波防护的个人防护用品有屏蔽服、屏蔽头盔和防护眼镜等。防护眼镜主要用于对微波的防护。

1.2.5 电气系统故障事故

电气系统故障引发的事故包括异常停电、异常带电、电气设备损坏、电气线路损坏、短路、断线、接地、电气火灾等。

异常停电指在正常生产过程中供电突然中断。这种情况会使生产过程陷入混乱，造成经济损失；在有些情况下，还会造成事故和人员伤亡。在工程设计和安全管理中，必须考虑到异常停电的可能，从技术和管理角度，使异常停电可能造成的损失得到消除或尽量减少。

异常带电指在正常情况下不应当带电的生产设施或其中的部分意外带电。异常带电容易导致人员受到伤害。在工程设计和安全管理工作中，应当充分考虑到这一因素，适当安装漏电保护器等安全装置，保证人员不致受到异常带电的伤害。

电气火灾和爆炸事故是指由于电气原因引起的火灾和爆炸事故。各种电气设备的绝缘材料大多数属于易燃物质，运行过程中导体通过电流会发热，开关切断电流时会产生电弧，由于短路、接地或设备损坏等可能产生电弧及电火花，将周围易燃物引燃，发生火灾或爆炸事故。其在火灾和爆炸事故中占有很大比例。电气火灾和爆炸事故除了可能造成人身伤亡和设备损坏外，还可能造成系统大面积或长时间停电，给国民经济造成重大损失。因此，电气防火和防爆是安全管理工作的重要内容。

引燃是指可燃物的局部受到高温热源的作用而引起可燃物燃烧并且逐步扩大到全部的现象。通常情况下，火灾中的大部分是由引燃产生的。有时，火灾和爆炸是伴随着发生的。爆炸是指物质发生剧烈的氧化和分解反应，使其温度和压力急剧增加的现象。爆炸也是一种特殊的燃烧现象。

可燃气体、液体和粉尘与空气混合，遇到明火和热源产生爆炸。其混合物的最低浓度称为爆炸下限，而最高浓度称为上限，通常以体积百分比表示。

1. 电气火灾和爆炸原因

电气火灾和爆炸，除了设备的缺陷或安装不当等设计、制造和施工方面的原因外，还有在运行中产生的热量和电火花或电弧等直接原因。

（1）电气设备过热

电气设备过热主要是电流的热效应造成的。电流通过导体时，由于导体存在电阻，电流通过时就要消耗一定的电能。这部分能量以发热的形式消耗掉，并加热其周围的其他材料。当温度超过电气设备及其周围材料的允许温度，达到起燃温度时就可能引发火灾。

引起电气设备过热主要有以下原因：

1）短路。线路发生短路时，线路中电流将增加到正常工作电流的几倍甚至几十倍，使设备温度急剧上升，尤其是连接部分接触电阻等处。如果温度达到可燃物的起燃点，就会引起燃烧。

引起线路短路的原因很多，如电气设备载流部分的绝缘损坏。这种损坏可能是长期运行，绝缘自然老化，或者强度不符合要求，或者是绝缘受外力损伤等引起短路事故，也可能是运行中误操作造成弧光短路。还有小动物误入带电间隔造成短路，鸟禽跨越裸露的相线之间造成短路。发生短路后，应以最快的速度切除故障部分，以保证线路安全。

2）过负荷。由于导线截面和设备选择不合理，或运行中电流超过设备的额定值，超过设备的长期允许温度，都会引起发热。

3）接触不良。导线接头连接不牢靠、活动触头（开关、熔丝、接触器、插座、灯泡与灯座等）接触不良，导致接触电阻很大，电流通过导致接头过热。

4）铁芯过热。变压器、电动机等设备的铁芯过饱和，或非线性负载引起高次谐波造成铁芯过热。

5）散热不良。设备的散热通风措施遭到破坏，设备运行中产生的热量不能及时、有效地散发，从而造成设备过热。发热量大的一些电气设备安装或使用不当，也可能引起火灾。

（2）电弧和电火花

电弧和电火花是一种常见的现象，如电气设备正常工作时或正常操作时也会发生电弧和电火花。直流电机电刷和整流子滑动接触处、交流电机电刷与滑环滑动接触处在正常运行中就会有电火花，开关断开电路时会产生很强的电弧，拔掉插头或接触器断开电路时都会有电火花发生。电路发生短路或接地事故时产生的电弧更大。还有绝缘不良电气等都会有电火花、电弧产生。电火花、电弧的温度很高，特别是电弧，温度可高达 6 000 ℃。这么高的温度不仅能引起可燃物燃烧，还能使金属熔化、飞溅，构成危险的火源。在有爆炸危险的场所，电火花和电弧更是十分危险的因素。

电气设备本身也会发生爆炸，如变压器、油断路器、电力电容器、电压互感器等充油设备。电气设备周围空间在下列情况下会引起爆炸：

1）周围空间有爆炸性混合物，当遇到电火花和电弧时就可能引起空间爆炸。

2）充油设备的绝缘油在电弧作用下分解和汽化，喷出大量的油雾和可燃性气体，遇到电火花、电弧或环境温度达到危险温度时也可能发生火灾和爆炸事故。

3）氢冷发电机等设备如果发生氢气泄漏，形成爆炸性混合物，当遇到电火花、电弧或环境温度达到危险温度时也会引起爆炸和火灾事故。

2. 电气防火和防爆的措施

发生电气火灾和爆炸的原因可以概括为两条：现场有可燃易爆物质；现场有引燃物引爆的条件。所以应从两个方面采取防范措施，防止电气火灾和爆炸事故发生。

在各类生产和生活场所中，广泛存在着可燃易爆的物质，如可燃气体、可燃粉尘和纤维等。当这些可燃易爆物质在空气中含量超过其危险浓度，或遇到电气设备运行中产生的火花、电弧等高温引燃源，就会发生电气火灾和爆炸事故。爆炸事故也是引起火灾的原因。

根据电气火灾和爆炸形成的原因，防火防爆措施应从改善现场环境条件着手，设法从空气中排除各种可燃易爆物质，或使可燃易爆物质浓度减小。同时加强对电气设备维护、监督和管理，防止电气火源引起火灾和爆炸事故。

（1）排除可燃易爆物质

保持良好通风，使现场可燃易爆的气体、粉尘和纤维浓度降低到不致引起火灾和爆炸的限度内。加强密封，减少和防止可燃易爆物质的泄漏。有可燃易爆物质的生产设备、储存容器、管道接头和阀门应严格密封，并经常巡视检测。

（2）排除电气火源

在设计、安装电气装置时，应严格按照防火规程的要求来选择、布置和安装。对运行中能够产生火花、电弧和高温危险的电气设备和装置，不应放置在易燃易爆的危险场所。在易燃易爆场所安装的电气设备和装置应该采用密封的防爆电器。另外，在易燃易爆场所应尽量避免使用携带式电气设备。在容易发生爆炸和火灾危险的场所内，电力线路的绝缘导线和电缆的额定电压不得低于电网的额定电压，低压供电线路不应低于 500 V。要使用铜芯绝缘线，导线连接应保证良好可靠，应尽量避免接头。在易燃易爆场所内，工作零线的截面和绝缘应与相线相同，并应在同一护套或管子内。导线应采用阻燃型导线（或阻燃型电缆）穿管敷设。

在突然停电有可能引起电气火灾和爆炸的场所，应有两路及两路以上的电源供电，几路电源能自动切换。在容易发生爆炸危险场所的电气设备的金属外壳应可靠接地（或接零）。在运行管理中要对电气设备进行维护、监督，防止发生设备事故。

第2章

电子技术国家标准

2.1 电子元器件符号

1. 电阻器

（1）S00555

S00555 的符号如图 2-1 所示。

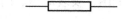

图 2-1 S00555 的符号

名称：电阻器，图 2-1 所示为一般符号。

状态：标准。

发布日期：2001 年 7 月 1 日。

被替代的符号：S01355。

用于 S00558、S00565、S00564、S00557、S00684、S00561、S00560、S00689、S00563、S01112、S00566、S00562 和 S00559。

形状类别：矩形。

功能类别：R 限制或稳定。

应用类别：电路图、接线图、功能图、安装简图、网络图、概略图。

（2）S00557

S00557 的符号如图 2-2 所示。

图 2-2 S00557 的符号

名称：可调电阻器。

状态：标准。

发布日期：2001 年 7 月 1 日。

用于 S00081、S00555。

形状类别：箭头，矩形。

功能类别：R 限制或稳定。

应用类别：电路图、接线图、功能图、安装简图、网络图、概略图。

（3）S00558

S00558 的符号如图 2 – 3 所示。

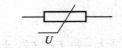

图 2 – 3　S00558 的符号

名称：压敏电阻器。

状态：标准。

发布日期：2001 年 7 月 1 日。

采用符号：S00211、S00555。

别名：变阻器。

形状类别：直线，矩形。

功能类别：R 限制或稳定。

应用类别：电路图、接线图、功能图、安装简图、网络图、概略图。

（4）S00559

S00559 的符号如图 2 – 4 所示。

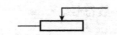

图 2 – 4　S00559 的符号

名称：带滑动触点的电阻器。

状态：标准。

发布日期：2001 年 7 月 1 日。

采用符号：S00211、S00555。

形状类别：箭头，直线，矩形。

功能类别：R 限制或稳定。

应用类别：电路图、接线图、功能图、安装简图、网络图、概略图。

（5）S00560

S00560 的符号如图 2 – 5 所示。

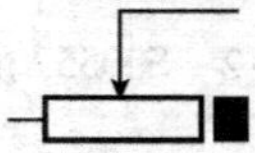

图 2 – 5　S00560 的符号

名称：带滑动触点和断开位置的电阻器。

状态：标准。

发布日期：2001 年 7 月 1 日。

采用符号：S00211、S00555。

形状类别：箭头，直线，矩形。

功能类别：R 限制或稳定。

应用类别：电路图、接线图、功能图、安装简图、网络图、概略图。

（6）S00561

S00561 的符号如图 2 - 6 所示。

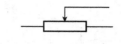

图 2 - 6　S00561 的符号

名称：带滑动触点的电位器。

状态：标准。

发布日期：2001 年 7 月 1 日。

形状类别：直线，矩形。

功能类别：R 限制或稳定。

应用类别：电路图、接线图、功能图、安装简图、网络图、概略图。

（7）S00562

S00562 的符号如图 2 - 7 所示。

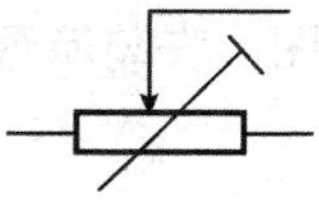

图 2 - 7　S00562 的符号

名称：带滑动触点和预调的电位器。

状态：标准。

发布日期：2001 年 7 月 1 日。

采用符号：S00085、S00211、S00555。

形状类别：箭头，直线，矩形。

功能类别：R 限制或稳定。

应用类别：电路图、接线图、功能图、安装简图、网络图、概略图。

（8）S00563

S00563 的符号如图 2 - 8 所示。

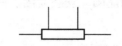

图 2 - 8　S00563 的符号

名称：带固定抽头的电阻器。

状态：标准。

发布日期：2001 年 7 月 1 日。

采用符号：S00555。

形状类别：直线，矩形。

功能类别：R 限制或稳定。

应用类别：电路图、接线图、功能图、安装简图、网络图、概略图。

备注：符号示出两个抽头。

（9）S00564

S00564 的符号如图 2-9 所示。

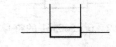

图 2-9　S00564 的符号

名称：带分流和分压端子的电阻器。

状态：标准。

发布日期：2001 年 7 月 1 日。

别名：分路器。

采用符号：S00555。

形状类别：直线，矩形。

功能类别：R 限制或稳定。

应用类别：电路图、接线图、功能图、安装简图、网络图、概略图。

（10）S00565

S00565 的符号如图 2-10 所示。

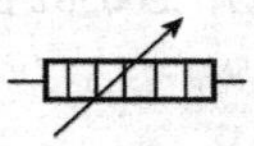

图 2-10　S00565 的符号

名称：碳柱电阻器。

状态：标准。

发布日期：2001 年 7 月 1 日。

采用符号：S00081、S00555。

形状类别：箭头，直线，矩形。

功能类别：R 限制或稳定。

应用类别：电路图、接线图、功能图、安装简图、网络图、概略图。

（11）S00566

S00566 的符号如图 2-11 所示。

图 2-11　S00566 的符号

名称：加热元件。

状态：标准。

发布日期：2001 年 7 月 1 日。

采用符号：S00555。

形状类别：直线，矩形。

功能类别：R 限制或稳定。

应用类别：电路图、接线图、功能图、安装简图、网络图、概略图。

2. 电容器

（1）S00567

S00567 的符号如图 2 - 12 所示。

图 2 - 12　S00567 的符号

名称：电容器。

状态：标准。

发布日期：2001 年 7 月 1 日。

被替代的符号：S01356。

用于 S00356、S00582、S00571、S01164、S00575、S00789、S01165、S00577、S00581、S00579、S00644、S01054、S00573、S01163。

形状类别：直线。

功能类别：C 存储。

应用类别：电路图、接线图、功能图、安装简图、网络图、概略图。

（2）S00571

S00571 的符号如图 2 - 13 所示。

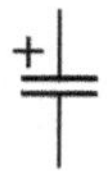

图 2 - 13　S00571 的符号

名称：极性电容器。

状态：标准。

发布日期：2001 年 7 月 1 日。

被替代的符号：S01358。

别名：电解电容。

采用符号：S00077、S00567。

形状类别：直线。

功能类别：C 存储。

应用类别：电路图、接线图、功能图、安装简图、网络图、概略图。

（3）S00573

S00573 的符号如图 2 - 14 所示。

图 2 – 14　S00573 的符号

名称：可调电容器。

状态：标准。

发布日期：2001 年 7 月 1 日。

被替代的符号：S01359。

采用符号：S00081、S00567。

形状类别：直线。

功能类别：C 存储。

应用类别：电路图、接线图、功能图、安装简图、网络图、概略图。

（4）S00575

S00575 的符号如图 2 – 15 所示。

图 2 – 15　S00575 的符号

名称：预调电容器。

状态：标准。

发布日期：2001 年 7 月 1 日。

被替代的符号：S01360。

采用符号：S00085、S00567。

形状类别：直线。

功能类别：C 存储。

应用类别：电路图、接线图、功能图、安装简图、网络图、概略图。

（5）S00577

S00577 的符号如图 2 – 16 所示。

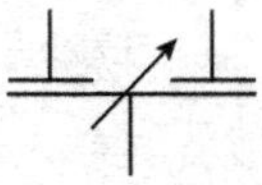

图 2 – 16　S00577 的符号

名称：差动电容器。

状态：标准。

发布日期：2001 年 7 月 1 日。

被替代的符号：S01361。

采用符号：S00081、S00567。

形状类别：箭头，直线。

功能类别：C 存储。

应用类别：电路图、接线图、功能图、安装简图、网络图、概略图。

（6）S00579

S00579 的符号如图 2 - 17 所示。

图 2 - 17　S00579 的符号

名称：定片分离可调电容器。

状态：标准。

发布日期：2001 年 7 月 1 日。

被替代的符号：S01362。

采用符号：S00081、S00567。

形状类别：箭头，直线。

功能类别：C 存储。

应用类别：电路图、接线图、功能图、安装简图、网络图、概略图。

（7）S00581

S00581 的符号如图 2 - 18 所示。

图 2 - 18　S00581 的符号

名称：热敏极性电容器。

状态：标准。

发布日期：2001 年 7 月 1 日。

别名：陶瓷电容。

采用符号：S00077、S00084、S00567。

形状类别：直线。

功能类别：C 存储。

应用类别：电路图、接线图、功能图、安装简图、网络图、概略图。

（8）S00582

S00582 的符号如图 2 - 19 所示。

图 2 - 19　S00582 的符号

名称：压敏极性电容器。

状态：标准。

发布日期：2001 年 7 月 1 日。

别名：半导体电容器。

采用符号：S00077、S00084、S00567。

形状类别：直线。

功能类别：C 存储。

应用类别：电路图、接线图、功能图、安装简图、网络图、概略图。

（9）S01411

S01411 的符号如图 2 - 20 所示。

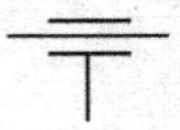

图 2 - 20　S01411 的符号

名称：穿心电容器。

状态：标准。

发布日期：2001 年 11 月 10 日。

别名：旁路电容器。

被代替的符号：S00569。

形状类别：直线。

功能类别：C 存储。

应用类别：电路图、接线图、功能图、安装简图、网络图、概略图。

3. 电感器

（1）S00583

S00583 的符号如图 2 - 21 所示。

图 2 - 21　S00583 的符号

名称：线圈，绕组。

状态：标准。

发布日期：2001 年 7 月 1 日。

别名：电感器，扼流圈。

被替代的符号：S00185、S00186、S00187、S01363。

用于 S00347、S00348、S00847、S00830、S00828、S01164、S00591、S01165、S00589、S01086、S00834、S00849、S00825、S00823、S00590、S00829、S00588、S00755、S00749、S00824、S00827、S00586、S00739、S00735、S00833、S00816、S00817、S00496、S00585、S01198、S00832、S00690、S00835、S00753、S00842、S00815、S00845。

形状类别：半圆。

功能类别：R 限制或稳定。

应用类别：电路图、接线图、功能图、安装简图、网络图、概略图。

（2）S00585

S00585 的符号如图 2 - 22 所示。

图 2 - 22　S00585 的符号

名称：带磁心的电感器。

状态：标准。

发布日期：2001 年 7 月 1 日。

用于：S00591、S00587、S01114。

形状类别：半圆，直线。

功能类别：R 限制或稳定。

应用类别：电路图、接线图、功能图、安装简图、网络图、概略图。

（3）S00586

S00586 的符号如图 2 - 23 所示。

图 2 - 23　S00586 的符号

名称：磁心有间隙的电感器。

状态：标准。

发布日期：2001 年 7 月 1 日。

采用符号：S00583。

形状类别：半圆，直线。

功能类别：R 限制或稳定。

应用类别：电路图、接线图、功能图、安装简图、网络图、概略图。

（4）S00587

S00587 的符号如图 2 - 24 所示。

图 2 - 24　S00587 的符号

名称：带磁心连续可变的电感器。

状态：标准。

发布日期：2001 年 7 月 1 日。

采用符号：S00081、S00585。

形状类别：箭头，半圆，直线。

功能类别：R 限制或稳定。

应用类别：电路图、接线图、功能图、安装简图、网络图、概略图。

（5）S00588

S00588 的符号如图 2 - 25 所示。

图 2 - 25　S00588 的符号

名称：带固定抽头的电感器。

状态：标准。

发布日期：2001 年 7 月 1 日。

采用符号：S00583。

形状类别：半圆，直线。

功能类别：R 限制或稳定。

应用类别：电路图、接线图、功能图、安装简图、网络图、概略图。

（6）S00589

S00589 的符号如图 2 - 26 所示。

图 2 - 26　S00589 的符号

名称：步进移动点可变电感器。

状态：标准。

发布日期：2001 年 7 月 1 日。

采用符号：S00087、S00211、S00583。

形状类别：箭头，半圆，直线。

功能类别：R 限制或稳定。

应用类别：电路图、接线图、功能图、安装简图、网络图、概略图。

（7）S00590

S00590 的符号如图 2 - 27 所示。

图 2 - 27　S00590 的符号

名称：可变电感器。

状态：标准。

发布日期：2001 年 7 月 1 日。

采用符号：S00081、S00583。

形状类别：箭头，半圆。

功能类别：R 限制或稳定。

应用类别：电路图、接线图、功能图、安装简图、网络图、概略图。

（8）S00591

S00591 的符号如图 2 – 28 所示。

图 2 – 28　S00591 的符号

名称：带磁心的同轴扼流圈。

状态：标准。

发布日期：2001 年 7 月 1 日。

采用符号：S00011、S00583、S00585。

形状类别：圆，半圆，直线。

功能类别：R 限制或稳定。

应用类别：电路图、接线图、功能图、安装简图、网络图、概略图。

以上部分根据中华人民共和国国家标准 GB/T 4728.4—2005/IEC60617《电气简图用图形符号》代替 GB/T 4728.4—1999《电气简图用图形符号》。

4. 半导体管

中华人民共和国国家标准 GB/T 4728.5—2005/IEC60617《电气简图用图形符号》代替 GB/T 4728.5—2000。

（1）二极管

1）S00641。S00641 的符号如图 2 – 29 所示。

图 2 – 29　S00641 的符号

名称：半导体二极管。

状态：标准。

发布日期：2001 年 7 月 1 日。

用于 S00304、S00685、S00643、S01328、S00895、S00785、S00907、S01327、S01263、S00644、S00642、S00906、S01326。

采用符号：S00613、S00619。

形状类别：等边三角形，直线。

功能类别：K 处理信号或信息。

应用类别：电路图。

2）S00642。S00642 的符号如图 2 – 30 所示。

图 2 – 30　S00642 的符号

名称：发光二极管（LED）。

状态：标准。

发布日期：2001 年 7 月 1 日。

用于 S00380、S00691、S00692。

采用符号：S00127、S00641。

形状类别：箭头，等边三角形，直线。

功能类别：E 提供辐射能或热能。

应用类别：电路图。

3）S00643。S00643 的符号如图 2－31 所示。

图 2－31　S00643 的符号

名称：热敏二极管。

状态：标准。

发布日期：2001 年 7 月 1 日。

采用符号：S00641。

形状类别：字符，等边三角形，直线。

功能类别：B 把变量转换为信号。

应用类别：电路图。

4）S00644。S00644 的符号如图 2－32 所示。

图 2－32　S00644 的符号

名称：变容二极管。

状态：标准。

发布日期：2001 年 7 月 1 日。

采用符号：S00567、S00641。

形状类别：等边三角形，直线。

功能类别：K 处理信号或信息。

应用类别：电路图。

5）S00645。S00645 的符号如图 2－33 所示。

图 2－33　S00645 的符号

名称：隧道二极管。

状态：标准。

发布日期：2001 年 7 月 1 日。

别名：江崎二极管。

采用符号：S00613、S00619、S00637。

形状类别：等边三角形，直线。

功能类别：K 处理信号或信息。

应用类别：电路图。

6) S00646。S00646 的符号如图 2 - 34 所示。

图 2 - 34　S00646 的符号

名称：单向击穿二极管。

状态：标准。

发布日期：2001 年 7 月 1 日。

别名：齐纳二极管、电压调整二极管。

用于：S00651。

采用符号：S00613、S00619、S00638。

形状类别：等边三角形，直线。

功能类别：R 限制或稳定。

应用类别：电路图。

7) S00647。S00647 的符号如图 2 - 35 所示。

图 2 - 35　S00647 的符号

名称：双向击穿二极管。

状态：标准。

发布日期：2001 年 7 月 1 日。

采用符号：S00619、S00639。

形状类别：等边三角形，直线。

功能类别：R 限制或稳定。

应用类别：电路图。

8) S00648。S00648 的符号如图 2 - 36 所示。

图 2 - 36　S00648 的符号

名称：反向二极管。

状态：标准。

发布日期：2001 年 7 月 1 日。

采用符号：S00613、S00619、S00640。

形状类别：等边三角形，直线。

功能类别：K 处理信号或信息。

应用类别：电路图。

9）S00649。S00649 的符号如图 2 - 37 所示。

图 2 - 37　S00649 的符号

名称：双向二极管。

状态：标准。

发布日期：2001 年 7 月 1 日。

用于：S00652。

采用符号：S00613

形状类别：等边三角形，直线。

功能类别：K 处理信号或信息。

应用类别：电路图。

（2）三极管

1）S00663。S00663 的符号如图 2 - 38 所示。

图 2 - 38　S00663 的符号

名称：PNP 晶体管。

状态：标准。

发布日期：2001 年 7 月 1 日。

采用符号：S00613、S00625、S00629。

形状类别：箭头，直线。

功能类别：K 处理信号或信息。

应用类别：电路图。

2）S00663。S00663 的符号如图 2 - 39 所示。

图 2 - 39　S00663 的符号

名称：集电极接管壳的 NPN 晶体管。

状态：标准。

发布日期：2001 年 7 月 1 日。

采用符号：S00016、S00062、S00613、S00627、S00629。

形状类别：箭头，圆，点，直线。

功能类别：K 处理信号或信息。

应用类别：电路图。

3）S00665。S00665 的符号如图 2 - 40 所示。

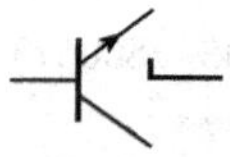

图 2 - 40　S00665 的符号

名称：NPN 雪崩晶体管。

状态：标准。

发布日期：2001 年 7 月 1 日。

采用符号：S00013、S00627、S00629、S00638。

形状类别：箭头，直线。

功能类别：K 处理信号或信息。

应用类别：电路图。

4）S00671。S00671 的符号如图 2 - 41 所示。

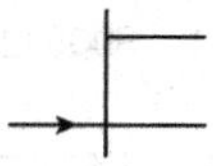

图 2 - 41　S00671 的符号

名称：N 型沟道结型场效应晶体管。

状态：标准。

发布日期：2001 年 7 月 1 日。

采用符号：S00616、S00617、S00620。

形状类别：箭头，直线。

功能类别：K 处理信号或信息。

应用类别：电路图。

5）S00672。S00672 的符号如图 2 - 42 所示。

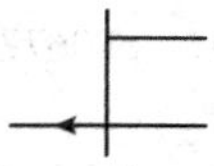

图 2 - 42　S00672 的符号

名称：P 型沟道结型场效应晶体管。

状态：标准。

发布日期：2001 年 7 月 1 日。

采用符号：S00616、S00617、S00621。

形状类别：箭头，直线。

功能类别：K 处理信号或信息。

应用类别：电路图。

6）S00673。S00673 的符号如图 2 - 43 所示。

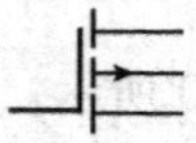

图 2 - 43　S00673 的符号

名称：绝缘栅场效应晶体管（IGFET），增强型，单栅，P 型沟道，衬底无引出线。

状态：标准。

发布日期：2001 年 7 月 1 日。

采用符号：S00618、S00623、S00624。

形状类别：箭头，直线。

功能类别：K 处理信号或信息。

应用类别：电路图。

7）S00672。S00672 的符号如图 2 - 44 所示。

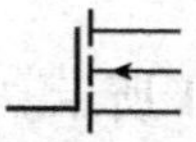

图 2 - 44　S00672 的符号

名称：绝缘栅场效应晶体管（IGFET），增强型，单栅，N 型沟道，衬底无引出线。

状态：标准。

发布日期：2001 年 7 月 1 日。

采用符号：S00618、S00622、S00624。

形状类别：箭头，直线。

功能类别：K 处理信号或信息。

应用类别：电路图。

8）S00677。S00677 的符号如图 2 - 45 所示。

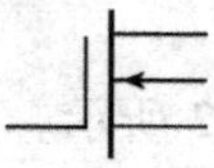

图 2 - 45　S00677 的符号

名称：绝缘栅场效应晶体管（IGFET），耗尽型，单栅，N 型沟道，衬底无引出线。

状态：标准。

发布日期：2001 年 7 月 1 日。

采用符号：S00617、S00622、S00624。

形状类别：箭头，直线。

功能类别：K 处理信号或信息。

应用类别：电路图。

9）S00678。S00678 的符号如图 2 – 46 所示。

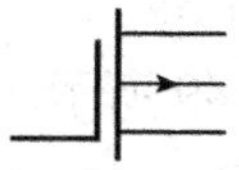

图 2 – 46　S00678 的符号

名称：绝缘栅场效应晶体管（IGFET），耗尽型，单栅，P 型沟道，衬底无引出线。

状态：标准。

发布日期：2001 年 7 月 1 日。

采用符号：S00617、S00623、S00624。

形状类别：箭头，直线。

功能类别：K 处理信号或信息。

应用类别：电路图。

10）S00680。S00680 的符号如图 2 – 47 所示。

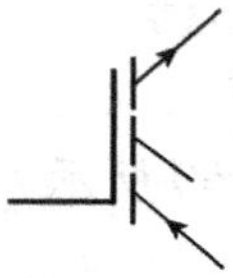

图 2 – 47　S00680 的符号

名称：绝缘栅双极晶体管（IGBT），增强型，P 型沟道。

状态：标准。

发布日期：2001 年 7 月 1 日。

采用符号：S00618、S00624、S00625、S00627、S00631。

形状类别：箭头，直线。

功能类别：K 处理信号或信息。

应用类别：电路图。

11）S00681。S00681 的符号如图 2 – 48 所示。

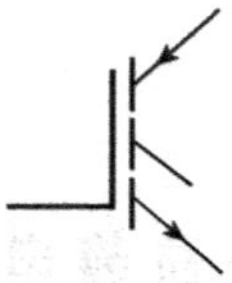

图 2 – 48　S00681 的符号

名称：绝缘栅双极晶体管（IGBT），增强型，N 型沟道。

状态：标准。

发布日期：2001 年 7 月 1 日。

采用符号：S00618、S00624、S00625、S00627、S00631。

形状类别：箭头，直线。

功能类别：K 处理信号或信息。

应用类别：电路图。

12）S00682。S00682 的符号如图 2 - 49 所示。

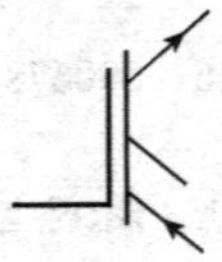

图 2 - 49　S00682 的符号

名称：绝缘栅双极晶体管（IGBT），耗尽型，P 型沟道。

状态：标准。

发布日期：2001 年 7 月 1 日。

采用符号：S00617、S00624、S00625、S00627、S00631。

形状类别：箭头，直线。

功能类别：K 处理信号或信息。

应用类别：电路图。

13）S00683。S00683 的符号如图 2 - 50 所示。

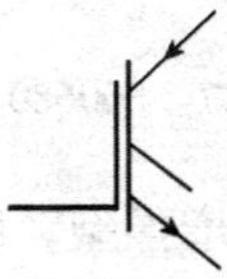

图 2 - 50　S00683 的符号

名称：绝缘栅双极晶体管（IGBT），耗尽型，N 型沟道。

状态：标准。

发布日期：2001 年 7 月 1 日。

采用符号：S00617、S00624、S00625、S00627、S00631。

形状类别：箭头，直线。

功能类别：K 处理信号或信息。

应用类别：电路图。

2.2　电子产品制造与应用系统防静电检测通用规范

2.2.1　术语和定义

1. 系统电阻

系统电阻（resistance of grounding system）是指被测物体测试表面与被测物体接地点之

间电阻的总和。

2. 测试点

测试点（testing point）是指测试时，所选定放置测试电极（或表笔）的部位。

3. 静电位

静电位（electrostatic potential）是指静电场的标准函数，其梯度冠以负号等于电场强度。静电场中某点的静电位等于把单位正电荷从该点移到无限远处静电场力所做的功，它也等于单位正电荷在该点的电位能。

4. 表面电阻率

表面电阻率（surface resistivity）是指沿试样表面电流方向的直流电场强度与单位长度的表面传导电流之比。

5. 体积电阻率

体积电阻率（volume resistivity）是指沿试样体积电流方向的直流电场强度与该处电流密度之比。

6. 静电放电

静电放电（electrostatic discharge）是指当带电体周围的场强超过周围介质的绝缘击穿场强时，因介质产生电离而使带电体上的电荷部分或全部消失的现象。

7. 静电荷

静电荷（electrostatic charge）是指组成实物的某些基本粒子（如质子和电子等）具有的固有属性之一。电荷有两种，即正电荷和负电荷。

8. 地

地（ground）是指能供给或接受大量电荷的物体（如大地、舰船或运载工具外壳等）。

9. 硬接地，直接接地

硬接地（hard ground）是指直接与接地极作导电性连接的一种接地方式。

10. 软接地

软接地（soft ground）是指通过一组以限制流过人体的电流达到安全值的电阻器连接到接地极的一种接地方式。

11. 对地电压

对地电压（voltage to earth）是指带电体与地之间的电位差。

12. 静电电压衰减时间

静电电压衰减时间（static decay time）是指带电体上的电压下降到其起始值的给定百分数所需要的时间。

13. 静电屏蔽材料

静电屏蔽材料（static shielding material）是指防止静电放电或静电场通过、穿入的材料。

14. 导静电材料

导静电材料（electrostatic conductive material）是指具有下列特性的材料：

1）表面导电型。具有表面电阻率小于 1×10^5 $\Omega \cdot cm$ 的材料或表面电阻小于 1×10^6 Ω 的材料。

2）体积导电型。具有体积电阻率小于 1×10^4 $\Omega \cdot cm$ 的材料；体积电阻小于 1×10^6 Ω

的材料。

15. 静电耗散材料

静电耗散材料（electrostatic dissipative material）是指具有下列特性的材料：

1）表面导电型。具有表面电阻率大于或等于 1×10^5 Ω·cm 但小于 1×10^{12} Ω·cm 的材料；或表面电阻不小于 1×10^6 Ω 但小于 1×10^9 Ω 的材料。

2）体积导电型。具有体积电阻率不小于 1×10^4 Ω·cm 但小于 1×10^{11} Ω·cm 的材料；或体积电阻不小于 1×10^6 Ω 但小于 1×10^9 Ω 的材料。

16. 静电泄漏

静电泄漏（electrostatic leakage）是指带电体上的电荷通过带电体内部和其表面等途径而使之部分或全部消失的现象。

17. 静电中和

静电中和（electrostatic neutralization）是指带电体上的电荷与其内部和外部相反符号的电荷（电子或离子）的结合而使所带静电部分或全部消失的现象。

18. 人体电阻

人体电阻（resistance of human body）是指人的体内电阻与皮肤电阻的总和。

19. 静电接地连接系统

静电接地连接系统（electrostatic grounding system）是指带电体上的电荷向大地泄漏、消散的外界导出通道的总和。

20. 接地极

接地极（grounding electrode）是指埋入大地以便与大地良好接触的导体或几个导体的组合。

21. 材料两点间电阻

材料两点间电阻（resistance of two point）是指在一给定通电时间内，施加材料表面任意两点间的直流电压与流过这两点间直流电流之比。

22. 表面电阻

表面电阻（surface resistance）是指在一给定的通电时间之后，施加于材料表面上的标准电极之间的直流电压对于电极之间的电流的比值，在电极上可能的极化现象忽略不计。

23. 体积电阻

体积电阻（volume resistance）是指在一给定的通电时间之后，施加于与一块材料的相对两个面上相接触的两个引入电极之间的直流电压对于该两个电极之间的电流的比值，在该两个电极上可能的极化现象忽略不计。

24. 带电体电荷

带电体电荷（charge on a charged body）是指一个带电体中，一种极性的电荷的总量与另一种极性的电荷的总量的代数和。

25. 摩擦起电

摩擦起电（tribo-electrification）是指用摩擦的方法使两物体分别带有等值异号电荷的过程。

26. 接地电阻

接地电阻（earth resistance）是指被接地体与地零电位面之间接地引线电阻、接地极电阻、接地极与土壤之间电阻和土壤的溢流电阻之和。

27. 静电消除器

静电消除器（electrostatic eliminator）是指一种能产生消除带电体上的电荷所必要的正、负离子的设备或装置。

28. 人体接地

人体接地（human body grounding）是指通过使用静电垫、防静电地面、防静电鞋或其他各种接地用具，使人体与大地保持通导状态的措施。

29. 人体静电

人体静电（electrostatic on human body）是指人体由于自身行动或与其他的带电物体相接近而在人体上产生并积聚的静电。

2.2.2　一般要求

1. 测试条件

应符合 EPA 所规定的条件：环境温度为 20 ℃ ~ 25 ℃，相对湿度（RH）为 40% ~ 60%。对于产品有明确测试标准的，应优先考虑其相应测试条件。

2. 测试仪器

测试仪器包括非接触式和接触式静电电压表、接地电阻测量仪、兆欧表及标准电极、静电电量表、腕带测试仪、人体综合电阻测试仪、离子平衡分析仪、摩擦起电机、法拉第筒、静电屏蔽测试仪、直流电压（流）表和直流电压源。

所使用的仪器精度不低于 5%，均应鉴定、计量合格和在有效期内，量程大于实际测试范围 20%，允许使用符合测试要求的同类仪表。

3. 测试技术条件

测试技术条件见表 2 - 1。

表 2 - 1　测试技术指标

项目要求	表面电阻/Ω	体积电阻/Ω	点对点电阻/Ω	系统电阻/Ω	衰减期	摩擦电压/V	电荷量	静电屏蔽性能 V	静电屏蔽性能 Ω	电阻(率)/Ω
防静电接地电阻										<10
各类地面，地垫			1×10^4 ~ 1×10^{10}	1×10^4 ~ 1×10^9		<100				
各类工作台面、工作台垫			1×10^5 ~ 1×10^9	1×10^5 ~ 1×10^9		<100				
各类墙	1×10^5 ~ 1×10^{10}									
座椅和运转车表面			1×10^5 ~ 1×10^{10}	1×10^5 ~ 11×10^9		<100				
工作服		1×10^5 ~ 1×10^{10}					<0.6 μC			

项目要求		表面电阻/Ω	体积电阻/Ω	点对点电阻/Ω	系统电阻/Ω	衰减期	摩擦电压/V	电荷量	静电屏蔽性能		电阻(率)/Ω
									V	Ω	
手套、指套、帽				$1 \times 10^5 \sim$ 1×10^9							
工作鞋型（鞋底）	静电耗散		$1 \times 10^5 \sim$ 1×10^9								
	导静电型		$< 1 \times 10^5$								
柔韧性包装类						≤ 2			< 30		$\rho_s = 10^6$ $\sim 10^{12}$ $\rho_s < 1 \times 10^{12}$
周转容器	静电耗散					≤ 10					
	导静电型					≤ 2					
防静电烙接地电阻											≤ 2
腕带穿戴状态下电阻				7.5×10^5 $\sim 1 \times 10^7$							
腕带内表面对电缆扣电阻				$\leq 1 \times 10^5$							
腕带连接电缆两端电阻				7.5×10^5 $\sim 1 \times 10^7$							
进入 EPA 人员的人体综合电阻				$1 \times 10^5 \sim$ 1×10^9							
防静电工具（刷）				$\leq 1 \times 10^9$							
存放架				$1 \times 10^5 \sim$ 1×10^9							
鞋束（袜）				$1 \times 10^5 \sim$ 1×10^9							
电离器（离子枪）						$1000 \sim$ 100 V 时不大于 20	$\leq \pm 50$（残余电压）				
窗帘				$1 \times 10^5 \sim$ 1×10^{10}				< 400			
工位器具及物流传送器具		$1 \times 10^5 \sim$ 1×10^9	$1 \times 10^5 \sim$ 1×10^9	$1 \times 10^5 \sim$ 1×10^9				< 100			

续表

项目要求	表面电阻/Ω	体积电阻/Ω	点对点电阻/Ω	系统电阻/Ω	衰减期	摩擦电压/V	电荷量	静电屏蔽性能 V	静电屏蔽性能 Ω	电阻(率)/Ω
防静电瓷砖、石材	$1 \times 10^5 \sim 1 \times 10^9$	$1 \times 10^5 \sim 1 \times 10^{10}$				< 100				
防静电剂（液、蜡、胶）	$1 \times 10^5 \sim 1 \times 10^9$									
防静电传送带	$1 \times 10^5 \sim 1 \times 10^9$		$1 \times 10^5 \sim 1 \times 10^9$			< 100				
集成电路防静电包装管						≤50	≤0.05μC			

　　注：（1）表 2 – 1 中表面电阻（率）、体积电阻（率）的测试应用静电防护国际标准 IEC61340-5-1：2001 规定的三电极或用 GB 1410—1989 固体绝缘材料体积电阻率和表面电阻率实验方法规定的三电极。如果已有产品专业标准对测试方法作了明确规定的，则应首先采用，其他测试方法则不予考虑。

　　（2）测试点对点电阻、系统电阻时，如果在上述没有给定测试电极尺寸时，应采用 2.2.4 小节规定的柱状电极直径为（60±3）mm；电极材料为不锈钢或铜；电极接触端材料硬度为 60±10（邵氏 A 级）；接触端材料厚度为（6±1）mm，其体积电阻小于 500 Ω；电极总重 2.25～2.5 kg 进行测试。

　　（3）检测产品时，相关标准没提出时，点对点电阻测试用 2.2.4 小节规定的柱状电极时，电极之间距离为 300 mm；地面工程检验时电极之间距离则为 900～1000 mm。

　　（4）表 2 – 1 中所用电极材质有关标准未指明时，一律采用不锈钢或铜材。

　　（5）测试工位器具及物流传送用具时，如尺寸不规范，可用表 2 – 1 中给出的任一指标判定，并选用任一种合适的电极。

2.2.3　摩擦起电电压测试

　　使用摩擦起电机摩擦起电，并利用非接触式静电电压表测试摩擦起电电压。摩擦起电机的摩擦电极呈圆柱状，直径为 50～60 mm，质量为 1 kg，体积电阻大于 1×10^{13} Ω，并用高绝缘尼龙布（表面电阻不低于 1×10^{13} Ω）包裹以增加摩擦系数（见图 2 – 51）。测试时，开动摩擦起电机，使摩擦电极与被测物体摩擦，单向摩擦 20 次（时间 20 s）停止，10 s 内用非接触式静电电压表测试摩擦轨迹起电电压。

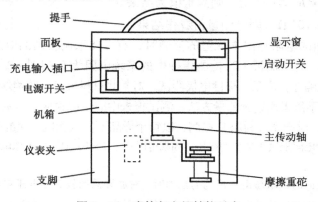

图 2 – 51　摩擦起电机结构示意

测试工作台面、地面、工作椅面、运转车表面摩擦电压时，应将被测物接地后利用摩擦起电机直接测试。对于板、片材（包括薄膜），应在底面放置一块边长不小于 270 mm、厚度不小于 0.5 mm 的正方形不锈钢电极板，并良好接触，将极板接地后测试。

对于产品（材料），以每个样品不同点测试 3 次的平均值为结果。

2.2.4 电阻测试

所用电极结构尺寸：柱电极直径为（63 ± 3）mm；电极材料为不锈钢或铜；电极接触端材料导电橡胶，硬度为 60 ± 10（邵氏 A 级），厚度为（6 ± 1）mm，其体积电阻小于 500 Ω；电极单重为 2.25 ~ 2.5 kg。

测试电压要求见表 2 – 2。

测试点电阻时，应将产品（材料）放置在绝缘台面上或以实际使用状态放置。台面表面电阻、体积电阻均大于 1×10^{13} Ω，其几何周边尺寸均大于被测材料 10 cm。电极之间距离为 300 mm。地面测试时，电极之间距离 900 ~ 1 000 mm。

测试系统电阻时，应将被检样品（地面）按实际使用状况测试。工程测试时，电极距被测材料边缘大于 10 cm。

表 2 – 2　不同电阻值范围的测试电压

R_x/Ω	测试电压/V
$R_x \leqslant 1 \times 10^5$	10
$1 \times 10^5 < R_x \leqslant 10^{10}$	100

由于测出的电阻取决于施加的电压，且电阻为未知数，所以应该执行以下程序。

初始施加的测试电压为 10 V：

- 如果 $R_x \leqslant 1 \times 10^5$ Ω，则测量值为结果。
- 如果 $R_x > 1 \times 10^5$ Ω，则把电压改为 100 V。

上述情况表示电阻取决于施加的电压。如果电阻小于 1×10^4 Ω，应考虑电极本身电阻对测试结果的影响。

施加电压为 100 V：

- 如果 $1 \times 10^5 < R_x \leqslant 10^{10}$ Ω，则测量值为结果。
- 如果 $R_x \leqslant 1 \times 10^5$ Ω，则将测量值看作结果。

地板和工作表面的电阻超出本规范的范围时，有必要采用较高的电压来测量电阻，但不适用于 EPA 的测量。活动地板工程检测指标中的系统电阻为 5×10^4 ~ 1×10^{10} Ω。

为确保测试的准确性，应采用极性电极测试。对某些材料来说，薄绝缘层的电介质有可能被击穿。在这种情况下不能采用这种测量方法，测试报告中应予以说明。当有安全性要求时，电阻测试电压应为 500 V。对产品（材料）检测，以每个样品不同点测试 3 次的平均值为结果。

注：（1）上述情况表示电阻取决于施加的电压。如果电阻小于 1×10^4 Ω，应考虑电极本身电阻对测试结果的影响。

　　（2）地板和工作表面的电阻超出本规范的范围时，有必要采用较高的电压来测量电阻，但不适用于 EPA 的测量。活动地板工程检测指标中的系统电阻为 5×10^4 ~ 1×10^{10} Ω。

2.2.5　防静电接地电阻

（1）测试防静电接地电阻

使用接地电阻测试仪测试防静电接地电阻如图 2 – 52 所示。

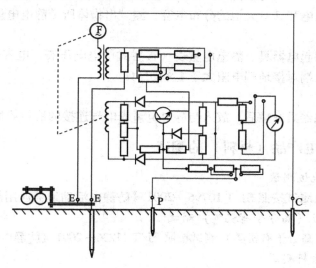

图 2 – 52　接地电阻测试仪

（2）测试步骤

1）将被测地极用导线与仪器端子 E 连接。

2）在相同直线方向 20 m、40 m 潮湿土地处，分别插入电位探测针及电流探测针，并接于仪器端子 P、C。

3）设置"倍率盘"倍数。

4）自缓至快摇动仪器手柄，达到约 120 r/min，调整"测量标度盘"，指针指于零位时，读数乘以倍率标度，即为接地电阻。

5）按测试步骤 3）、4）反复测试 3 ~ 5 次；取平均值。

6）若有其他适用仪器，可按相应仪器所规定的方法进行测试。

2.2.6　静电屏蔽性能的检测

本方法可评估柔韧性包装袋的静电屏蔽性能。

1. 检测仪器

静电屏蔽检测仪的设计电压为 1 000 V，由一个放电器和一组电极构成。仪器技术指标应符合 IEC61340 – 5 – 1：2001 中 A.7.2、A.7.4.1 至 A.7.4.7 的规定。

2. 样品（袋）的尺寸要求

袋的最小尺寸不小于 200 mm × 250 mm，要有开口使电极能够完全装入。电极放进袋中的尺寸不小于 100 mm 并居中。对其他尺寸的袋来说，应该使电极放置在袋的中心。

3. 测试要求

将至少 6 个要测样品放置在相对湿度为 12% ±3%（或 50% ±3%）的环境中预置 48 h，

然后将仪器电容电极放入袋中居中位置，接通放电器电源后，读出与电流传感器连接的电压显示器上的示值。

2.2.7 静电电量测试

利用物体摩擦起电和其对大地的分布电容，测试出物体所带静电电量。

1. 测试设备

法拉第筒、摩擦起电器具、静电电量表（接触式静电电压表、电容器）。要求法拉第内筒、静电电量表输入端对接地端电阻大于 1×10^{12} Ω。

2. 测试

将被测物用摩擦器具摩擦后，放入与静电电量表电气连接的法拉第筒内，测出带电量。

2.2.8 各类防静电产品（材料）的测试

1. 防静电活动地板测试

防静电活动地板测试按照 SJ/T 10796—2001《防静电活动地板通用规范》。

2. 防静电贴面板（高分子有机类）测试

防静电贴面板（高分子有机类）测试按照 SJ/T 11236—2001《防静电贴面板通用规范》。

3. 防静电地坪涂料测试

防静电地坪涂料测试按照 SJ/T 11294—2003《防静电地坪涂料通用规范》。

4. 腕带测试

（1）所需仪器

腕带可通过一个兼容的插头终端，一个能够保证良好接触、尺寸足够大的金属或导电的手触摸板来实现电源的连接。

（2）测试

1）腕带穿戴状态下电阻（系统电阻）。操作者以正常方式戴上腕带，把线端插入测试器。压住手触摸板，直至仪器可以稳定地测量为止（见图 2-53）。

2）腕带内表面对电缆扣电阻（点对点电阻）。将两测试电极分别接触腕带内表面和电缆扣与测试仪连接测量（见图 2-54）。

3）腕带接地电缆两端电阻（点对点电阻）。用测试电极连接电缆两端测试（见图 2-55）。

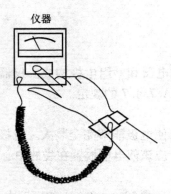

图 2-53 EPA 腕带穿戴下电阻的测试

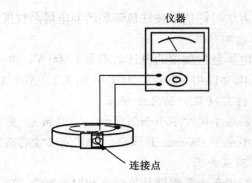

图 2-54 腕带内表面对电缆扣电阻的测试

（3）人体综合电阻测试

穿着工作鞋、服和手套（指套）的人站在人体综合电阻测试仪的金属导电极板上，手触摸板电极测出电阻值（见图2-56）。

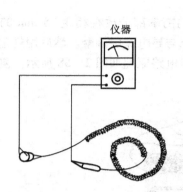

图2-55　腕带连接电缆两端电阻的测试　　图2-56　EPA鞋类、人体综合电阻的测试

5. 防静电鞋电阻的测试方法

实验室测试时采用《防静电鞋、导电鞋技术要求》（GB 4385—1995）规定测试。

（1）仪器

1）实验仪器的电源能输出直流电压（100+2）V。测量结果能精确到5%以内，且能保证消耗在测试样品上的能量不大于3 W。仪器的电压表、电流表精度为2.5级，量程能满足测量要求。

2）内电极由总质量为4 kg、直径为5 mm的钢球组成，且使用前必须进行防氧化处理。

3）外电极为铜板。使用前必须进行防氧化处理，并用乙醇清洗干净。

（2）测试样品的准备

1）备样。用乙醇将被测鞋鞋底表面清洗干净。用蒸馏水洗涤鞋底，并按规定的环境条件使其干燥。严禁采用会使鞋底受到腐蚀、发胀变形的有机物质进行清洗。不应使鞋底表面受到磨损，在洗干净的鞋底上按图2-57所示涂上面积为180 mm×40 mm的导电层，并放在规定的环境条件下晾干。

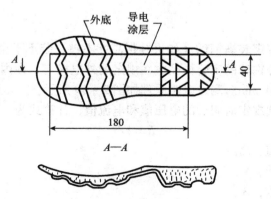

图2-57　导电涂层的布置部位（单位：mm）

2）导电涂层电阻值的测量。

①测量导电涂层电阻值的装置由 3 个导电金属柱组成，金属柱顶部半径为（3 ±0.2）mm。其中两个柱子相距（35 ±0.2）mm，且用金属线相连。第三个柱子距离另两个柱子连线的中点（160 ±5）mm，且与另两个柱子之间绝缘。

②将涂好导电层的鞋放在规定的金属柱上，鞋的前掌部分放在相距 35 mm 的两个柱子上，鞋跟部分放在第三个柱子上，必须使 3 个柱子都与导电涂层接触。然后用规定的实验仪器测量前面两个柱子和第三个柱子之间的电阻，测量电路原理如图 2 – 58 所示。测量结果的阻值必须小于 1 kΩ。

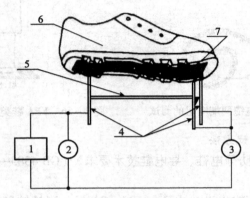

图 2 – 58　导电涂层电阻值测量电路

1—直流电源；2—电压表；3—电流表；4—金属柱；5—绝缘支架；

6—试样（鞋内装满钢球）；7—导电涂层

（3）测试条件

1）环境要求。

● 温度：20 ℃ ±2 ℃。

● 相对湿度：30% ±3%。

2）将实验样品在规定的环境条件下放置 24 h 以上。

3）如果实验不能在规定的环境下进行，则必须在实验样品移出该环境后 5 min 内完成实验。

（4）测试步骤

1）在实验鞋内按规定装满钢球（如果鞋帮高度不够，装不下全部导电钢球，可用绝缘材料加高鞋帮）。将装好钢球的实验样品放在规定的外电极上，在内、外电极之间接通（1）规定的直流电源，时间 1 min。测量电路原理如图 2 – 59 所示。

2）记录或算出达到规定时间后的电压值和电流值，计算式为

$$R = V/I \qquad\qquad (2 - 1)$$

式中　R——鞋的电阻值，Ω；

　　　V——电压表读数，V；

　　　I——电流表读数，A。

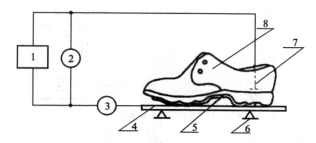

图 2-59 防静电鞋、导电鞋电阻值测量电路
1—直流电源；2—电压表；3—电流表；4—铜板；5—导电涂层；
6—绝缘支架；7—内电极；8—试样（鞋内装满钢球）

6. 手套、指套、帽、袜、脚束和工具（刷）的测试

用两个直径为 20 mm 的电极良好接触在手套、指套、帽、袜、脚束内与外任意点上，测试出内、外两点间电阻（见图 2-60）。测试袜子时，电极应放置在袜底内、外两点。

用两个直径为 10 mm 的铜箔电极连接在工具（刷）两头任意两点，测试出两点间电阻（见图 2-60）时，被测物品应放在一块绝缘电阻大于 $1×10^{13}$ Ω 的板上。若上述电极不适用。可使用连接夹，让电极与被测物良好接触。

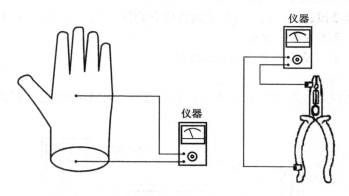

图 2-60 手套和手持工具表面点对点电阻测试

7. 防静电服装的测试方法

（1）带电量测试

在实验室测试时应符合 GB 12014—1989《防静电工作服》有关规定。

（2）电阻的测试

测量点对点电阻，服装要放在绝缘台上。绝缘台的表面电阻要大于 $1×10^{14}$ Ω，要有足够的尺寸。点对点电阻测量至少要测量 3 个不同位置的值。要注意两极之间的间距不小于 300 min（见图 2-61）。服装点对点电阻测试是指内表面与外表面之间的电阻测试。

（3）摩擦起电电压测试

工作服摩擦起电电压测试应符合 GB/T 12703—1991《纺织品静电测试方法》的规定。

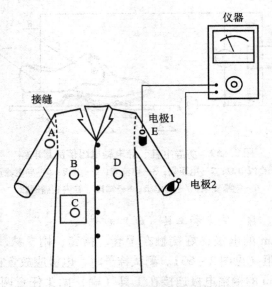

图 2 - 61　防静电服电阻测试

8. 集成电路防静电包装管测试方法

防静电包装管摩擦起电电压、电荷量测试应分别符合 SJ/T 10147—1991《集成电路防静电包装》中 5.6.1 和 5.6.2 的要求。

9. 座椅、工作台、地面和地垫的测试方法

（1）座椅

椅面与靠背之间点对点电阻测试方法应符合 2.2.4 小节的规定，测试位置如图 2 - 62 所示。

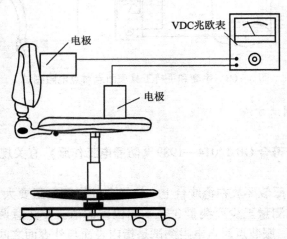

图 2 - 62　椅面与靠背之间点对点电阻测试方法

椅面与脚轮之间系统电阻测试应符合 2.2.4 小节的规定。测试时，脚轮下放置一块 200 mm × 200 mm 导电板并良好接触。一个电极与导电板接触，另一个电极与椅面良好接触（见图 2 - 63）。

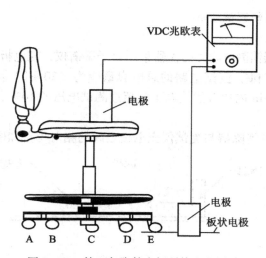

图 2-63　椅面与脚轮之间系统电阻测试

（2）工作台

工作台表面点对点电阻测试应符合 2.2.4 小节的规定（见图 2-64）。

测试系统电阻时，一个电极与台面良好接触，另一个电极（夹子）与工作台接地线连接（见图 2-65）。

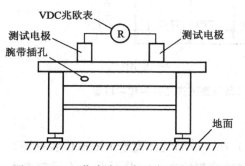

图 2-64　工作台表面点对点电阻的测试

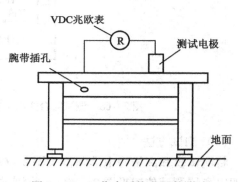

图 2-65　工作台系统电阻的测试

（3）地面和地垫

地面和地垫点对点电阻和系统电阻测试应符合 2.2.4 小节的规定（见图 2-66、图 2-67）。

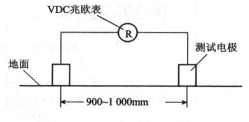

图 2-66　地面点对点电阻的测试

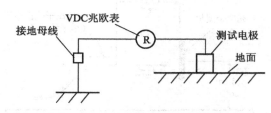

图 2-67　地面系统电阻的测试

10. 离子静电消除器的测试方法

（1）测试用设备

测试离子静电消除器消静电能力的仪器采用离子平衡仪，充电板的尺寸应该为 150 mm × 150 mm，最小电容为 15 pF，测试电路的总电容量应为（20 ± 2）pF。附近没有接地导体，当充电时，充电板在 5 min 内的自然放电不应超过测试电压的 10%，应能精确地测量充电板的电压变化及时间变化。

测试时台式离子静电消除器与测试仪充电板之间的相对位置如图 2 – 68 所示。

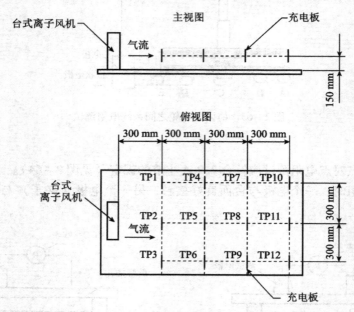

图 2 – 68　测试时台式离子静电消除器与测试仪之间的相对位置

（2）测试方法

将测试仪和离子静电消除器按图 2 – 68 所示放置（压缩气体离子枪测试位置见图 2 – 69，高架电离器测试位置见图 2 – 70）。将测试仪充电板充规定电压，打开静电消除器电源，使充电极板暴露在电离气流中，关闭充电电源同时监测极板电压降至约定电压时的静电衰减时间，然后在中心线每个测试点监测残余电压。

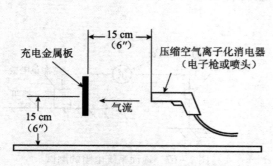

图 2 – 69　压缩气体离子枪测试位置

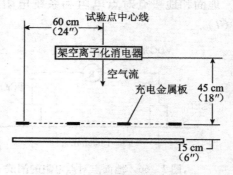

图 2 – 70　高架电离器测试位置

2.3　印制电路板设计

本标准规定了印制电路板设计和使用的基本原则、要求和数据等，对印制电路板设计和使用起指导作用。

本标准是参照采用国家标准 IEC326 - 3 （1980）《印制板设计和使用》 与 IEC326 - 3A （1982）《对 IEC326 - 3 标准的第一次补充》 等制订的。

2.3.1　材料和表面被（涂）理层

1. 材料选用的原则

设计印制电路板应考虑下列因素选用合适的材料：

1）采用的制造工艺（减成法、加成法、半加成法）。

2）印制板的类型（单面板、双面板、多层板、挠性印制板等）。

3）电气性能。

4）力学性能。

5）特殊性能，如耐燃性和机械加工性。

6）经济性。

2. 印制电路板常用基材

印制电路板常用的基材主要分为两大类：纸质理铜箔层压板和玻璃布覆铜箔层压板。层压板是由粘接树脂与纸或玻璃布在加热和加压条件下形成的层压制品。常用的粘接树脂是酚醛树脂和环氧树脂，在特殊情况下使用聚四氟乙烯树脂等。

（1）覆铜箔酚醛纸质层压板

这种覆铜箔层压板的成本低，主要用于制造一般收音机、电视机及其他电子设备中的印制电路板。覆铜箔酚醛纸质层压板的技术要求应符合 GB 4723《印制电路用覆铜箔酚醛纸质层压板》的规定。

（2）覆铜箔环氧纸质层压板

这种覆铜箔层压板在电气性能和力学性能方面比酚醛纸质层压板好。它的用途和覆铜箔酚醛纸质层压板相同。覆铜箔环氧纸质层压板的技术要求应符合 GB 4724《印制电路用覆铜箔环氧纸质层压板》的规定。

（3）覆铜箔环氧玻璃布层压板

这种覆铜箔层压板的力学性能、尺寸稳定性、抗热冲击都比纸质层压板好。电气性能优良，工作温度较高，受环境湿度影响小，广泛用于制造各种电子设备和仪器装置中的印制电路板。覆铜箔环氧玻璃布层压板的技术要求应符合 GB 4725《印制电路用环氧玻璃布层压板》的规定。

（4）覆铜箔聚四氟乙烯玻璃布层压板

这种覆铜箔层压板具有优良的介电性能（介质损耗小、介电常数低），耐高温，耐潮湿，化学性能稳定（耐酸、耐碱），工作温度范围宽，是比较理想的高频、微波电子设备用印制电路板的材料。它的技术条件正在考虑中。

（5）阻燃性覆铜箔层压板

这种材料除了具有同类型覆铜箔层压板的相似性能外，还具有阻燃或自熄的性能，适用于任何有防火要求的电子设备。

（6）挠性印制电路基材

挠性印制电路基材是在薄的塑料基底上黏合铜箔而成，常用的基材有以下几种。

1）聚酯薄膜。它的工作温度可以达到 80 ℃ ~ 130 ℃。缺点是熔点低，在锡焊温度下容易软化、变形。

2）聚酰亚胺薄膜。有良好的可挠性，而且只要通过预热处理除去所吸收的潮气，就可以进行安全焊接。一般粘接型聚酰亚胺薄膜可以在 150 ℃ 下连续工作。而中间层为氟化乙丙烯（FEP）的特殊熔接型聚酰亚胺，可以在 250 ℃ 下使用。

3）氟化乙丙烯薄膜（FEP）。通常和聚酰亚胺或玻璃布结合在一起使用。具有良好的可挠性、耐潮性、耐酸碱性和耐溶剂性。

印制电路板基材选用指南，见表 2 – 3。

表 2 – 3　印制电路板基材选用指南（参考件）

项目名称	刚性印制板						挠性印制板		
	酚醛纸质层压板	环氧纸质层压板	聚酯玻璃布层压板	环氧玻璃布层压板	聚酰亚胺玻璃布层压板	聚四氟乙烯玻璃布层压板	聚酯薄膜	聚酰亚胺薄膜	氟化乙丙烯薄膜（FEP）
力学性能	○	○/+	+	++	+++	○/+			
电性能	○/+	+	+++	++	++	+++	+++	++	?
耐高温性能	+	○/+	++	++	+++	+++	○/++	+++	?
耐潮湿性能	○	○		+	+	++		+	++
耐焊接性能	+	+	++	++	++	+	–	○/+	○

注：（1）"?" 表示目前尚无填写此栏的充分数据。

（2）" – " 表示在某种条件下可能发生问题。

（3）"○" 表示中等，在大多数应用中，通常不会发生问题。

（4）" + "、" + + "、" + + + " 分别表示好、很好、最好。

（7）多层印制电路板用预浸环氧玻璃布

多层印制电路板是由预浸环氧玻璃布把 3 层以上的分离导电图形粘接层压而成。这些预浸环氧玻璃布的树脂预先固化到 B 阶段。当多层压制成型后，环氧树脂完全固化。生产工艺和多层板设计对预浸环氧玻璃布均有严格的要求，如预浸环氧玻璃布的厚度、含胶量、挥发物含量、流动度、凝胶温度和凝胶时间等。

3. 覆铜箔层压板的主要性能

（1）覆铜箔层压板的厚度和铜箔厚度

单、双面覆铜箔层压板的标称厚度及其允许偏差见表 2 – 4 和表 2 – 5。

表 2 - 4　**纸基覆铜箔层压板**　　　　　　　　　　　　　mm

标称厚度	单点偏差	标称厚度	单点偏差
0. 2	在考虑中	1. 5	±0. 12
0. 5	±0. 07	1. 6	±0. 14
0. 7	±0. 09	2. 0	±0. 15
0. 8	±0. 09	2. 4	±0. 18
(1. 0)	(±0. 11)	3. 2	±0. 20
(1. 2)	(±0. 12)	6. 4	±0. 30

注：(1) 标称厚度 0. 7 mm 和 1. 5 mm 适用于印制插头。
　　(2) 数值加圆括号者为非推荐尺寸。

表 2 - 5　**玻璃布基覆铜箔层压板**　　　　　　　　　mm

标称厚度	单点偏差	
	精	粗
0. 2	在考虑中	
0. 5	±0. 07	在考虑中
0. 7	±0. 09	—
0. 8	±0. 09	±0. 15
(1. 0)	(±0. 11)	(±0. 17)
(1. 2)	(±0. 12)	(±0. 18)
1. 5	±0. 12	—
1. 6	±0. 14	±0. 20
2. 0	(±0. 15)	(±0. 23)
2. 4	±0. 18	±0. 25
3. 2	±0. 20	±0. 30
6. 4	±0. 30	±0. 56

注：(1) 标称厚度 0. 5 mm 和 1. 5 mm 适用于印制插头。
　　(2) 数值加圆括号者为非推荐尺寸。
　　(3) 0. 8 mm 以下的厚度值不包括铜箔厚度。

铜箔厚度、单位面积质量及其允许的偏差应符合表 2 - 6 的规定。

表 2 - 6　铜箔厚度和单位面积质量

厚度/μm			单位面积质量		
标称值	偏差		标称值/（g·m⁻²）	偏差/%	
	精	粗		精	粗
18	±2.5	±5	152	±5	±10
25	±2.5	±5	230	±5	±10
35	±2.5	±5	305	±5	±10
70	±4.0	±8	610	±5	±10
105	±5.0	±10	915	±5	±10

对于多层印制电路板用的薄覆铜箔层压板，其厚度标准是几个尺寸范围，而不是固定值。薄覆铜箔层压板的铜箔厚度及覆箔方式（单面或双面）由供需双方共同商定。

（2）抗剥强度

由于基材类型不同，铜箔与基板的附着力也不同。可以根据使用要求和印制电路板基材有关标准 GB 4723 ~ 4725《印制电路用覆铜箔层压板》等的规定选择相应的基材。

（3）翘曲度

覆铜箔层压板的翘曲容易造成印制插头与插座之间接触不良，甚至损坏元件连接，破坏金属化孔，覆铜箔层压板的翘曲度应符合有关标准 GB 4723 ~ GB 4725《印制电路用覆铜箔层压板》等的规定。

（4）介电常数

覆铜箔层压板的介电常数（ε）应低，以减小印制电路的寄生电容。各种覆铜箔层压板的介电常数应符合有关标准 GB 4723 ~ GB 4725《印制电路用覆铜箔层压板》等的规定。

（5）介质损耗角正切

覆铜箔层压板的介质损耗角正切（$\tan\delta$）应尽量小，以减小高频电路损耗。各种覆铜箔层压板的介质损耗角正切应符合有关标准 GB 4723 ~ GB 4725《印制电路用覆铜箔层压板》等的规定。

4. 表面镀（涂）覆层

（1）金属镀覆层

应根据印制电路板的用途选择一种适合于导电图形用的镀覆层。表面镀覆层的类型直接影响生产工艺、生产成本和印制电路板的性能，如寿命、可焊性和接触性能等。以下所列是广泛使用的一些金属镀层的实例。因为不同的应用场合对镀层厚度的要求不同，所以一般没有给出厚度值。

1）铜。在没有附加镀层时常用于单面板（用印制蚀刻法制造）和没有特殊镀覆层要求的金属化孔印制板（用掩蔽法、加成法和半加成法制造），铜的纯度不低于99.5%。

2）锡铅。用于保护可焊性，在没有其他表面保护涂覆层时，也可以用锡铅镀层保护导电图形。采用电镀锡铅时，其厚度通常为 5 ~ 15 μm。

电镀锡铅一般要经过热熔处理，以提高可焊性和可靠性。

锡铅镀层中的锡含量应为 50% ~ 70%。

3）金。纯金镀层用来焊接集成电路芯片。一般不用于锡焊，因为金和锡铅产生合金化，可能造成焊接点虚焊和改变焊料槽成分。

微波印制电路板的导电图形表面往往也要镀金，这是因为金具有很低的电阻率和良好的保护性能。

4）镍上镀金。通常用于开关和插头接触。为了防止铜向金层扩散，减少孔隙率，提高防护性能，金和铜之间还必须有一层阻挡层，一般是镍，因此在电镀金之前，必须电镀镍。

作为接触表面的镀金层所必须具备的特性是厚度、硬度、耐磨性、接触电阻等。

5）其他金属镀覆层。镍上镀铑、镍上镀铑、镍和金上镀铑、镀锡镍，这些表面镀层也用作印制接触。

印制接触区的金属表面应光滑，没有容易降低电性能和力学性能的缺陷。用作印制接触区的地方，应当仔细考虑所用的镀层类型，要与它相配合的零件相适应（包括硬度、耐磨性、接触电阻等）。

（2）非金属涂覆层

印制电路板表面可使用以下 3 类非金属涂覆层。

1）可焊性涂覆层。可焊性涂覆层用来保护导电图形的可焊性；涂覆在没有锡铅镀层的铜表面上，是一种暂时性的保护涂覆层。这些涂覆层既可以在焊接前被除去，也可以作为焊剂，后者如松香基焊剂或合成树脂型焊剂。

2）阻焊涂覆层。在焊接操作中，用来防止非焊接区的焊料润湿和导电图形之间产生桥接，是提高或保持印制电路板电性能的永久性保护涂覆层。

在波峰焊接后，阻焊层可能起皱、起泡甚至脱落。减小这些影响的方法是：直接在铜上涂覆阻焊层；使用较厚的阻焊层（起隔热作用）；选用较薄的锡铅镀覆层；选用较窄的导线；在大面积导电图形上开窗口。

常用的阻焊涂覆层有两种类型：网印阻焊印料和光敏阻焊干膜。

3）保护涂覆层。用来提高或保持印制电路板及印制电路板组装件的电性能，涂覆在印制电路板组装件的两面（包括元件引线）的涂覆层。这类涂覆材料有聚酯漆、聚氨酯漆、丙烯酸漆、有机硅漆和硅橡胶等。

挠性印制电路板表面通常覆盖一层绝缘薄膜，如聚酰亚胺薄膜，用来提高或保持挠性印制电路板的电性能和可挠性。焊盘上面的薄膜要开孔，以便于焊接。挠性印制电路不适于表面有锡铅镀层的导电图形。一般只适用于裸铜的导电图形。

2.3.2　印制电路板的结构尺寸

1. 印制电路板的基本要素尺寸

印制电路板的基本要素尺寸如图 2–71 所示。

2. 形状及大小

原则上，印制电路板可以为任意形状，但从生产工艺角度考虑，形状应当尽量简单，一般为长宽比例不太悬殊的长方形。对于板面较大，容易产生翘曲变形的印制电路板，须用加强筋或边框进行加固。

为了便于生产、降低成本，应避免印制电路板的外形尺寸公差过严。

3. 厚度

印制电路板的厚度应根据印制电路板的功能及所安装的元器件重量，印制插座规格，印

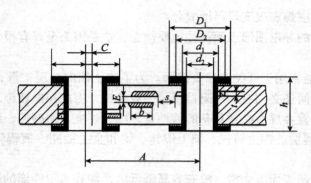

图 2-71　基本要素尺寸

A—孔中心距；b—导线宽度；C—层间重合度；d_1—钻孔直径；d_2—孔金属化后直径；

D_1—表层连接盘直径；D_2—内层连接盘直径；E—层间最小距离；s—导线最小间距；

t—导线厚度；h—印制电路板厚度

制电路板外形尺寸和所承受的机械负荷来决定。单面和双面板的厚度及公差取决于所选用的基材。多层印制电路板的总厚度及各导电层间的厚度应根据电气和结构性能的需要来确定。多层印制电路板的厚度公差一般为标称厚度的 ±10%。

印制插头区域的厚度公差很重要，它将影响与插座的可靠接触，所以必须与所选用的插座相匹配。

4. 孔尺寸和公差

（1）非金属化孔

推荐的标称孔径及公差见表 2-7。

表 2-7　推荐的标称孔径及公差　　　　　　　　　　　　　mm

标称孔径	0.4	0.5	0.6	0.8	0.9	1.0	1.2	1.6	2.0
公差	±0.05				±0.10				

（2）金属化孔

具有金属化孔的印制电路板，其孔径与板厚之比尽可能不小于 1:3，更小会引起生产困难和增加成本。

只用作贯穿连接而不安装元件的中继孔，它们的公差，特别是最小孔径公差没有严格要求。

用作安装元件的金属化孔的直径及其公差见表 2-8。

表 2-8　用作安装元件的金属化孔的直径及其公差　　　　　　　mm

标称孔径	0.4	0.5	0.6	0.8	0.9	1.0	1.2	1.6	2.0
公差	-0.05				-0.10				

金属化孔孔壁镀铜层的平均厚度不小于 25 μm，最小厚度为 15~18 μm。在此前提下，镀层厚度允许偏差 0~100%。

（3）异形孔

应当尽量避免使用异形孔，在特殊情况下可用矩形孔作安装孔，一般异形孔不金属化。矩形孔的推荐尺寸及公差见表 2-9。

表 2-9　矩形孔的推荐尺寸及公差　　　　　　　　　　mm

标称孔径	1×2	1×3	2×3	1×4	2×4	1×5	2×5	1×n	2×n
公差	±0.10								

注：$n \leqslant 10$ 的正整数。

（4）元件孔与元件引线之间的间隙

为了装插元件引线方便和保证良好的焊接质量，元件孔与元件引线之间必须要有合适的间隙。

1）金属化孔的间隙。可由下式确定：

$$(d_1 - 2\delta_1 - \Delta_1) - (d_0 + 2\delta_2 + \Delta_2) = 0.2 \sim 0.7 \ \text{mm} \qquad (2-2)$$

或

$$d_2 - (d_0 + 2\delta_2 + \Delta_2) = 0.2 \sim 0.7 \ \text{mm} \qquad (2-3)$$

式中　d_0——圆形引线的标称直径；

　　　d_1——钻孔标称直径；

　　　d_2——金属化孔后的直径；

　　　δ_1——金属化孔孔壁金属厚度；

　　　δ_2——元件引线搪锡厚度；

　　　Δ_1——钻孔孔径偏差；

　　　Δ_2——元件引线直径偏差。

对于矩形引线，d_0 为矩形横截面的对角线尺寸，其间隙应为 0.1 ~ 0.4 mm。

2）非金属化孔的间隙。在保证容易插装元件的前提下，为了获得可靠的焊接点，非金属化孔的间隙应尽量小些。

5. 连接盘形状

常用的连接盘有圆形、方形、椭圆形和长圆形等多种形状。为了增加连接盘的附着强度，在中等密度布线情况下，往往使用椭圆形和长圆形连接盘；在高密度布线场合，多使用圆形和方形连接盘。在相同环宽情况下，方形、椭圆形和长圆形连接盘比圆形连接盘的面积大。长圆形连接盘上可以钻两个孔，从而增加金属化孔互连的可靠性。椭圆形连接盘有利于斜向布线。各种连接盘的形状见图 2-72。

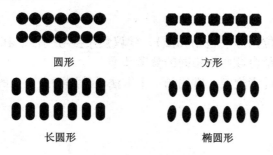

图 2-72　连接盘形状

在中等密度布线时，连接盘的直径或连接盘的最小宽度为 1.5 mm 或 1.6 mm，在高密度布线时，一般为 1.4 mm 或 1.3 mm，甚至更小。

6. 印制导线

（1）导线宽度

导线宽度应尽量宽一些，至少要宽到足以承受所设计的电流负荷。导线宽度的精度受照相底版的精度、生产方法及导线厚度的影响。导线宽度公差应不超过表 2-10 中的数值。

表 2-10 导线宽度公差   mm

表面镀层	导线宽度公差			
	超精公差	精公差	一般公差	粗公差
无电镀层	+0.03 -0.05	+0.05 -0.10	+0.10 -0.13	+0.15 -0.25
有电镀层	+0.03 -0.05	+0.08 -0.05	+0.15 -0.10	+0.30 -0.20

注：表中数值只适合于在 35 μm 厚铜箔上制作导线，对于在其他厚度铜箔上制作的导线应适当增大或减小导线公差数值。

表 2-10 中数据，不包括缺口、针孔和边缘缺陷所造成的偏差。这些缺陷所造成的导线宽度的减小应符合有关技术条件的规定。

（2）导线间距

相邻导线之间的距离应满足电气安全的要求，而且为了便于操作和生产，间距应尽量宽些。

选择最小间距至少应该适合所施加的电压。这个电压包括工作电压、附加的波动电压、过电压和因其他原因产生的峰值电压。

由于导线间距公差不仅取决于导线的定位偏差，而且也取决于导线宽度偏差，因此规定了导线宽度公差，也就相应地限定了导线间距公差。

导线与连接盘之间的间距和公差与导线之间的间距和公差相同。

7. 图形和孔的位置

参考基准：

为了制造或检查定位图形（包括孔图），建议使用参考基准。在一块印制电路板上有几个图形时，所有的图形都应该使用相同的参考基准。

参考基准最好由设计者规定，常用的一个方法是采用两条正交的线，如某个孔的中心。

2.3.3 电气性能

1. 电阻

（1）导线电阻

印制导线的横截面一般近似为长方形。对于用作导电材料的铜，在温度为 25 ℃时，其

电阻率 $\rho = 1.8 \times 10^{-6}\ \Omega \cdot cm$。

铜层上镀有镍、金或锡铅这些金属薄镀层，因为它们对导线电阻的影响很小，所以金属镀覆层的电阻可不予考虑，而只需考虑铜箔部分的电阻。

低电阻率金属的厚镀层，如金属化孔印制电路板上常用的铜镀层，就需要认真考虑。

对于铜以外的其他导电材料，或其他横截面形状的导线，如果有必要，其导线电阻必须计算。

（2）互连电阻

多层印制电路板上两个金属化孔之间的互联电阻通常由以下各部分组成：

1）金属化孔的镀层电阻 R_1。

2）金属化孔的镀层和内层导线之间的连接电阻 R_2。

3）导线的电阻 R_3。

4）导线和第二个金属化孔镀层之间的连接电阻 R_4。

5）导线镀层电阻 R_5。

无论是检查生产的工艺质量，还是按电路设计者的要求，都应该测定互连电阻，测试方法按 GB 4677.12《印制电路板互连电阻测试方法》进行。

（3）金属化孔电阻

对于电路来说，金属化孔的电阻值通常是不重要的，但测定其阻值可以反映出印制电路板金属化孔镀层的质量和工艺质量。特别是按有关技术条件 GB 4677.13《印制板金属化孔电阻的变化——热循环实验方法》测量其热循环电阻变化，可以检查金属化孔孔壁层是否产生断裂。

2. 载流量

印制导线的载流量主要受印制电路板最高工作温度的限制，也受短时间的大电流和热膨胀造成的机械应力等因素的影响。

温度的数值取决于下列诸因素：

1）电气功耗。单位面积上的功耗及其在印制电路板上的分布情况。

2）印制电路板的尺寸和材料。金属量及其分布情况。

3）印制电路板安装方式。水平安装或垂直安装，离相邻部件或机柜边框的距离等。

4）印制电路板表面的热辐射及其和邻近部件的温差及其绝对温度。

5）安装器件的热传导。

6）热量对流方式。自然冷却或强制冷却。

以上诸因素是相互关联的。在大多数情况下根据具体情况正确估算就能满足要求。在重要的地方，导线的载流量必须按实际使用情况测定。

3. 绝缘电阻

（1）外层绝缘电阻

绝缘电阻由导线图形、基材、印制电路板生产所采用的工艺方法，以及温度、湿度、表面污染等环境条件所决定。应尽量避免导线平行长度过长，特别是间距较小的平行导线。

组装元件之后的印制电路板，由于所采用的焊料、焊剂不同和焊接方法、操作条件等差别，还会使其绝缘电阻变小。

对于采用贯穿连接的双面印制电路板或多层印制电路板，在考虑外层绝缘电阻时，还要注意印制电路板其他关联部分的影响。

（2）内层绝缘电阻

多层印制电路板内层导线之间的绝缘电阻，是表面电阻和体积电阻混合的结果。在重要的地方，可以通过测量确定。

（3）层间绝缘电阻

相邻层间的绝缘电阻是指两层导线间绝缘层的电阻，可用基材的体积电阻估算。在重要的地方，可以通过测量确定。

4. 耐压

（1）外层耐压

导线之间允许的电压，主要取决于导线间距、基材种类、涂覆层及环境条件等因素。同时还取决于规定的安全规则。因此，不能给出通用的要求。

印制电路板的涂覆层，一般能提高导线间允许的电压。

（2）层间耐压

相邻层间所允许的电压取决于绝缘层的厚度及其介电强度，并且可以从有关绝缘材料规定的数值直接计算出来。

2.3.4 力学性能

1. 附着力与拉脱强度

（1）导电材料的附着力

导线与基材之间的附着力与导线宽度、基材性质、工艺方法、表面涂覆层以及由于温度（如焊接）造成的应力有关。

对于宽度为 0.8 mm 以上的导线，在正常环境温度下测试，抗剥强度不小于表 2-11 中的数值。

表 2-11 抗剥强度数值

基本材料	最小抗剥强度/（N·mm^{-1}）
酚醛纸板	0.8
环氧纸板	1.1
环氧玻璃布板	1.1

（2）非金属化孔连接盘的附着力

连接盘与基材之间的附着力与连接盘的面积、基材性质、工艺方法以及由于温度（如焊接）造成的应力有关。连接盘的附着力通常用拉脱强度来表示。

由于连接盘实际的拉脱强度都达到了元件引线的抗张强度，因此，除特殊要求外，一般不另作规定。

举例：连接盘直径 4 mm；孔径 1.3 mm；实际达到的拉脱强度大约为 150 N。直径为 0.8 mm 的铜线的抗张强度大约为 130 N。

连接盘拉脱强度实验方法应按 GB 4677.3《印制板拉脱强度测试方法》的规定进行。

（3）金属化孔的拉脱强度

无连接盘的金属化孔的拉脱强度取决于孔的直径、孔壁的粗糙度和印制电路板的厚度。

由于实际所获得的拉脱强度一般都达到了元件引线的抗张强度，因此，除特殊要求外，一般不另作规定。

举例：板厚 1.6 mm；孔径 1.3 mm；实际达到的拉脱强度约为 200 N。直径为 0.8 mm 的铜线的抗张强度大约为 130 N。

2. 平整度

对于安装并焊接元件的印制电路板，其平整度是重要的。

平整度太差的印制电路板可能减小与另一块平行安装的印制电路板或屏蔽元件之间的距离；插入狭窄的导轨产生困难；元件和焊接点之间可能产生应力。

印制电路板的平整度与所用的材料、生产工艺、孔图、导电图形分布的均匀程度、印制电路板的尺寸和种类等有关。

必要时，尤其是对于面积大的印制电路板，为了减小各种因素对平整度的影响，可采取适当的加强或加固措施。

2.3.5 耐燃性

设计印制电路板和印制电路板组装件时，选择材料和元件要考虑尽量减少在某些故障情况下着火的可能性，也就是防止印制电路板或印制电路板组装件因通电而引起的着火。如果燃烧起来，要能控制，不致蔓延出印制电路板或印制电路板组装件。

1. 引起印制电路板或印制电路板组装件着火的因素

（1）印制电路板或印制电路板组装件在通电时，由于导线过热，导线间产生飞弧，甚至击穿，导线间短路引起着火。

（2）安装在印制电路板上的元件过热（如电阻）导致印制电路板着火。

注：当印制电路板燃烧时，可能放出有毒或有腐蚀性的气体，会加剧危险性。

2. 防止印制电路板和印制电路板组装件着火的方法

（1）通过选择基材保证安全性

选择具有阻燃性的基材，可以防止或抑制印制电路板的燃烧。

（2）通过设计措施保证安全性

1）设计较低的电能量。使加到印制电路板或印制电路板组装件上的电能量不足以造成导线过热、元件过热和导线之间产生飞弧。

2）采取保险措施。在印制电路板或印制电路板组装件上的热耗可能使印制电路板着火之前，借助熔丝或保险电路切断电源。

3）选用保护元件。在过热条件下，保护元件可以使电路断开。

4）采用较宽的导线。设计导线的宽度大于满足载流量要求的导线宽度。

5）增大相邻导线之间和导线与印制电路板外的导电零件（如导轨）之间的距离，避免飞弧和短路。

6）规定印制电路板和危险元件（如故障时的过热电阻）之间的距离，使大到足以防止印制电路板着火，如在印制电路板上安装支承绝缘子焊接点。

7）通过安装热屏蔽、散热器或借助其他器件，如变压器，使热量尽快传导出去。

8）通过印制电路板本身散热防止着火。

　　印制电路板上或印制电路板内的导电金属图形起散热作用。不管使用何种基材，单面和双面印制电路板如果设计成至少每面有 50% 的面积为金属导电图形，多层印制板至少有 4 层导电图形，通常都可以不着火。在印制电路板上或印制电路板内正常分布的金属对印制电路板散热可以看作是均匀的。

第 3 章

常用电子仪器仪表

3.1 电子测量

3.1.1 电子测量的意义

1. 测量

测量是人类对客观事物取得数量概念的认识过程。在这种认识过程中，人们借助于专门的设备，依据一定的理论，通过实验的方法，求出以所用测量单位来表示的被测量的值。测量结果的量值由两部分组成：数值（大小及符号）和相应的单位名称。没有单位的量值是没有物理意义的。如说交流电的电压为 220 V，就毫无意义。

一个问题的研究，尤其是现代科学研究，往往需要大量的测量、统计、分析和归纳工作，在此基础上，测量学已经逐步成为一门完整、系统、理论与实践相结合的综合学科。

2. 电子测量

电子测量是测量学的一个分支，它泛指一切以电子技术为基本手段的一种测量。或者说，凡是用到电子技术的测量均为电子测量。在电子测量过程中，是以电子技术理论为依据、电子测量仪器和设备为手段，对各种电量、电信号以及电子元器件的特性和参数进行的测量，它还可以通过各种传感器对非电量进行测量。例如，用数字万用表测量干电池的电压值，用红外测温仪测量人体温度等，都属于电子测量的范畴。

3. 电子测量的意义

电子测量涉及从直流到极宽频率范围内所有电量、磁量及各种非电量的测量。目前，电子测量不仅因为其应用广泛而成为现代科学技术中不可缺少的手段，同时也是一门发展迅速、应用广泛、对现代科学技术的发展起着重大推动作用的独立学科。电子测量不仅应用于电学各专业，也广泛应用于物理学、化学、光学、机械学、材料学、生物学、医学等科学领域，以及生产、国防、交通、信息技术、贸易、环保乃至日常生活领域等各个方面。

电子测量在信息技术产业中的地位尤为重要。信息技术产业的研究对象及产品无一不与电子测量紧密相连，从元器件的生产到电子设备的组装调试，从产品的销售到维护维修都离不开电子测量。如果没有统一和精确的电子测量，就无法对产品的技术指标进行鉴定，也就无法保证产品的质量。因此，从某种意义上说，近代科学技术的水平是由电子测量的水平来保证和体现的；电子测量的水平，是衡量一个国家科学技术水平的重要标志之一。

3.1.2 电子测量的内容

电子测量的范围十分宽广，从狭义上来看，对电子学中电的量值的测量是最基本、最直接的电子测量，其内容主要有以下几个方面。

1）电能量的测量，如测量电流、电压、功率、电场强度等。

2）电子元器件参数的测量，如测量电阻、电感、电容、阻抗的品质因数、电子器件的参数等。

3）电信号的特性和质量的测量，如测量信号的波形、频谱、频率、周期、时间、相位、失真度、调制度、信噪比及逻辑状态等。

4）电路性能的测量，如测量放大倍数、衰减量、灵敏度、通频带、噪声系数等。

5）特性曲线的测量，如测量放大器的幅频特性曲线与相频特性曲线等。

上述各种待测参数中，频率、电压、时间、阻抗等是基本电参数，对它们的测量是其他许多派生参数测量的基础。

另外，通过传感器，可将很多非电量如温度、压力、流量、位移等转换成电信号后进行测量，但这不属于本书讨论的范围。

3.1.3 电子测量的特点

同其他的测量相比，电子测量具有以下几个突出的优点。

1. 测量频率范围极宽

电子测量除测量直流电量外，还可以测量交流电量，其频率范围可低至 10^{-4} Hz，高至 10^{12} Hz 左右。但应注意，在不同的频率范围内，即使测量同一种电量，所需要采用的测量方法和测量仪器也往往不同。

2. 仪器测量范围广

量程是仪器所能测量各种参数的范围。电子测量仪器具有相当宽广的量程。例如，一台数字电压表，可以测出从纳伏（nV）级至千伏（kV）级的电压，其量程达 12 个数量级；一台用于测量频率的电子计数器，其量程可达 17 个数量级。

3. 测量准确度高

电子测量的准确度比其他测量方法高得多，特别是对频率和时间的测量，误差可减小到 10^{-13} 量级，是目前人类在测量准确度方面达到的最高指标。电子测量的准确度高，是它在现代科学技术领域得到广泛应用的重要原因之一。

4. 测量速度快

由于电子测量是通过电磁波的传播和电子运动来进行的，因而可以实现测量过程的高速度，这是其他测量所不能比拟的。只有测量的高速度，才能测出快速变化的物理量。这对于现代科学技术的发展，具有特别重要的意义。例如，原子核的裂变过程、导弹的发射速度、人造卫星的运行参数等的测量，都需要高速度的电子测量。

5. 易于实现遥测

电子测量的一个突出优点是可以通过各种类型的传感器实现遥测。例如，对于遥远距离或环境恶劣的、人体不便于接触或无法达到的区域（如深海、地下、核反应堆内、人造卫星等），可通过传感器或通过电磁波、光、辐射等方式进行测量。

6. 易于实现测量自动化和测量仪器微机化

由于大规模集成电路和微型计算机的应用，使电子测量出现了崭新的局面。例如，在测量中能实现程控、自动量程转换、自动校准、自动诊断故障和自动修复，对于测量结果可以自动记录、自动进行数据运算、分析和处理。目前已出现了许多类型带微处理器的自动化示波器、数字频率计、数字电压表以及受计算机控制的自动化集成电路测试仪、自动网络分析仪和其他自动测试系统。

电子测量的一系列优点，使它获得了极其广泛的应用。今天，几乎找不到哪一个科学技术领域没有应用电子测量技术。大到天文观测、宇宙航天，小到物质结构、基本粒子，从复杂的生命、遗传问题到日常的工农业生产、商业部门，都越来越多地采用了电子测量技术与设备。

3.1.4　电子测量的分类

根据测量方法的不同，电子测量也有不同的分类方法。这里仅就最常用的分类方法作简要介绍。

1. 按测量的方法分类

（1）直接测量法

用预先按已知标准量定度好的测量仪器，对某一未知量直接进行测量，从而得到被测量值的测量方法称为直接测量。例如，用通用电子计数器测量频率，用电压表测量电路中的电压，都属于直接测量。

（2）间接测量

对一个与被测量有确切函数关系的物理量进行直接测量，然后通过代表该函数关系的公式、曲线或表格，求出被测量值的方法，称为间接测量。例如，要测量已知电阻 R 上消耗的功率，可先测量加在 R 两端的电压 U，然后再根据公式 $P = U^2/R$ 求功率 P 的值。

（3）组合测量法

在某些测量中，被测量与几个未知量有关，测量一次无法得出完整的结果，则可改变测量条件进行多次测量，然后按被测量与未知量之间的函数关系组成联立方程求解，得出有关未知量。此种测量方法称为组合测量，它是一种兼用直接测量与间接测量的方法。

上面介绍的 3 种方法中，直接测量的优点是测量过程简单、迅速，在工程技术中采用得比较广泛。间接测量法多用于科学实验，在生产及工程技术中应用较少，只有当被测量不便于直接测量时才采用。至于组合测量，是一种特殊的精密测量方法，适用于科学实验及一些特殊的场合。

2. 按被测信号特性分类

（1）时域测量

时域测量是测量被测对象在不同时间的特性。这时把被测信号看成是一个时间的函数，使用示波器能显示其瞬时波形，测量它的幅度、宽度、上升和下降沿等参数。时域测量还包括一些周期性信号的稳态参量的测量，如正弦交流电压，虽然它的瞬时值会随时间变化，但是交流电压的振幅值和有效值是稳态值，可用指针式仪器测量。

（2）频域测量

频域测量是测量被测对象在不同频率时的特性。这时把被测对象看成是一个频率的函数。信号通过非线性电路会产生新的频率分量，可以用频谱仪进行分析。放大器的幅频特性在高频端和低频端会下降，可用频率特性图示仪予以显示。放大器对不同频率的信号会产生不同的相移，可使用相位计测量放大器的相频特性。

（3）数据域测量

数据域测量是指对数字系统逻辑状态进行的测量，即测量数字信号是"1"还是"0"。逻辑分析仪是数据域测量的典型仪器，它能分析离散信号组成的数据流，可以观察多个输入通道的并行数据，也可以观察一个通道的串行数据。

3. 按对测量精度的要求不同分类

（1）精密测量

精密测量指在实验室或计量室进行，是深入研究测量误差问题的测量。

（2）工程测量

工程测量指对测量误差的研究不很严格的测量，往往一次测量获得结果，但工程测量所选用的仪器仪表的准确度等级必须满足实际使用的需要。

另外，电子测量技术还有许多分类方法。例如，根据测量过程的控制不同，分为人工测量和自动测量；根据被测量与测量结果获取地点的关系，分为本地测量和远地测量；根据被测量在测量过程中是否有变化，分为动态测量和静态测量；根据测量的统计特性，分为平均测量和抽样测量。在实际测量过程中，上述的多种测量形式或者相互补充，或者组合运用，以完成特定的电子测量任务。

3.1.5 测量误差

1. 测量误差及其产生原因

（1）测量误差

测量的目的是希望获得被测量的实际大小即真值。真值就是在一定的时间和环境条件下，被测量本身所具有的真实数值。实际上，由于测量设备、测量方法、测量环境和测量人员的素质等条件的限制，测量所得到的结果与被测量的真值之间总会有差异，这个差异就称为测量误差。测量误差过大，可能会使测量结果变得毫无意义，甚至会带来害处。真值只是一个理想概念，是无法获得的。测量误差是客观存在的，是无法消除的，只能想办法减小它。因此，研究误差的目的，就是要了解产生误差的原因及其发生规律，寻求减小测量误差的方法，使测量结果精确、可靠。

（2）产生测量误差的原因

无论哪种测量，都必须使用测量仪器。同时，测量工作又是在某个特定的环境里，由测量人员按照一定的测量理论及方法来完成的。因此总体上讲，产生测量误差的原因有以下5个方面。

1）仪器原因。由于仪器本身及其附件的电气和力学性能不完善而引起的误差，称为仪器误差。如仪器仪表的零点漂移、刻度不准确及非线性等引起的误差以及数字式仪表的量化误差都属于此类。

2）理论及方法原因。由于测量所依据的理论不够严密或用近似公式、近似值计算测量结果所引起的误差称为理论误差。例如，用基波抑制法测量谐波失真度就会引起理论误差。由于测量方法不适宜而造成的误差称为方法误差。如用低内阻的万用表测量高内阻电路的电压时所引起的误差就属于此类。

3）环境原因。由于温度、湿度、振动、电源电压、电磁场等各种环境因素与仪器仪表要求的条件不一致而引起的误差称为环境误差。

4）人员原因。由于测量人员的分辨力、视觉疲劳、不良习惯或缺乏责任心等因素引起的误差称为人员误差。如读错数字、操作不当等。

5）被测量本身原因。由于测量对象自身的不稳定变化引起的误差称为被测量不稳定误差。由于测量是需要一定时间的，若在测量时间内被测量不稳定而发生变化，那么即使有再好的其他测量条件也是无法得到正确测量结果的。被测量不稳定与被测对象有关，可以认为被测量的真值是时间的函数。如由于振荡器的振荡频率不稳定，则测量其频率必然要引起误差。

在测量工作中，对于误差的原因要认真分析，采取相应的措施，以减小误差对测量结果的影响。

2. 测量误差的分类及其减小方法

根据性质，可将测量误差分为系统误差、随机误差和粗大误差 3 大类。

（1）系统误差

在同一被测量的多次测量过程中，保持恒定或以可预知的方式变化的测量误差的分量称为系统误差。系统误差决定了测量的准确度。系统误差越小，测量结果准确度越高。

在测量误差中，系统误差所占的分量起主要作用。测量前，应对所采用的测量装置、测量方法、测量环境等方面进行分析，尽可能找出产生系统误差的原因，并采取相应措施，尽可能减少系统误差的影响。

（2）随机误差

在同一被测量的多次测量过程中，以不可预知的方式变化的测量误差的分量称为随机误差，也叫偶然误差。由于随机误差通常很小，故只有在高灵敏度和多次测量情况下才能察觉。它是由仪器内部元器件产生的噪声、温度及电压不稳定、电磁干扰等那些对测量值影响较微小，又互不相关的多种因素共同造成的。在足够多次测量中，随机误差服从一定的统计规律，大多接近于正态分布，具有对称性、有界性、抵偿性和单峰性等特点。随机误差反映了测量结果的精密度。随机误差越小，测量精密度越高。

根据随机误差的特点，可以通过对多次测量值取算术平均值的方法来削弱随机误差对测量结果的影响。

（3）粗大误差

粗大误差是指在一定条件下，测量值明显偏离实际值时所对应的误差，也叫疏失误差。粗大误差是由于读数错误、记录错误、操作不正确、测量中的失误及不能允许的干扰等原因造成的误差。

粗大误差明显地歪曲了测量结果，其数值远远大于系统误差和随机误差。因此对于含有粗大误差的测量值，一经确认，应首先予以剔除。

3. 测量误差的表示方法

测量误差有两种表示方法，即绝对误差和相对误差。

（1）绝对误差

1）定义。由测量所得到的测量值 x 与被测量真值 A_0 之差，称为绝对误差，用 Δx 表示，即

$$\Delta x = x - A_0 \qquad\qquad (3-1)$$

这里说的测量值 x 一般指仪器仪表的示值，即由仪器所指示的被测量值。由于它总含有

误差，而且 x 既可能比 A_0 大，也可能比 A_0 小，因此 Δx 既有大小又有正负符号。其量纲和测量值相同。

由于真值 A_0 是一个理想的概念，一般来说，是无法精确得到的。因此，实际应用中通常用实际值 A 来代替真值 A_0。

实际值又称为约定真值，它是根据测量误差的要求，用高一级或数级的标准仪器或计量器具测量所得的值，这时绝对误差可按式（3-2）计算，即

$$\Delta x = x - A \tag{3-2}$$

2）修正值。与绝对误差的绝对值大小相等，但符号相反的量值，用 C 表示，即

$$C = -\Delta x = A - x \tag{3-3}$$

计量器具的修正值，可通过测定，由高一级或高几级标准给出，它可以是表格、曲线或函数表达式等形式。利用修正值和计量器具示值，可得到被测量的实际值，即

$$A = x + C \tag{3-4}$$

测量仪器应当定期送计量部门进行鉴定，其目的之一就是获得准确的修正值，以保证量值传递的准确性。同时，使用修正值应在仪器的鉴定有效期内，否则要重新鉴定。

例如，某电流表测得的电流示值为 0.83 mA，查该电流表的鉴定证书，得知该电流表在 0.8 mA 及其附近的修正值都为 -0.02 mA，则被测电流的实际值为

$$A = X + C = [\,0.83 + (-0.02)\,] \text{ mA} = 0.81 \text{ mA}$$

通常通过加修正值的办法来提高测量的准确度。

（2）相对误差

绝对误差虽然可以说明测量结果偏离实际值的情况，但它不能确切地反映测量的准确程度，不便于看出对整个测量结果的影响。例如，对分别为 10 Hz 和 1 MHz 的两个频率进行测量，绝对误差都为 ±1 Hz，但两次测量结果的准确程度显然不同。为了更确切地反映出测量工作的质量，就要用相对误差来表示。相对误差的绝对值越小，测量的准确度就越高。

1）真值相对误差。绝对误差 Δx 与被测量的真值 A_0 的百分比，称为真值相对误差（或称相对真误差），用 γ 表示，即

$$\gamma = \frac{\Delta x}{A_0} \times 100\% \tag{3-5}$$

相对误差没有量纲，只有大小及符号。

2）实际相对误差。由于真值是难以确切得到的，通常用实际值 A 代替真值 A_0 来表示相对误差，称为实际相对误差，用 γ_A 来表示，即

$$\gamma_A = \frac{\Delta x}{A} \times 100\% \tag{3-6}$$

3）示值相对误差。在误差较小、要求不大严格的场合，也可用测量值 x 代替实际值 A，由此得出示值相对误差，用 γ_x 来表示，即

$$\gamma_x = \frac{\Delta x}{x} \times 100\% \tag{3-7}$$

式（3-7）中的 Δx 由所用仪器的准确度等级定出，由于 x 中含有误差，所以 γ_x 只适用于近似测量。当 Δx 很小时，$x \approx A$，$\gamma_x \approx \gamma_A$。对于一般的工程测量，用 γ_x 来表示测量的准确度较为方便。

4）满度相对误差。计量器具的绝对误差 Δx 与满量程值 x_m 之比，称为满度相对误差或引用相对误差，用 γ_m 表示，即

$$\gamma_m = \frac{\Delta x}{x_m} \times 100\% \qquad\qquad (3-8)$$

如果已知仪器的满度相对误差 γ_m，则可以方便地推算出该仪器最大的绝对误差，即

$$\Delta x_m \leqslant \gamma_m \times x_m \qquad\qquad (3-9)$$

式中　Δx_m——仪器在该量程范围内出现的最大绝对误差；

　　　x_m——满刻度值。

测量中总要满足 $x \leqslant x_m$。可见当仪表的准确度等级确定后 x 越接近 x_m，测量的示值相对误差越小，测量准确度越高。因此，在测量中选择仪表量程时，应使指针尽量接近满偏转，一般最好指示在满度值的 2/3 以上的区域。应该注意，这个结论只适用于正向线性刻度的一般电压表、电流表等类型的仪表。而对于仪器指针偏转角度和被测量值成反比的反向刻度仪表来说（如模拟万用表的欧姆挡）就不适用了，因为在设计和鉴定欧姆表时，均以中值电阻为基础，其量程的选择应以电表指针到最大偏转角度的 1/3～2/3 区域为宜。

3.1.6　测量结果的表示及有效数字

1. 测量结果的表示

这里只讨论测量结果的数字式表示，它包括一定的数值（绝对值的大小及符号）和相应的计量单位，如 7.1 V、465 kHz 等。

有时为了说明测量结果的可信度，在表示测量结果时，还要同时注明其测量误差值或范围。例如，（4.32±0.01）V，（465±1）kHz 等。

2. 有效数字

测量结果通常表示为一定的数值，但测量过程总存在误差，多次测量的平均值也存在误差。如何用近似数据恰当地表示测量结果，就涉及有效数字的问题。

有效数字是指从最左面一位非零数字算起，到含有误差的那位存疑数字为止的所有数字。在测量过程中，正确地写出测量结果的有效数字，合理地确定测量结果位数是非常重要的。对有效数字位数的确定应掌握以下几点。

（1）有效数字位数与测量误差的关系

原则上可从有效数字的位数估计出测量误差，一般规定误差不超过有效数字末位单位的一半。例如，1.00 A，则测量误差不超过 ±0.005 A。

（2）"0" 在最左面为非有效数字

例如，0.03 kΩ，两个零均为非有效数字。"0" 在最右面或两个非零数字之间均为有效数字，不得在数据的右面随意加 "0"。如将 1.00 A 改为 1.000 A，则表示已将误差极限由 0.005 A 改为 0.0005 A。

（3）有效数字不能因选用的单位变化而改变

如测量结果为 2.0 A，它的有效数字为两位。如改用 mA 做单位，将 2.0 A 改写成 2000 mA，则有效数字变成 4 位，是错误的，应改写成 2.0×10^3 mA，此时它的有效数字仍为两位。

3. 数字的舍入规则

超过保留位数的有效数字，应予以删略。删略的原则是 "四舍五入"，其具体内容如

下：若需保留 n 位有效数字，n 位以后为舍下的数，若大于保留数字末位（即第 n 位）单位的一半，则在舍去的同时在第 n 位加 1；若小于该位单位的一半，则第 n 位不变；若刚好等于该位单位的一半，则在舍去的同时在第 n 位原为奇数则加 1 变为偶数，原为偶数不变，此即"求偶数法则"。

3.1.7 电子测量仪器的基本知识

测量仪器是用于检出或测量一个量或为测量目的的供给一个量的器具。采用电子技术测量电量或非电量的测量仪器，称为电子测量仪器。它是利用电子元器件和线路技术组成的装置，用以测量各种电磁参量或产生供测量用的电信号或能源。

电子测量仪器是信息产业的基础，对于国防、科研、生产和生活等起着非常重要的作用。电子测量仪器伴随着信息技术的发展而发展，其内部元器件由最初的电子管经过晶体管发展到了大规模集成电路，由电路最初的模拟化经过数字化再发展到当今多功能、高精度、检测高度自动化的智能化电子仪器。我国的电子测量仪器产业已经从无到有，成为一个具有科研、生产和经营较完整的体系，但总体上与世界发展水平相比，还有不小的差距。

1. 电子测量仪器的分类

电子测量仪器品种繁多，按功能分类可分为专用仪器和通用仪器两大类。专用仪器是为特定目的而专门设计制造的，它只适用于特定的测量对象和测量条件。通用仪器是为了测量某一个或某一些基本电量而设计的，它能用于各种电子测量，具有灵活性好、应用面广等特点，如电子示波器即属于这一类。

通用仪器按照功能，可作以下分类。

（1）信号发生器

信号发生器主要用来提供各种测量所需的信号。根据用途的不同，有各种波形、各种频率和各种功率的信号发生器，如低频信号发生器、高频信号发生器、脉冲信号发生器、扫频信号发生器、函数信号发生器、调频调幅信号发生器和噪声信号发生器等。

（2）信号分析仪器

信号分析仪器主要用来观测、分析和记录各种电量的变化，包括时域、频域和数字域分析仪。如时域的示波器、频域的频谱分析仪和数字域的逻辑分析仪等。

（3）频率、时间和相位测量仪器

频率、时间和相位测量仪器主要用来测量电信号的频率、时间间隔和相位。这类仪器有各种频率计、相位计、波长表以及各种时间、频率标准等。

（4）网络特性测量仪

网络特性测量仪有阻抗测试仪、频率特性测试仪及网络分析仪等，主要用来测量电气网络的各种特性。这些特性主要指频率特性、阻抗特性、功率特性等。

（5）电子元器件测试仪

电子元器件测试仪主要用来测量各种电子元器件的各种电参数是否符合要求或显示元器件的特性曲线等。根据测试对象的不同，可分为晶体管特性测试仪（图示仪）、集成电路（模拟、数字）测试仪和电路元器件（如电阻、电感、电容）测试仪等。

（6）电波特性测试仪

电波特性测试仪主要是指用于对电波传播、电磁场强度、干扰强度等参量进行测量的仪器，如测试接收机、场强测量仪、干扰测试仪等。

（7）逻辑分析仪

逻辑分析仪是专门用于分析数字系统的数据域测量仪器。利用它对数字逻辑电路和系统在实时运行过程中的数据流或事件进行记录和显示，并通过各种控制功能实现对数字系统的软、硬件故障分析和诊断。面向微处理器的逻辑分析仪，则用于对微处理器及微型计算机的调试和维护。

（8）辅助仪器

辅助仪器主要用于配合上述各种仪器对信号进行放大、检波、隔离、衰减，以便使这些仪器更充分地发挥作用。各种交直流放大器、选频放大器、检波器、衰减器、记录器及交直流稳压电源等均属于辅助仪器。

应该特别指出的是，由于微型计算机的应用，微机化仪器和自动测试系统得到了迅速发展，相继出现了以微处理机为基础的智能仪器。例如，利用 GPIB 接口母线将一台计算机和一组电子仪器联合在一起的自动测试系统；以个人计算机为基础，用仪器电路板的扩展箱与个人计算机内部母线相连的个人仪器。人们习惯上把内部装有微型计算机的新一代仪器，或者把内部装有微型计算机并可程控的仪器，称为智能仪器。这是一个电子测量仪器应用广泛且很有前途的新领域。

2. 电子测量仪器的误差

在电子测量中，由于电子测量仪器本身性能不完善所产生的误差，称为电子测量仪器的误差。它主要包括以下几类。

（1）固有误差

电子测量仪器在标准条件下所具有的误差称为固有误差。固有误差也称为基本误差。标准条件一般规定电子测量仪器影响的标准或标准范围（如环境温度20 ℃ ±2 ℃等），它比使用条件更加严格，所以固有误差能够更加准确地反映电子测量仪器所固有的性能，便于在相同条件下，对同类仪器进行比较和校准。

（2）允许误差

技术标准、鉴定规程等对电子测量仪器所规定的允许的误差极限值称为允许误差。技术标准通常是指电子测量仪器产品说明书的技术指标。允许误差既可以用绝对误差表示，也可以用相对误差表示。

（3）附加误差

电子测量仪器在非标准条件下所增加的误差称为附加误差。当一个影响量在正常使用条件范围内取任一值，而其他影响量和影响特性均处于标准条件，此时引起的仪器示值的变化就是附加误差。只有当某一影响量在允许误差中起重要作用时才给出，如环境温度变化、电源电压变化、频率变化、量程变化等。

有些电子测量仪器的允许误差就是以"基本误差＋附加误差"的形式给出的。例如，某一信号发生器的输出电压在说明书中规定：在连续状态下，频率为 400 MHz 时，输出电压刻度基本误差不大于 ±10%；输出电压在其他频率的附加误差为 ±7%。也就是说，输出电压刻度的允许误差在 $f = 400$ MHz 时为 ±10%，而在 $f \neq 400$ MHz 时，允许误差变为 ±10% ±7%。

3. 测量系统的组成

测量系统是由一些功能不同的环节所组成的，这些环节保证了由获取信号到获得被测量值所必需的信号流程功能。从完成测量任务的角度来看，基本的测量系统大致可以分为两种，即对主动量的测量和对被动量的测量，如图 3 - 1 所示。

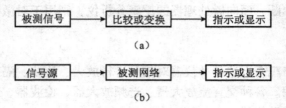

图 3 - 1　测量系统的组成框图
(a) 对主动量的测量；(b) 对被动量的测量

在图 3 - 1（a）中，被测信号即为测试对象，它一般是电路的电信号，也可以是由传感器检测非电量得到的电信号。在整个测量系统中，被测信号是自发的，因而是主动的。

在图 3 - 1（b）中，测量对象是被测网络中的某个特性参数，它只有在信号源的激励下才能产生，因而是被动的。激励信号由信号发生器提供。

比较或变换环节用于对被测信号进行加工转换，如放大、滤波、检波、调制与解调、阻抗变换、线性化、数/模或模/数转换等，使之成为既合乎需要，又便于输送、显示或记录以及可作进一步后续处理的信号。显示环节是将加工转换后的信号变成一种能为人们所理解的形式，如模拟指示、数字显示、图形显示等，以供人们观测和分析。

3.2　电子测量仪器

3.2.1　万用表

万用表的使用范围很广，它可以测量电阻器、电流和电压等参数。在电子、电气产品的维修中是不可缺少的测量工具，它的结构简单，使用也很方便。

1. 模拟万用表

模拟万用表（VOM）的核心元件是一只磁电系电流表，俗称表头。因电阻、电压等被测量需经各种转换器转换成直流电流后再进行测量，这些转换器通常由一些精密电阻网络构成。交流量的测量需用整流器件将交流变成直流。电阻/电流变换电路还需电池作为电源，功能和量程选择通过旋动多层开关来实现。

MF47 型是设计新颖的磁电系整流便携式多量限万用电表。可供测量直流电流、交直流电压、直流电阻等，具有 26 个基本量程和音频电平、电容、电感、晶体管直流参数等 7 个附加参考量程，是量程多、分挡细、灵敏度高、体积轻巧、性能稳定、过载保护可靠、读数清晰、使用方便，适合于电子仪器、无线电电信、电工、工厂、实验室等广泛使用的万用表。

在使用万用表测量之前应检查电表在水平放置时其指针是否指向零位。若偏离零位，则应调整位于仪表表面中央的胶木螺钉（机械零位调节螺钉），使指针指在零位。

（1）直流电流的测量

在测量电路的电流时，电流表必须与电路串联。如果不知道被测电流的正负极和大约数值，应先将转换开关旋至直流电流最高量限，然后将一根表笔接在串入部分的一端，再将另一根表笔在串入部分的另一端触一下，以实验极性；极性相符合后可观察电流的大约数值，并据此选定适合的量程挡实施测量。

（2）直流电压的测量

测量直流电压时必须将电压表的表笔并接在被测电压的两端，即采用并联接法。如果不知道被测电压的正、负极性和大约数值，应先将转换开关旋至直流电压最高限挡，然后将一根表笔接在被测部分的一端，再将另一根表笔在被测部分的另一端触一下，以实验极性；极性相符合后可观察电压的大约数值，并根据此选定适合的量程挡，量出电压值。

（3）交流电压的测量

测量交流电压的方法与测量直流电压相似。区别在于以下几点。

1）交流电源的内阻较小，因而对万用表的交流电压灵敏度要求不高。

2）表盘上的表度尺指的是交流电的有效值，经过整流器整流后得到的脉动直流电反映的是它的平均值，万用表依据这些条件计算和设计出交流电压挡。如果被测出的电压波形失真或不是正弦波时，测量误差就会增大。

3）被测出的交流电压频率范围限于 45 ~ 1000 Hz，如果频率超出此范围会使测量误差增大。

（4）电阻的测量

1）将转换开关旋至"Ω"适当量程，短路两支表笔，则指针向 0 Ω 方向偏转；调节零欧姆调整旋钮，使指针恰好指示在 0 Ω 时，立即将两支表笔分开。

2）测量电路中的电阻时，应先将电源断开；电路中有电容器时应先放电，否则等于用"Ω"挡去测量电阻两端的电压降，会使万用表损坏。

3）在不能确定电路中被测电阻是否有并联电阻存在时，应先把电阻的一脚拆下，然后再测量。

4）实施测量时，应注意测量者的两手不应同时触及电阻（或表笔金属部分）的两端，以免将人体电阻和被测电阻并联，使测量结果变小。

5）量程每变换一次，都必须调节零欧姆调整旋钮，使指针指向 0 Ω。

6）为了提高测量准确度，选择欧姆量限时，应使指针尽可能靠近表盘中心阻值，这样读数较清楚。

2. **数字万用表**

数字万用表和模拟万用表相比，它测量的基本量是直流电压，核心电路是由 A/D 转换器、显示电路等组成的基本量程数字电压表。被测信号需转换成直流电压再进行测量。和模拟万用表相同，电压、电流测量电路采用电阻网络，而交流、R、C 等参数测量的转换电路，一般采用由有源器件组成的网络，以改善转换的线性度和准确度。

功能选择一般通过拨挡开关来实现，量程既可通过拨挡开关手动选择，也可通过电路自动切换。

UT58A、B、C 系列仪表是 1999 记数 3 1/2 数位手动量程数字万用表。具有特大屏幕、全功能符号显示及输入连接提示，全量程过载保护和独特的外观设计，使之成为性能更为优越的电工仪表。本系列仪表可用于测量交直流电压、交直流电流、电阻、二极管、电路通断、三极管、电容、温度和频率测量。

（1）交直流电压测量

1）将红表笔插入"V"插孔，黑表笔插入"COM"插孔。

2）将功能量程开关置于"V−"或"V～"电压测量挡，并将表笔并联到待测电源或负载上。

3）从显示器上直接读取被测电压值。交流测量显示值为正弦波有效值（平均值响应）。

4）仪表的输入阻抗均约为 10 MΩ，这种负载在高阻抗的电路中会引起测量上的误差。大部分情况下，如果电路阻抗在 10 kΩ 以下，误差可以忽略（0.1% 或更低）。

注意：

※ 不要输入高于 1000 V 的电压。测量更高的电压是有可能的，但有损坏仪表的可能。

※ 在测量高电压时，要特别注意避免触电。

※ 在完成所有的测量操作时，要断开表笔与被测电路的连接。

（2）交直流电流测量

1）将红表笔插入"μA"、"mA"或"A"插孔，黑表笔插入"COM"插孔。

2）将功能量程开关置于"A−"或"A～"电流测量挡，并将仪表表笔串联到待测回路中。

3）从显示器上直接读取被测电流值，交流测量显示值为正弦波有效值（平均值响应）。

注意：

※ 在仪表串联到待测回路之前，应先将回路中的电源关闭。

※ 测量时应使用正确的输入端口和功能挡位，如不能估计电流的大小，应从高挡量程开始测量。

※ 大于 10 A 电流测量时，因万用表输入端口没有设置熔丝，为了安全使用，每次测量时间应小于 10 s，间隔时间应大于 15 min。

※ 当表笔插在电流端子上时，切勿把表笔测试针并联到任何电路上，会烧断仪表内部熔丝和损坏仪表。

※ 在完成所有的测量操作后，应先关断电源再断开表笔与被测试电路的连接。对大电流的测量更为重要。

（3）电阻测量

1）将红表笔插入"Ω"插孔，黑表笔插入"COM"插孔。

2）将功能开关置于"Ω"测量挡，并将表笔并联到被测电阻上。

3）从显示器上直接读取被测电阻值。

注意：

※ 如果被测电阻开路或阻值超过仪表最大量程时，显示器将显示"1"。

※ 当测量在线电阻时，在测量前必须先将被测电路内所有电源关断，并将所有电容器放尽残余电荷，才能保证测量正确。

※ 在低阻值测量时，表笔会带来 0.1～0.2 Ω 的测量误差。为获得精确读数，应首先将表笔短路，记住短路显示值，在测量结果中减去表笔短路显示值才能确保测量精度。

※ 如果表笔短路时的电阻值不小于 0.5 Ω 时，应检查表笔是否有松脱现象或其他原因。

※ 测量 1 MΩ 以上的电阻时，可能需要几秒钟后读数才会稳定。这对于高阻值的测量属正常。为了获得稳定读数尽量选用短的测试线。

※ 不要输入高于直流 60 V 或交流 30 V 以上的电压，避免危及人身安全。

※ 在完成所有的测量操作后，要断开表笔与被测电路的连接。

（4）二极管测量

1）将红表笔插入"—▷|—"插孔，黑表笔插入 COM 插空。红表笔极性为"＋"，黑表笔极性为"－"。

2）将功能开关置于"—▷|—"测量挡，红表笔接到被测二极管的正极，黑表笔接到二极管的负极。

3）从显示器上直接读取被测二极管的近似正向 PN 结压降值，单位为 mV。对硅 PN 结而言，500～800 mV 一般被确认为正常值。

注意：

※ 如果被测二极管开路或极性反接时，显示"1"。

※ 当测量在线二极管时，在测量前必须首先将被测电路内所有电源关断，并将所有电容器放尽残余电荷。

※ 二极管测试开路电压约为 3 V。

※ 不要输入高于直流 60 V 或交流 30 V 以上的电压，避免危及人身安全。

※ 在完成所有的测量操作后，要断开表笔与被测电路的连接。

（5）电路通断测量

1）将红表笔插入"VΩ"插孔，黑表笔插入"COM"插孔。

2）将功能开关置于"VΩ"测量挡，并将表笔并联到被测电路两端。如果被测两端之间电阻大于 70 Ω，认为电路断路，被测两端之间电阻不大于 10 Ω，认为电路良好导通，蜂鸣器连续声响。

3）从显示器上直接读取被测电路的近似电阻值，单位为 Ω。

注意：

※ 当检查在线电路通断时，在测量前必须先将被测电路内所有电源关断，并将所有电容器放尽残余电荷。

※ 电路通断测量，开路电压约为 3 V。

※ 不要输入高于直流 60 V 或交流 30 V 以上的电压，避免危及人身安全。

※ 在完成所有的测量操作后，要断开表笔与被测电路的连接。

（6）电容测量

1）将转接插座插入"V"和"mA"两插孔。

2）所有的电容器在测试前必须全部放尽残余电荷。

3）大于 10 μF 容值测量时，会需要较长的时间，属正常。

4）不要输入高于直流 60 V 或交流 30 V 以上的电压，避免危及人身安全。

5）在完成所有的测量操作后，取下转接插座。

（7）温度测量器 UT58B、C

1）将转接插座插入"V"和"mA"两插孔。

2）量程开关置于"℃"挡位，此时 LCD 显示"1"，然后将温度探头（K 型插头）插入转接插座对应温度插孔。此时 LCD 显示室温。

3）将温度探头探测被测温度表面，数秒后从 LCD 上直接读取被测温度值。

注意：

※ 仪表所处环境温度不得超出 18 ℃~23 ℃ 范围之外，否则会造成测量误差，对低温测量更为明显。

※ 不要输入高于直流 60 V 或交流 30 V 以上的电压，避免危及人身安全。

※ 在完成所有的测量操作后，取下温度探头和转换插座。

（8）三极管 h_{FE} 测量

1）将转接插座插入"V"和"mA"两插孔。

2）量程开关置于 h_{FE} 挡位，然后将被测 NPN 或 PNP 型三极管插入转接插座对应孔位。

3）从显示器上直接读取被测三极管 h_{FE} 近似值。

注意：

※ 不要输入高于直流 60 V 或交流 30 V 以上的电压，避免危及人身安全。

※ 在完成所有的测量操作后，取下转接插座。

（9）频率测量器 UT58C

1）将红表笔插入"Hz"插孔，黑表笔插入"COM"插孔。

2）将功能量程开关置于 Hz 频率测量挡，并将表笔并联到待测信号源上。

3）从显示器上直接读取被测频率值。

注意：

※ 测量时必须符合输入幅度要求：100 mV$_{rms}$ ≤输入幅度≤30 V$_{rms}$，不要输入高于交流 30 V$_{rms}$ 被测频率电压，避免危及人身安全。

※ 在完成所有的测量操作后，要断开表笔与被测电路的连接。

（10）数据保持（HOLD）

在任何测量情况下，当按下 HOLD 键时，仪表显示随即保持测量结果，再按一次 HOLD 键时，仪表显示的保持测量结果自动解锁，随机显示当前测量结果。

（11）自动关机功能

当连续测量时间超过 15 min，显示器进入消隐显示状态，仪表进入微功耗休眠状态。如果唤醒仪表重新工作，连续按两次 POWER 键开关。

3.2.2 数字电桥

数字电桥的测量对象为阻抗元件的参数，包括交流电阻 R，电感 L 及其品质因数 Q，电容 C 及其损耗因数 D。因此，又常称数字电桥为数字式 LCR 测量仪。其测量用频率自工频到约 100 kHz。基本测量误差为 0.02%，一般均在 0.1% 左右。本仪器将使用的功能、良好的性能及便利的操作融为一体，可广泛用于工厂、院校等各类用户对元件参数进行精确的测量。

1. 面板说明

面板示意如图 3 - 2 所示。序号说明如下。

（1）电源开关

控制仪器电源开或关。

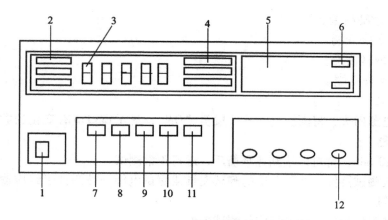

图 3-2　数字电桥前面板

1—电源开关；2—功能指示；3—主参数显示；4—主参数单位显示；
5—副参数显示；6—功能指示；7—参数键；8—频率键；9—等效键；
10—锁定键；11—清"0"键；12—测试端

（2）功能指示

3 只 LED 指示灯，用于指示当前测量参数 L、C、R。

（3）主参数显示

5 位 LED 数码管，用于显示 L、C、R 参数值。

（4）主参数单位显示

3 只 LED 指示灯，用于指示当前显示主参数的单位。

（5）副参数显示

4 位 LED 数码管，用于显示 D 或 Q 值。

（6）功能指示

两只 LED 指示灯，用于指示当前测量副参数 D、Q。

（7）参数键

按键进行主参数 L、C 或 R 选择。

（8）频率键

按键选择设定施加于被测元件上的测试信号频率，由 3 只 LED 指示灯进行指示。

（9）等效键

按键选择仪器测量时的等效电路，有串联和并联两种。

（10）锁定键

按键指示灯亮时（"ON"），选定量程锁定，在元件批量测试时，可提高测试速度。指示灯灭时，为量程选择自动。

（11）清"0"键

按键指示灯亮时（"ON"），表示已对仪器进行清"0"操作。指示灯灭时，表示不对仪器进行清"0"操作。

（12）测试端

HD、HS、LS、LD 测试信号端。

HD：电压激励高端。

LD：电压激励低端。

HS：电压取样高端。

LS：电压取样低端。

2. 使用方法

1）插入电源插头，将面板电源开关拨至"ON"，显示窗口应有变化的数字显示；否则请重新启动仪器。

2）预热10 min，待机内达到热平衡后，进行正常测试。

3）根据被测试器件，选用合适的测试夹具或测试电缆，被测件引线应清洁，与测试端保持良好的接触。

4）根据被测件的要求选择相应的测试条件。

①测试频率。根据被测元器件的测试标准或使用要求选择合适的频率，按频率键使仪器指示在指定的频率上。

②测量参数。用参数键选择合适的测量参数，即电感 L、电容 C 或电阻 R，选定的参数在仪器面板上由 LED 指示灯指示。

③等效电路。用等效键选择合适的测量等效电路，一般情况下，对于低值阻抗元件（通常是高值电容和低值电感）使用串联等效电路；对于高值阻抗元件（通常是低值电容和高值电感）使用并联等效电路。同时，也需根据元件的实际使用情况来决定其等效电路，如对电容器，用于电源滤波时应使用串联等效电路，而用于 LC 振荡电路时应使用并联等效电路。

④选择量程方式。有两种量程方式：自动或锁。用锁定键进行选择。

本仪器共分5个量程，不同量程决定了不同的测量范围，所有量程构成了仪器完整的测试范围。当量程处于自动状态时，仪器根据测量的数据自动选择最佳的量程，此时最多可能需3次选择才能完成最终的测量。

当量程处于锁定状态时，仪器不进行量程选择，在当前锁定的量程上完成测量，提高了测量速度。

通常对一批相同的元件测量时选择量程锁定。设定时先将被测件插入测试夹具，待数据稳定后，按"锁定"键，锁定指示灯"ON"点亮，完成锁定设置。

⑤清"0"功能。本仪器通过对存在于测试电缆或测试夹具上的杂散电阻进行清除以提高仪器测试精度，这些阻抗以串联或并联形式叠加在被测器件上，清"0"功能便是将这些参数测量出来，并将其存储于仪器中，在元件测量时自动将其减掉，从而保证仪器测试的准确性。

仪器清"0"包括两种清"0"校准，即短路清"0"和开路清"0"。测电容时，先将夹具或电缆开路，按清"0"键使"ON"灯亮；测电阻、电感时，用短、粗裸导线短路夹具或测试电缆短路，按清"0"键使"ON"灯亮。

如果需要重新清"0"，则按清"0"键，使"ON"灯熄灭，再按清"0"键，使"ON"灯点亮，即完成了再次清"0"。

掉电保护功能保证以前的清"0"在重新开机仍然有效，若环境条件变化较大，则应重新清"0"（如温度、湿度、电磁场等）。

3.2.3　信号发生器

凡是产生测试信号的仪器，统称为信号源，也称为信号发生器，它用于产生被测电路所需特定参数的电测试信号。在测试、研究或调整电子电路及设备时，为测定电路的一些电参量，如测量频率响应、噪声系数及为电压表定度等，都要求提供符合所定技术条件的电信号，以模拟在实际工作中使用的待测设备的激励信号。当要求进行系统的稳态特性测量时，需使用振幅、频率已知的正弦信号源。当测试系统的瞬态特性时，又需使用前沿时间、脉冲宽度和重复周期已知的矩形脉冲源。并且要求信号源输出信号的参数，如频率、波形、输出电压或功率等，能在一定范围内进行精确调整，有很好的稳定性，有输出指示。

信号源可以根据输出波形的不同，划分为正弦波信号发生器、矩形脉冲信号发生器、函数信号发生器和随机信号发生器等 4 大类。正弦信号是使用最广泛的测试信号。

EE1411 系列 DDS 合成函数信号发生器是一种精密的测试仪器。它采用 DDS（直接数字合成）技术，输出信号的频率稳定度等同于内部晶体振荡器，使测试更加准确。内部可输出正弦波、方波、脉冲波、三角波、锯齿波、TTL/CMOS、AM 波及 FM 波、FSK、BPSK、扫频等 30 多种波形，可满足各种测试要求，是电子实验室必备的理想设备。

1. 主要技术指标

（1）输出波形组合

1）正弦波、方波、脉冲、三角波、锯齿波、TTL/CMOS、AM 波及扫频信号。

2）正弦波加 $\{+$ 内/外 AM，$+$ 内/外 FM，$+$ 内/外 FSK，$+$ 内/外 BPSK$\}$。方波加 $\{+$ 内/外 FM，$+$ 内/外 FSK，$+$ 内/外 BPSK$\}$。

3）脉冲加 $\{+$ 内/外 FM，$+$ 内/外 FSK，$+$ 内/外 BPSK，$+$ 内/外 BURST$\}$。三角波加 $\{+$ 内/外 AM，$+$ 内/外 FM$\}$。

4）锯齿波加 $\{+$ 内/外 AM，$+$ 内/外 FM$\}$。

5）1 kHz 内部调制信号等 30 多种波形。

（2）输出频率

1）0.01 Hz ~ 10 MHz 正弦波。

2）0.01 Hz ~ 3 MHz 方波、脉冲、TTL/CMOS。

3）0.01 Hz ~ 100 kHz 三角波、锯齿波。

4）最高分辨率：10 MHz。

5）准确度：$\pm 2.5 \times 10^{-6}$（常温）。

（3）输出端

主函数输出、TTL/CMOS 输出。

（4）输出信号方式

点频、扫频、调幅、调频、FSK、BPSK、BURST。

（5）函数输出电平

幅度：$2\ mV_{p-p}$ ~ $20\ V_{p-p}$（高阻小于 10 MHz），优于 10% $\pm 1\ mV_{p-p}$（$<6\ V_{p-p}$，高阻大于 10 MHz）。

频响：优于 ± 0.5 dB（<3 MHz，$20\ V_{p-p}$），优于 ± 2 Db（<10 MHz，$20\ V_{p-p}$）。

方波、脉冲：优于 $\pm 20\%$（1 MHz，$20\ V_{p-p}$），优于 $\pm 30\%$（<3 MHz，$20\ V_{p-p}$）。

（6）TTL/CMOS 电平

标准 TTL 电平（正弦波，外调制），CMOS 电平（$3 V_{p-p} \sim 15 V_{p-p}$）。

（7）正弦波失真

≤0.1%（<100 kHz，≥10 Vp－p）。

（8）方波及脉冲

方波占空比为 50%，脉冲占空比可调 10% ~90%（频率 <1 MHz），优于 ±10%（<3 MHz，$20 V_{p-p}$）；上升/下降沿：≤25 ns。

（9）三角波线形度偏差

优于 1%（=50 kHz），优于 2%（>50 kHz）。

（10）内部扫频信号

线性，满量程扫频，频率可设置，扫描时间为 10 ms ~5 s。

（11）调制特性

1）内部调制。频率：1 kHz ±1 Hz，前面板调制幅度可调。

2）外调制（典型参数）。

● AM：正弦波，输入 $1.8 V_{p-p}$，频率 <10 kHz（前面板幅度可调）。

● FM：正弦波，输入 $1.8 V_{p-p}$，频率 <30 kHz（前面板幅度可调）。

● FSK、BPSK、BURST：输入脉冲波，TTL 电平，频率 <30 kHz。

2. 前面板各部分名称及功能

EE1411 合成函数信号发生器前面板包括以下部分。

（1）显示窗口

显示输出信号的频率、幅度、波形参数及波形标记区等。

（2）偏置开关

调节输出信号的直流偏置电压。

（3）数字键盘区

输入数字，选择频率、幅度等参数。

（4）TTL/CMOS 输出

当选择内部调制源时，该端口提供 1 kHz 的音频调制信号输出；当选择外调制时，输出为主函数的同步信号。在正弦、方波、脉冲波时，信号电平为标准 TTL 或 CMOS 电平。后面板 TTL/CMOS 开关在"关"状态时输出 TTL 波形，"开"时输出 CMOS 电平（3 ~15V）。

内调制时：内部调制信号同步输出。

外调制时：不扫频时，时钟脉冲输出；正弦波扫频时，同步输出。

（5）旋转编码器

调节数字量（同键盘按钮）及功能确认。

（6）电源开关

按下接通电源弹器关断电源。

（7）功能选择区

选择波形、频率、幅度、AM、FM、FSK、BPSK、BURST、调制内/外选择、调制开/关、扫频、存储、调用、偏置开/关等。

（8）单位键

选择频率单位、幅度单位、扫描时间单位及 BPSK 角度单位等。

（9）主函数输出

射频信号输出端口。

3. 使用说明

开机后机器输出信号为正弦波、频率为 3 MHz、幅度为 1 V_{p-p}、无调制状态。

（1）频率调整

此时可以按数字键、频率单位键，输入需要的频率。

（2）幅度调整

需要改变输出幅度时，可以按幅度键。此时可以按数字键、幅度单位键，输入需要的幅度；还可以按复用键＋幅度键，切换幅度的显示，以适应不同的负载。

（3）输出波形改变

需要改变输出波形时，可以按相应的波形键来改变输出波形。

（4）工作模式设置

1）调幅模式。可以通过按复用键＋正弦键，进入调幅状态，此时输出信号为调幅波。

2）扫频模式。按扫频键，进入频率扫描工作状态。

3）在非扫频状态时，可以按复用键＋调制开关键来切换调制状态。

4）调制关闭。在任何调制模式中，都可以按调制开关键退出调制模式。

5）脉冲波占空比调整。仅在脉冲波输出时才能进行占空比调整。

6）直流偏置调整。按偏置开/关键，直流偏置将进行开、关状态的切换。

7）存储调用。本机可以对频率、幅度、波形信息进行存储调用。

8）旋转编码器的使用。除了扫频模式，其他所有参数都可以通过旋转编码器来调节。

旋转编码器有两种状态，分别为步进量调节状态和参数步进状态，它们之间可以通过压低旋转编码器的轴或确认键来切换。

3.2.4　示波器

示波器是一种用途十分广泛的电子测量仪器。它能把肉眼看不见的电信号变换成看得见的图像，便于人们研究各种电现象的变化过程。示波器利用狭窄的、由高速电子组成的电子束，打在涂有荧光物质的屏面上，就可产生细小的光点。在被测信号的作用下，电子束就好像一支笔的笔尖，可以在屏面上描绘出被测信号的瞬时值的变化曲线。利用示波器能观察各种不同信号幅度随时间变化的波形曲线，还可以用它测试各种不同的电量，如电压、电流、频率、相位差、调幅度等。

1. 示波器的组成

（1）显示电路

显示电路包括示波管及其控制电路两个部分。示波管是一种特殊的电子管，是示波器一个重要组成部分。示波管由电子枪、偏转系统和荧光屏 3 个部分组成。

1）电子枪。电子枪用于产生并形成高速、聚束的电子流，去轰击荧光屏使之发光。它主要由灯丝 F、阴极 K、控制极 G、第一阳极 A_1、第二阳极 A_2 组成。除灯丝外，其余电极的结构都为金属圆筒，且它们的轴心都保持在同一轴线上。阴极被加热后，可沿轴向发射电子；控制极相对阴极来说是负电位，改变电位可以改变通过控制极小孔的电子数目，也就是控制荧光屏上光点的亮度。为了提高屏上光点亮度，又不降低对电子束偏转的灵敏度，现代示波管中，在偏转系统和荧光屏之间还加上一个后加速电极 A_3。

第一阳极对阴极而言加有约几百伏的正电压。在第二阳极上加有一个比第一阳极更高的正电压。穿过控制极小孔的电子束，在第一阳极和第二阳极高电位的作用下，得到加速，向荧光屏方向做高速运动。由于电荷的同性相斥，电子束会逐渐散开。通过第一阳极、第二阳极之间电场的聚焦作用，使电子重新聚集起来并交汇于一点。适当控制第一阳极和第二阳极之间电位差的大小，便能使焦点刚好落在荧光屏上，显现一个光亮细小的圆点。改变第一阳极和第二阳极之间的电位差，可起调节光点聚焦的作用，这就是示波器的"聚焦"和"辅助聚焦"调节的原理。第三阳极是在示波管锥体内部涂上一层石墨形成的，通常加有很高的电压，它有 3 个作用：使穿过偏转系统以后的电子进一步加速，使电子有足够的能量去轰击荧光屏，以获得足够的亮度；石墨层涂在整个锥体上，能起到屏蔽作用；电子束轰击荧光屏会产生二次电子，处于高电位的 A_3 可吸收这些电子。

2）偏转系统。示波管的偏转系统大都是静电偏转式，它由两对相互垂直的平行金属板组成，分别称为水平偏转板和垂直偏转板，分别控制电子束在水平方向和垂直方向的运动。当电子在偏转板之间运动时，如果偏转板上没有加电压，偏转板之间无电场，离开第二阳极后进入偏转系统的电子将沿轴向运动，射向屏幕的中心。如果偏转板上有电压，偏转板之间则有电场，进入偏转系统的电子会在偏转电场的作用下射向荧光屏的指定位置。如果两块偏转板互相平行，并且它们的电位差等于零，那么通过偏转板空间的，具有速度 v 的电子束就会沿着原方向（设为轴线方向）运动，并打在荧光屏的坐标原点上。如果两块偏转板之间存在着恒定的电位差，则偏转板间就形成一个电场，这个电场与电子的运动方向相垂直，于是电子就朝着电位比较高的偏转板偏转。这样，在两偏转板之间的空间，电子就沿着抛物线在这一点上做切线运动。最后，电子降落在荧光屏上的 A 点，这个 A 点距离荧光屏原点（O）有一段距离，这段距离称为偏转量，用 y 表示。偏转量 y 与偏转板上所加的电压 V_y 成正比。同理，在水平偏转板上加有直流电压时，也发生类似情况，只是光点在水平方向上偏转。

3）荧光屏。示波器实物图荧光屏位于示波管的终端，它的作用是将偏转后的电子束显示出来，以便观察。在示波器的荧光屏内壁涂一层发光物质，因而，荧光屏上受到高速电子冲击的地点就显现出荧光。此时光点的亮度决定于电子束的数目、密度及其速度。改变控制极的电压时，电子束中电子的数目将随之改变，光点亮度也就改变。在使用示波器时，不宜让很亮的光点固定出现在示波管荧光屏一个位置上；否则该点荧光物质将因长期受电子冲击而烧坏，从而失去发光能力。涂有不同荧光物质的荧光屏，在受电子冲击时将显示出不同的颜色和不同的余辉时间，通常供观察一般信号波形用的是发绿光的、属中余辉示波管，供观察非周期性及低频信号用的是发橙黄色光的、属长余辉示波管；供照相用的示波器中，一般都采用发蓝色的短余辉示波管。

（2）垂直（Y 轴）放大电路

由于示波管的偏转灵敏度甚低，如常用的示波管 13SJ38J 型，其垂直偏转灵敏度为 0.86 mm/V（约 12 V 电压产生 1 cm 的偏转量），所以一般的被测信号电压都要先经过垂直放大电路的放大，再加到示波管的垂直偏转板上，以得到垂直方向的适当大小的图形。

（3）水平（X 轴）放大电路

由于示波管水平方向的偏转灵敏度也很低，所以接入示波管水平偏转板的电压（锯齿波电压或其他电压）也要先经过水平放大电路的放大以后，再加到示波管的水平偏转板上，以得到水平方向适当大小的图形。

（4）扫描与同步电路

扫描电路产生一个锯齿波电压。该锯齿波电压的频率能在一定的范围内连续可调。锯齿波电压的作用是使示波管阴极发出的电子束在荧光屏上形成周期性的、与时间成正比的水平位移，即形成时间基线。这样，才能把加在垂直方向的被测信号按时间的变化波形展现在荧光屏上。

（5）电源供给电路

电源供给电路供给垂直与水平放大电路、扫描与同步电路及示波管与控制电路所需的负高压、灯丝电压等。由示波器的原理功能可见，被测信号电压加到示波器的 Y 轴输入端，经垂直放大电路加于示波管的垂直偏转板。示波管的水平偏转电压，虽然多数情况都采用锯齿电压（用于观察波形时），但有时也采用其他的外加电压（用于测量频率、相位差等时），因此在水平放大电路输入端有一个水平信号选择开关，以便按照需要选示波器内部的锯齿波电压，或选用外加在 X 轴输入端上的其他电压来作为水平偏转电压。

2. 示波器分类

示波器可以分为模拟示波器和数字示波器，对于大多数的电子应用，无论模拟示波器还是数字示波器都是可以胜任的，只是对于一些特定的应用，由于模拟示波器和数字示波器所具备的不同特性，才会出现适合和不适合的地方。

（1）模拟示波器

模拟示波器的工作方式是直接测量信号电压，并且通过从左到右穿过示波器屏幕的电子束在垂直方向描绘电压。

（2）数字示波器

数字示波器的工作方式是通过模拟转换器（ADC）把被测电压转换为数字信息。数字示波器捕获的是波形的一系列样值，并对样值进行存储，存储限度是判断累计的样值是否能描绘出波形为止，随后数字示波器重构波形。

数字示波器可以分为数字存储示波器（DSO）、数字荧光示波器（DPO）和采样示波器。

下面介绍一个实习过程中用到的一台示波器。

岩崎（IWATSU）SS-7802 型示波器是具有 CRT 读出和光标测量功能，并带有 5 位数字频率计的模拟双踪示波器，能够方便、准确地进行电压幅度、频率、相位等的测量。其带宽为 0~20 MHz，最高灵敏度为 1 mV/DIV，示波器操作面板上的波段开关大多采用电子开关（而非一般的机械开关），从而避免了由于操作不当造成的机械损坏。

（1）主要性能指标

1）垂直偏转系统（Y 轴）。

垂直显示方式：通道 1（CH1）显示，通道 2（CH2）显示，两通道相加（ADD）显示，双通道（ALT/CHOP）显示。

垂直灵敏度：范围从 2 mV/DIV~5 V/DIV，按 1-2-5 步进，分 11 挡。精度为 ±2%。

可变控制范围为 2 mV/DIV ~ 12.5 V/DIV 连续可变。

频带宽度：0 ~ 20 MHz。

输入耦合方式：交流（AC），直流（DC）。

输入阻容：1 MΩ（±1.5%）/25 pF（使用探头 ×10 挡时为 10 MΩ/22 pF）。

允许最大输入电压：±400 V（DC + AC 峰值）。

2）水平偏转系统（X 轴）。

①扫频速率：20 ns/DIV ~ 500 ms/DIV，按 1 - 2 - 5 步进分挡，挡内连续可调。精度为 ±5%。

②扫描扩展 10 倍。

（2）面板各部件的作用及使用方法说明

岩崎 SS - 7802A 型示波器操作面板的主要操作按钮如图 3 - 3 所示。

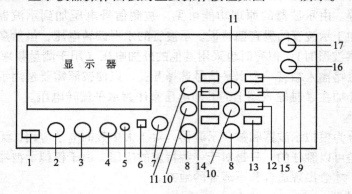

图 3 - 3　SS - 7802A 型示波器操作面板

1—电源开关；2—亮度调节旋钮；3—屏幕读出亮度调节旋钮/开关；4—聚焦调节旋钮；

5—扫描线旋转调节旋钮；6—校准信号输出；7—接地端子；8—信号输入端；9—通道选择按钮；

10—Y 轴灵敏度调节旋钮；11—垂直位移旋钮；12—输入耦合方式选择按钮；13—通道接地按钮（GND）；

14—输入信号相加按钮；15—倒相按钮；16—扫描时间选择旋钮；17—X 轴位移旋钮扫描宽展开关

1）电源开关（POWER）。此开关为自锁开关，按入状态电源接通，弹出状态电源切断。

2）亮度调节旋钮/寻迹开关（INTEN/BEAM FIND）。第一对功能旋钮。旋转此旋钮可调节波形亮度，波形亮度不能调得太高，否则既容易烧伤示波管，也有损观测者的眼睛。该旋钮的第二个功能为寻迹，当扫描线偏离屏幕中心位置太远，超出了显示区域时，为判断扫描线偏离的方向，可按下此旋钮，这时扫描线便回到屏幕中心附近，之后再将扫描线调回到显示区域内。

3）屏幕读出亮度调节旋钮/开关（READOUT/IB/OFF）。此旋钮为双功能旋钮。旋转此旋钮可调节屏幕上显示的文字、游标线的亮度。此旋钮还作为屏幕读出的开关，按动此旋钮可切换屏幕读出（"开"/"关"）。

4）聚焦调节旋钮（FOCUS）。用此旋钮进行聚焦调整，提高波形、文字和游标的清晰度。

5）扫描线旋转调节旋钮（TRACE ROTATION）。用于调节扫描线的水平度。

6）校准信号输出（CAL）。输出幅度为 0.6Vp - p、频率为 1 kHz 的标准方波信号，用于校准 Y 轴灵敏度和 X 轴的扫描速度。

7）接地端子。此端子接到示波器机壳。

8）信号输入端（CH1、CH2）。被测信号输入端口，端口的输入电阻为 1 MΩ，输入电容为 25 pF。

9）通道选择按钮（CH1、CH2）。此按钮用于选择所要观测的信号通道，可以设置为 CH1/CH2 单通道显示方式及双通道显示方式，被选中的通道号在示波器屏幕的下端以"1："或"2："的形式显示出来。

10）Y 轴灵敏度调节旋钮（VOLTS/DIV VARLABLE）。该旋钮是一个双功能旋钮，旋转此旋钮，可进行 Y 轴灵敏度的粗调，按 $1-2-5$ 的挡次步进，灵敏度的值显示在屏幕上。按动此按钮，该按钮处于 Y 轴灵敏度微调状态，此时在屏幕上通道标号后显示出"＞"符号，此时调节该旋钮，就可以连续改变 Y 轴放大电路的增益。

注意：

※此时 Y 轴的灵敏度刻度已不准确，不能做定量测量。

11）垂直位移旋钮（POSITION）。用于调整扫描线在屏幕垂直方向上的位置，顺时针旋转使扫描线向上移动，逆时针旋转使扫描线向下移动。

12）输入耦合方式选择按钮（DC/AC）。用于选择交流耦合或直流耦合方式。当选择直流耦合时，屏幕上的通道灵敏度指示的电压单位符号为"V"，当选择交流耦合时，相应的单位符号为"V"。

13）通道接地按钮（GND）。将此按钮按下，即将相应通道的输入端接地，以观察该通道的水平扫描线，确定零电平位置。输入端接地时，屏幕上电压符号"V"的后面出现接地符号，再按一次按钮，此符号消失。

14）输入信号相加按钮（ADD）。按下此按钮后，屏幕上显示出"1：500 mV + 2：200 mV"的字样，这时屏幕上在显示通道 1 和通道 2 波形的基础上，又显示出"通道 1 + 通道 2"的波形。

15）倒相按钮（INV）。按下此按钮后，屏幕上显示出"1：500 mV + 2：↓200 mV"的字样，这时通道 2 的显示波形是输入信号波形的倒相。如果同时按动了"ADD"按钮，则看到的波形就是"通道 1 - 通道 2"的波形。

16）扫描时间选择旋钮（TIME/DIV VARLABLE）。该旋钮为双功能旋钮。用该旋钮粗调扫描时间，按 $1-2-5$ 的分挡步进，X 轴上每格所代表的时间显示于屏幕的左上角，例如"A 10 μs"。若按动此按钮，在字符"A"的后面显示出"＞"符号，表示 X 轴电路处于微调状态，再调节该旋钮，就可以连续调节 X 轴的扫描时间。

注意：

※此时 X 轴扫描时间刻度已不准确，不能做定量测量。

17）X 轴位移旋钮扫描宽展开关（POSITION）。用于调整扫描线在屏幕水平方向上的位移。

3.2.5　扫频仪

在电子测量中，经常遇到对网络的阻抗特性和传输特性进行测量的问题，其中传输特性包括增益和衰减特性、幅频特性、相频特性等。用来测量前述特性的仪器称为频率特性测试仪，简称扫频仪。它为被测网络的调整、校准及故障的排除提供了极大的方便。

扫频仪一般由扫描锯齿波发生器、扫频信号发生器、宽带放大器、频标信号发生器、X 轴放大、Y 轴放大、显示设备、面板键盘及多路输出电源等部分组成。其基本工作过程是通过电源变压器将 50 Hz 市电降压后送入扫描锯齿波发生器，就形成了锯齿波，这个锯齿波一方面控制扫频信号发生器，对扫频信号进行调频，另一方面该锯齿波送到 X 轴偏转放大器放大后，去控制示波器 X 轴偏转板，使电子束产生水平扫描。由于这个锯齿波同时控制电子束水平扫描和扫频振荡器，因此电子束在示波管荧光屏上的每一水平位置对应于某一瞬时频率。从左向右频率逐渐增高，并且是线性变化的。扫频信号发生器产生的扫频信号送到宽带放大器放大后，送入衰减器，然后输出扫频信号到被测电路。为了消除扫频信号的寄生调幅，宽带放大器增设了自动增益控制器（AGC）。宽带放大器输出的扫频信号送到频标混频器，在频标混频器中与 1 MHz 和 10 MHz 或 50 MHz 晶振信号或外频标信号进行混频。产生的频标信号送入 Y 轴偏转放大器放大后输出给示波管的 Y 轴偏转板。扫频信号通过被测电路后，经过 Y 轴电位器、衰减器、放大器放大后送到示波管的 Y 轴偏转板，得被测电路的幅频特性曲线。

一架外差式接收机质量的优劣与调试是否准确有着重大的关系，在整机调试中，尤其以中频放大级的带通特性（或鉴频特性）更为重要。用扫频图示仪来调试接收机的中频特性，是目前国内外无线电工厂普遍采用的一种方法，因为它具有测试简便、准确、迅速和直观的特点。所以不仅能提高产品质量，而且能大大提高生产效率。

该仪器适用于收音机生产线和实验室调试各种调幅（调频）收音机的中频特性（或鉴频特性），仪器共分两挡，Ⅰ挡为调幅，中心频率为 465 kHz，Ⅱ挡为调频，中心频率为 10.7 MHz，每挡有 5 点频标（具体位置下有详解）。其频标由晶体控制，所以该仪器准确且性能稳定，可靠且使用方便。

1. 面板指示

图 3–4 所示为扫频仪前面板。

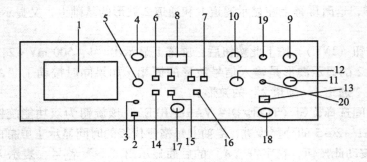

图 3–4　扫频仪前面板

1—显示器；2—电源开关；3—电源指示；4—Y 轴开关；5—Y 轴幅度；

6—扫频输出幅度。选择按键：20～90 dB×10 步进，左加右减；

7—扫频输出幅度。选择按键：0～9 dB×1 步进，左加右减；

8—扫频输出幅度数字显示；9—Ⅰ波段扫频宽度；10—Ⅰ波段中心频率；

11—Ⅱ波段扫频宽度；12—Ⅱ波段中心频率；13—Ⅰ、Ⅱ波段切换开关；

14—幅度校正开关；15—+/–影像极性；16—Y 轴输入衰减；17—Y 轴输入；

18—扫频输出；19—Ⅰ波段指示；20—Ⅱ波段指示

2. 使用方法

（1）仪器的调整

1）开机前应检查电源是否正确，本仪器适用 220 V ± 10%，50 Hz 的交流电。

2）电源检查无误，即可插上电源，将电源开关置于"开"的位置。

3）电源打开，此时电源指示灯亮，衰减器数码指示为 99，波段指示灯亮。

注意：

※ Ⅰ波段为红色，Ⅱ波段为绿色。

4）电源打开 15 s 左右显示管上应出现扫描线，如没有应调整 Y 轴位移，将扫描线调到适当的位置。

5）扫描线出来时，线上应有频标，如没有需调整中心频率，可调出 5 个频标点，如不够 5 个，可将扫频宽度调宽即可调出。

6）扫描线的位置，频标的位置和频标宽度调好后即可对所需检测设备进行测试。

（2）仪器的使用

仪器按需要调好后，将仪器按图接入被测设备，以收音机为例，如图 3 - 5 所示。

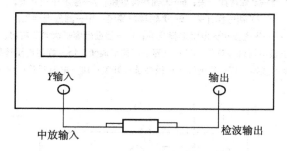

图 3 - 5　收音机的测试

接好后打开收音机电源，适当调节输出衰减和 Y 增益，即可出现曲线。如幅度和频率不对，就需对被测设备调幅中频特性曲线、调频鉴频曲线；如频标不好，可对收音机中周进行调试。

3.2.6　晶体管特性图示仪

晶体管特性图示仪是一种专用示波器，它能直接观察各种晶体管特性曲线及曲性簇。例如，晶体管共射、共基和共集 3 种接法的输入、输出特性及反馈特性；二极管的正向、反向特性；稳压管的稳压或齐纳特性；它可以测量晶体管的击穿电压、饱和电流等。

DF4822 型晶体管特性图示仪是一种用示波管显示晶体管器件的各种特性曲线，并可测量各项静态参数的通用性仪器。该仪器具有以下特点。

①该仪器在标准型的图示仪基础上进行了优化设计，具有体积小、可靠性高、使用简便的特点。

②最高集电极扫描电压达到 500 V，最大电流达 2 A，基本满足了家用电器中各类晶体管的测试要求。

③该仪器具备交替测量显示，可同时显示二极管的正、反相特性，若选配不同的测试台，还可以对三端稳压器件进行测量。

1. 仪器前后面板说明

前、后面板分别如图 3 - 6 和图 3 - 7 所示。

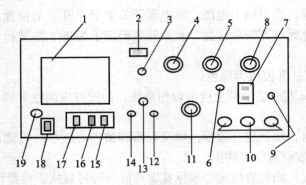

图 3-6　晶体管特性图示仪前面板

1—示波管显示屏；2—阶梯波极性开关；3—阶梯调零旋钮；4—阶梯选择开关；

5—X 轴选择开关；6—X 轴移位旋钮；7—显示作用开关；

8—Y 轴选择开关；9—Y 轴移位旋钮；10—测量端插孔；

11—集电极功耗电阻选择开关；12—辅助电容平衡调节旋钮；

13—集电极电压调节旋钮；14—电容平衡调节旋钮；15—峰值电压选择开关；

16—交替显示选择；17—集电极电压极性选择开关；18—电源开关；19—电源指示

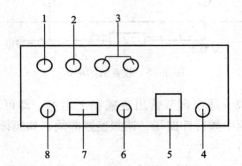

图 3-7　晶体管特性图示仪后面板

1—I_c 校正输入插座；2—校正电压测试开关；3— +15 V、-15 V 输出插座；

4—电源熔丝座；5—电源输入插座；6—接地柱；7—校正测试开关；

8—集电极电压熔丝座

2. 仪器功能说明

为了便于用户使用，将仪器的前面板区分为 4 个功能区域，即阶梯波部分、X 轴部分、Y 轴部分和集电极电源部分。分别介绍如下。

（1）阶梯波区域

1）阶梯选择开关：这是一个具有 11 挡两种作用的选择开关。

2）阶梯电流：5 μA/级～10 mA/级共 8 挡。

3）阶梯电压：0.05～0.5 V/级共 3 挡。

4）阶梯极性开关：用来根据被测晶体管的极性选择阶梯极性。

5）阶梯调零旋钮：当测试三极管输出特性曲线时，若发现第一级曲线与零基线的距离不正常时，调节此旋钮可使其正常。

（2）X 轴部分

1）X 轴选择开关：是一个具有 11 挡 3 种偏转作用的选择开关。

2）集电极电压 U_{CE}。0.05 ~ 50 V/度，共 7 挡。

3）基极电压 U_{BE}。0.05 ~ 0.5 V/度，共 3 挡。

4）⎍。选定基极电路偏转值。

5）X 轴移位旋钮。用于调节曲线在 X 方向的左、右位移。

（3）Y 轴部分

1）Y 轴选择开关。它是一个具有 11 挡两种偏转作用的选择开关。

2）集电极电流 I_e。10 μA/度 ~ 0.2 A/度，共 10 挡。

3）⎍。选定基极电路偏转值。

4）Y 轴移位旋钮。用于调节曲线在 Y 轴方向的上、下位移。

（4）集电极电源部分

1）峰值电压选择开关。用于选择集电极测量电压的大小，即 50 V 或 500 V。

2）峰值电压调节旋钮。用于改变所加的测量电压的大小，在 0 ~ 50 V、0 ~ 500 V 可调。每次测试完成后，应将此旋钮调至最小处。

3）集电极极性开关。用于选择集电极电压的极性。

4）交替显示选择开关。用于选择交替显示。

5）功耗电阻开关。选择不同的功耗电阻，可以设定输出特性曲线的斜率。

6）电容平衡旋钮、辅助电容平衡旋钮。在小电流测量时，此旋钮可改变输出特性曲线的显示特性。

（5）显示作用开关。用于调整显示的基准点。

1）⊥。即输出接地，表示输入为零的基准点。

2）校正。输入一恒定的信号，以达到校正的目的。

注意：

※ 正常测试时，上述两按键不能按下。

3.2.7　稳压电源

稳压电源是能为负载提供稳定交流电源或直流电源的电子装置，包括交流稳压电源和直流稳压电源两大类。

1. 主要功能

（1）稳定电压

当电网电压出现瞬间波动时，稳压电源会以 10 ~ 30 ms 的响应速度对电压幅值进行补偿，使其稳定在 ±2% 以内。

（2）多功能综合保护

稳压器除了最基本的稳定电压功能以外，还应具有过压保护（超过输出电压的 +10%）、欠压保护（低于输出电压的 -10%）、缺相保护、短路过载保护等最基本的保护功能。

（3）尖脉冲抑制（可选）

电网有时会出现幅值很高，脉宽很窄的尖脉冲，它会击穿耐压较低的电子元件。稳压电源的抗浪涌组件能够对这样的尖脉冲起到很好的抑制作用。

（4）隔离传导性 EMI 电磁干扰（可选）

数控设备多采用 AC/DC 整流＋PFC 高频功率因数校正，自身有一定的干扰性，同时对干扰源也有严格要求。稳压电源的滤波组件能够有效隔离电网对设备的干扰，同时也能有效隔离设备对电网的干扰。

（5）防雷（可选）

应具有防雷击能力。

2. 常用的稳压电源

（1）交流稳压电源

1）磁铁谐振式交流稳压器。由饱和扼流圈与相应的电容器组成，具有恒压伏安特性。

2）磁放大器式交流稳压器。将磁放大器和自耦变压器串联而成，利用电子线路改变磁放大器的阻抗以稳定输出电压。

3）滑动式交流稳压器。通过改变变压器滑动接点位置稳定输出电压。

4）感应式交流稳压器。靠改变变压器次、初级电压的相位差，使输出交流电压稳定。

5）晶闸管交流稳压器。用晶闸管作功率调整元件，稳定度高、反应快且无噪声。但会对通信设备和电子设备造成干扰。

20 世纪 80 年代以后，又出现了 3 种新型交流稳压电源：补偿式交流稳压器；数控式和步进式交流稳压器；净化式交流稳压器。都具有良好的隔离作用，可消除来自电网的尖峰干扰。

（2）数控稳压电源

通过观察区在设备输出端取样，对现时电压和额定电压做比较、核对，如比较为负值，则发送数据到中央处理器（CPU），由中央处理器做出电压加的命令。同时，检测区检测半导体是否已开、关。确认无误后，中央处理器做出电压加的命令控制半导体工作，从而达到额定电压的标准。如果为正值，中央处理器则做出电压减的命令，整个过程全部数字化只需 0.048 s。

本设备将瞬间反复变化的电压通过数字控制回路稳定来确保输出电压始终为额定电压。

（3）直流稳压电源

直流稳压电源，又称直流稳压器。它的供电电压大都是交流电压，当交流供电电压的电压或输出负载电阻变化时，稳压器的直接输出电压都能保持稳定。稳压器的参数有电压稳定度、纹波系数和响应速度等。前者表示输入电压的变化对输出电压的影响。纹波系数表示在额定工作情况下，输出电压中交流分量的大小；后者表示输入电压或负载急剧变化时，电压回到正常值所需时间。直流稳压电源分连续导电式与开关式两类。前者由工频变压器把单相或三相交流电压变到适当值，然后经整流、滤波，获得不稳定的直流电源，再经稳压电路得到稳定电压（或电流）。这种电源线路简单、纹波小、相互干扰小，但体积大、耗材多、效率低（常低于 40%～60%）。后者以改变调整元件（或开关）的通断时间比来调节输出电压，从而达到稳压。这类电源功耗小，效率可达 85% 左右，但缺点是纹波大、相互干扰大。所以，20 世纪 80 年代以来发展迅速，从工作方式上可分为以下几种。

1）可控整流型。用改变晶闸管的导通时间来调整输出电压。

2）斩波型。输入是不稳定的直流电压，以改变开关电路的通断比得到单向脉动直流，再经滤波后得到稳定直流电压。

3）变换器型。不稳定直流电压先经逆变器变换成高频交流电，再经变压、整流、滤波后，从所得新的直流输出电压取样，反馈控制逆变器工作频率，达到稳定输出直流电压的目的。

（4）稳压电源用途

交流稳压电源应用于计算机及其周边装置、医疗电子仪器、通信广播设备、工业电子设备、自动生产线等现代高科技产品的稳压和保护。

直流稳压电源广泛应用于国防、科研、大专院校、实验室、工矿企业、电解、电镀、充电设备等的直流供电。

第4章

常用电子元件及其检测

4.1 电阻

电阻，因为物质对电流产生的阻碍作用，所以称其为该作用下的电阻物质。电阻将会导致电子流通量的变化，电阻越小，电子流通量越大，反之亦然。没有电阻或电阻很小的物质称为电导体，简称导体。不能形成电流传输的物质称为电绝缘体，简称绝缘体。

在物理学中，用电阻（Resistance）来表示导体对电流阻碍作用的大小。导体的电阻越大，表示导体对电流的阻碍作用越大。不同的导体，电阻一般不同，电阻是导体本身的一种特性。电阻元件是对电流呈现阻碍作用的耗能元件。

电阻元件的电阻值大小一般与温度、材料、长度和横截面积有关，衡量电阻受温度影响大小的物理量是温度系数，其定义为温度每升高 1 ℃时电阻值发生变化的百分数。

电阻是所有电子电路中使用最多的元件。

1. 电阻的分类

（1）根据电阻材料分类

1）碳膜电阻（碳薄膜电阻）。常用符号 RT 作为标志；为最早期也是最普遍使用的电阻器，利用真空喷涂技术在瓷棒上面喷涂一层碳膜，再将碳膜外层加工切割成螺旋纹状，依照螺旋纹的多寡来定其电阻值，螺旋纹越多时表示电阻值越大。最后在外层涂上环氧树脂密封保护而成。其阻值误差虽然较金属皮膜电阻高，但由于价钱便宜，碳膜电阻器仍广泛应用在各类产品上，是目前电子、电器、设备、资讯产品最基本的零组件。

2）金属膜电阻。常用符号 RJ 作为标志；其同样利用真空喷涂技术在瓷棒上面喷涂，只是将碳膜换成金属膜（如镍铬），并在金属膜车上螺旋纹做出不同阻值，在瓷棒两端镀上贵金属。虽然它较碳膜电阻器贵，但低杂音、稳定、受温度影响小、精确度高成了它的优势。因此，被广泛应用于高级音响器材、计算机、仪表、国防及太空设备等方面。

3）金属氧化膜电阻器。某些仪器或装置需要长期在高温的环境下操作，使用一般的电阻会不能保持其安定性。在这种情况下可使用金属氧化膜电阻（金属氧化物薄膜电阻器），它是利用高温燃烧技术在高热传导的瓷棒上面烧附一层金属氧化薄膜（用锡和锡的化合物喷制成溶液，经喷雾送入 500 ℃的恒温炉，涂覆在旋转的陶瓷基体上而形成的。材料也可以是氧化锌等），并在金属氧化薄膜车上螺旋纹做出不同阻值，然后在外层喷涂不燃性涂料。其性能与金属膜电阻器类似，但电阻值范围窄。它能够在高温下仍保持其安定性，其典型的特点是金属氧化膜与陶瓷基体结合得更牢，电阻皮膜负载的电力也较高；耐酸碱能力强，抗盐雾，因而适用于在恶劣的环境下工作。它还兼备低杂音、稳定、高频特性好的优点。常用符号 RY 作为标志。

4）合成膜电阻。将导电合成物悬浮液涂敷在基体上而得，因此也叫漆膜电阻。由于其导电层呈现颗粒状结构，所以其噪声大、精度低，主要用于制造高压、高阻、小型电阻器。

5）实芯碳质电阻。用碳质颗粒状导电物质、填料和黏合剂混合制成一个实体的电阻器，并在制造时植入导线。电阻值的大小是根据碳粉的比例及碳棒的粗细长短而定。特点是价格低廉，但其阻值误差、噪声电压都大，稳定性差，故目前较少使用。

6）金属玻璃铀电阻。将金属粉和玻璃铀粉混合，采用丝网印刷法印在基板上。耐潮湿、高温、温度系数小，主要应用于厚膜电路。

7）贴片电阻 SMT。贴片电阻（片式电阻）是金属玻璃铀电阻的一种形式，它的电阻体是高可靠的钉系列玻璃铀材料经过高温烧结而成，特点是体积小、精度高、稳定性和高频性能好，适用于高精密电子产品的基板中。而贴片排阻则是将多个相同阻值的贴片电阻制作成一颗贴片电阻，目的是有效地限制元件数量，减少制造成本和缩小电路板的面积。

8）线绕电阻。用康铜或者镍铬合金做电阻丝，在陶瓷骨架上绕制而成。这种电阻分固定和可变两种。它的特点是工作稳定、耐热性能好、误差范围小，适用于大功率的场合，额定功率一般在 1 W 以上。

9）热敏电阻。这是一种对温度极为敏感的电阻器，分为正温度系数电阻器和负温度系数电阻器。选用时不仅要注意其额定功率、最大工作电压、标称阻值，更要注意最高工作温度和电阻温度系数等参数，并注意阻值变化方向。

10）光敏电阻。使用硫化镉等材质，阻值随着光线的强弱而发生变化的电阻器。分为可见光光敏电阻、红外光光敏电阻、紫外光光敏电阻。选用时先确定电路的光谱特性。

11）压敏电阻。这是对电压变化很敏感的非线性电阻器。当电阻器上的电压在标称值内时，电阻器上的阻值呈无穷大状态，当电压略高于标称电压时，其阻值很快下降，使电阻器处于导通状态，当电压减小到标称电压以下时，其阻值又开始增加。压敏电阻可分为无极性（对称型）和有极性（非对称型）压敏电阻。选用时，压敏电阻器的标称电压值应是加在压敏电阻器两端电压的 2~2.5 倍。

12）湿敏电阻。这是对湿度变化非常敏感的电阻器，能在各种湿度环境中使用。它是将湿度转换成电信号的换能器件。选用时应根据不同类型号的不同特点以及湿敏电阻器的精度、湿度系数、响应速度、湿度量程等进行选用。

热敏电阻、光敏电阻、压敏电阻、湿敏电阻都是敏感电阻器。

（2）根据电阻的用途及特性分类

根据电阻的用途及特性可分为图 4-1 所示的几类。

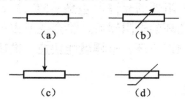

图 4-1 电阻的分类

（a）固定电阻；（b）可调电阻；（c）电位器；（d）热敏电阻

2. 电阻的特性参数

（1）电阻的标称阻值。大多数电阻上都标有电阻的数值，这就是电阻的标称阻值。电阻的标称阻值，往往和它的实际阻值不完全相符。有的阻值大一些，有的阻值小一些。

（2）电阻的误差。电阻的实际阻值和标称阻值的偏差，除以标称值所得的百分数，叫作电阻的误差。

国家规定出一系列的阻值作为产品的标准。不同误差等级的电阻有不同数目的标称值。误差越小的电阻，标称值越多。

（3）电阻的功率。当电流通过电阻时，电阻由于消耗功率而发热。如果电阻发热的功率大于它能承受的功率，电阻就会烧坏。电阻长时间工作时允许消耗的最大功率，叫作额定功率。电阻消耗的功率可以由电功率公式得出，即

$$P = IU \quad P = I^2 R \quad P = U^2/R$$

式中　P——电阻消耗的功率；

　　　U——电阻两端的电压；

　　　I——通过电阻的电流；

　　　R——电阻的阻值。

电阻的额定功率也有标称值，常用的有 1/8 W、1/4 W、1/2 W、1 W、2 W、3 W、5 W、10 W、20 W 等。在电路图中，常用图 4 – 2 所示的符号来表示电阻的标称功率。选用电阻时，要留一定的余量，选标称功率比实际消耗的功率大一些的电阻。比如实际负荷 1/4 W，可以选用 1/2 W 的电阻，实际负荷 3 W，可以选用 5 W 的电阻。

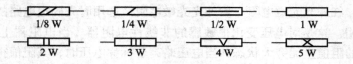

图 4 – 2　电阻功率值电路符号

3. 电阻的电阻值表示法

（1）色环法

碳质电阻和一些 1/8 W 碳膜电阻的阻值和误差用色环表示。

色环法就是用颜色表示元件的标称阻值和误差，并直接标注在产品上的方法。

一般由 4 道色环或 5 道色环来表示它的标称阻值和误差，各种颜色代表不同的数值，色环颜色所代表的数字或意义见表 4 – 1。现在常用的固定电阻器都用色环法来表示它的标称阻值和误差。

一般来说，现在 4 道色环电阻器的允许误差是 ±5% 或 ±10%，误差环的颜色可能是金色或银色，因此拿到一个 4 道色环的电阻器后，将金色或银色的那一道色环放在右边，则从左到右依次是第一、二、三、四道色环，这样就能快速、准确地读出电阻器标称阻值和允许误差。

4 道色环电阻阻值读取方法：

阻值(Ω) = 第一、第二道色环代表的数值×10

一般对于 5 道色环电阻器来说，它的允许误差是 ±1%，那么误差环的颜色就是棕色，因此拿到一个 5 道色环的电阻器（见图 4 – 3）后，应该怎样快速、准确地读出电阻器标称阻值

和允许误差呢？如果电阻器的最左、最右的色环中只有一个色环是棕色，那么就将棕色的那一道色环放在右边，则从左到右依次是第一、二、三、四、五道色环，这样就能快速、准确地读出电阻器标称阻值和允许误差。如果电阻器的最左、最右的色环都是棕色，那么根据误差环与第四道环的距离比第一道环与第二道环的距离大的原则，就能方便地判断出各道色环。

5 道色环电阻阻值读取方法：

$$阻值(\Omega) = 第一、二、三道色环代表的数值 \times 10$$

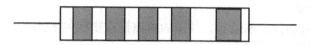

图 4-3　五色环电阻

表 4-1　色环颜色所代表的数字或意义

颜色	第一环	第二环	第三环	第四环	倍率	误差
黑	0	0	0	0	10^0	
棕	1	1	1	1	10^1	±1%
红	2	2	2	2	10^2	±2%
橙	3	3	3	3	10^3	
黄	4	4	4	4	10^4	
绿	5	5	5	5	10^5	±0.5%
蓝	6	6	6	6		±0.25%
紫	7	7	7	7		±0.1%
灰	8	8	8	8		
白	9	9	9	9		
金					10^{-1}	±5%
银					10^{-2}	±10%

（2）数码法

用 3 位数字表示元件的标称值。从左至右，前两位表示有效数位，第三位表示 10^n（$n = 0 \sim 8$）。当 $n = 9$ 时为特例，表示 10^{-1}。塑料电阻器的 103 表示 $10 \times 10^3 = 10$ kΩ。片状电阻多用数码法表示，如 512 表示 5.1 kΩ。电容上 479 表示为 $47 \times 10^{-1} = 4.7$ pF。而标志是 0 或 000 的电阻器，表示是跳线，阻值为 0 Ω。数码法表示时，电阻单位为 Ω，电容单位为 pF，电感一般不用数码表示。

（3）文字符号法

文字符号法是将文字、数字两者有规律地组合起来表示电阻器的主要参数，如 0.1 Ω = Ω1 = 0R1，3.3 Ω = 3Ω3 = 3R3，3K3 = 3.3 kΩ。

（4）直接标志法

直接标志法是将电阻器的标称值用数字和文字符号直接标在电阻体上，其允许偏差则用百分数表示，未标偏差值的即为 ±20%。

4．电阻的检测

（1）普通电阻器的检测方法

对电阻器的检测主要用万用表的欧姆挡进行测量，通过测量阻值来判别是否出现断路、短路及阻值变化等故障。

1）在电路板上直接检测电阻器，具体的检测操作步骤如下。

①首先将电路板的电源断开。

②排除引脚有虚焊的现象。

③将万用表设置成欧姆挡。

④选择合适的量程。

⑤若是机械表，需要调零校正（即将两表笔短路，使表针指在 0 Ω 处）。

⑥将万用表的红、黑表笔分别搭在电阻器两端引脚的焊点上，观察表盘读数并记录得数 R_1。

⑦将红、黑表笔互换位置，再次测量读数并记录得数 R_2，这样做的目的是排除外电路中晶体管 PN 结正向电阻器对测量的影响。

⑧判断结果：

● 若 R_1 等于或十分接近标称阻值，或 R_2 等于或十分接近标称阻值，可以断定该电阻器正常。

● 若 R_1 大于标称阻值，或 R_2 大于标称阻值，可以断定电阻器损坏。

● 若 R_1 和 R_2 都远小于标称阻值，但是大于 0 Ω，说明该电阻器有可能阻值变小，但需要将电阻器从电路板上焊开，脱离电路板单独进行检测证实。

● 若 R_1 和 R_2 都接近于 0 Ω，说明该电阻器有可能短路，但需要将电阻器从电路板上焊开，脱离电路板单独进行检测证实。

对线路板上电阻器脱开检测有两种方法：一是使用焊烙铁将电阻器一端引脚焊下，脱开线路，然后再测量；二是切断电阻器一端引脚的铜箔线路。

注意：

※ 如果测量具有大电容器电路中的电阻器，电容器上的充电电荷必须放电后再进行测量。

2）检测单独的电阻器零部件，具体的检测操作步骤如下。

①排除电阻器的引脚上的脏物。

②将万用表设置成欧姆挡。

③选择合适的量程。

④若是机械表，需要调零校正（即将两表笔短路，使表指针指在 0 Ω 处）。

⑤将万用表的红、黑表笔分别搭在电阻器两端引脚上，观察表盘读数并记录得数 R。

⑥判断结果：

● 若 R 等于或十分接近标称阻值，可以断定该电阻器正常。

● 若 R 远小于标称阻值，可以断定该电阻器已损坏。

- 若 R 远大于标称阻值，可以断定电阻器已开路。
- 若 R 接近 $0\ \Omega$，该电阻器存在短路故障。

注意：

※ 手指不能同时碰到万用表的两支表笔或者是电阻器的两根引脚。

（2）熔断电阻器的检测方法

对于熔断电阻器的检测方法，主要有以下两种方式。

1）在电路板上直接检测熔断电阻器，具体的检测操作步骤如下。

①将电路板正常充电。

②排除引脚虚焊的现象。

③将万用表设置成电压挡。

④选择合适的量程。

⑤若是机械表，需要调零校正（即表针指在 0 V 处）。

⑥判断熔断电阻器的电流方向。

⑦沿着电流的方向依次检测熔断电阻器两端的直流对地电压，若是对地电压属于正电压的情况下，将万用表的黑表笔接地，再将红表笔搭在熔断电阻器一端（电流流进）引脚的焊点上；若是对地电压属于负电压的情况下，将万用表的红表笔接地，再将黑表笔搭在熔断电阻器一端（电流流进）引脚的焊点上，观察表盘读数并记录得数 U_1。

⑧对地电压属于正电压的情况下，保持万用表的黑表笔接地，将红表笔搭在熔断电阻器的另一端（电流流进）引脚的焊点上，观察表盘，读数并记录得数 U_2。

⑨判断结果：

- 若 U_1 和 U_2 都等于或十分接近正常电压，可以断定该熔断电阻器正常。
- 若 U_1 等于或十分接近正常电压，而 $U_2 = 0$ V，可以断定该熔断电阻器已损坏。

2）检测单独的熔断电阻器零部件，具体的检测操作步骤如下。

①排除熔断电阻器的引脚上的脏物。

②将万用表设置成欧姆挡。

③选择合适的量程。

④若是机械表，需要调零校正（即将两表笔短路，使表针指在 0 Ω 处）。

⑤将万用表的红、黑表笔分别搭在熔断电阻器两端引脚，观察表盘读数并记录读数 R。

⑥判断结果：

- 若 R 等于或十分接近标称阻值，一般都很小，可以断定该电阻器正常。
- 若 R 为无穷大，可以断定该电阻器已熔断。
- 若 R 远大于标称值，可以断定该电阻器已损坏。

（3）电位器

电位器是可变电阻器的一种，通常是由电阻体与转动或滑动系统组成，其主要作用是调节电压（包括直流电压与信号电压等）和电流，如图 4 - 4 所示。电位器在电路中用字母 R 或 R_P（旧标准用 W）表示。

电位器的检测用万用表的电阻挡，将两表笔分别接触电位器的开关（4、5）两脚，检查开关通断是否良好。将表笔分别接触 1、2 两脚，旋动电位器轴柄，检查阻值变化是否连续、有无突跳。

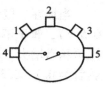

图 4 - 4　电位器

4.2 二极管

几乎在所有的电子电路中，都要用到半导体二极管，它在许多的电路中起着重要的作用，它是诞生最早的半导体器件之一，其应用也非常广泛。

二极管又称晶体二极管。另外，还有早期的真空电子二极管；它是一种具有单向传导电流的电子器件。在半导体二极管内部有一个 PN 结两个引线端子，这种电子器件按照外加电压的方向，具备单向电流的传导性。一般来讲，晶体二极管是一个由 P 型半导体和 N 型半导体烧结形成的 PN 结界面。在其界面的两侧形成空间电荷层，构成自建电场。当外加电压等于零时，由于 PN 结两边载流子的浓度差引起扩散电流和由自建电场引起的漂移电流相等而处于电平衡状态，这也是常态下的二极管特性。

晶体二极管为一个由 P 型半导体和 N 型半导体形成的 PN 结，在其界面处两侧形成空间电荷层，并建有自建电场。当不存在外加电压时，由于 PN 结两边载流子浓度差引起的扩散电流和自建电场引起的漂移电流相等而处于电平衡状态。当外界有正向电压偏置时，外界电场和自建电场的互相抵消作用使载流子的扩散电流增加引起了正向电流。当外界有反向电压偏置时，外界电场和自建电场进一步加强，形成在一定反向电压范围内与反向偏置电压值无关的反向饱和电流 I_0。当外加的反向电压高到一定程度时，PN 结空间电荷层中的电场强度达到临界值产生载流子的倍增过程，产生大量电子—空穴对，产生了数值很大的反向击穿电流，称为二极管的击穿现象。

半导体二极管在电路中常用 D 加数字表示，如 D5 表示编号为 5 的二极管。稳压二极管在电路中常用 ZD 表示，如 ZD5 表示编号为 5 的稳压管。常用的半导体二极管是 1N4000 系列二极管。

半导体二极管的命名：

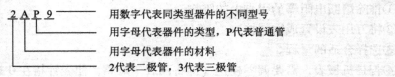

其中，第二位字母 A 代表 N 型锗管，B 代表 P 型锗管，C 代表 N 型硅管，D 代表 P 型硅管。

1. 二极管的特性

二极管最主要的特性是单向导电性。

（1）正向特性

当加在二极管两端的正向电压（P 为正、N 为负）很小时（锗管小于 0.1 V，硅管小于 0.5 V），管子不导通，处于"截止"状态，当正向电压超过一定数值后，管子才导通，电压再稍微增大，电流急剧增加。不同材料的二极管，起始电压不同，硅管为 0.5 ~ 0.7 V，锗管为 0.1 ~ 0.3 V。

（2）反向特性

二极管两端加上反向电压时，反向电流很小，当反向电压逐渐增加时，反向电流基本保持不变，这时的电流称为反向饱和电流。不同材料的二极管，其反向电流大小不同，硅管为

1 μA 到几十微安。锗管则可高达数百微安。另外，反向电流受温度变化的影响很大，锗管的稳定性比硅管差。

（3）击穿特性

当反向电压增加到某一数值时，反向电流急剧增大，这种现象称为反向击穿。这时的反向电压称为反向击穿电压，不同结构、不同工艺和不同材料制成的管子，其反向击穿电压值差异很大，可由 1 V 到几百伏，甚至高达数千伏。

（4）频率特性

由于结电容的存在，当频率高到某一程度时，容抗小到使 PN 结短路。导致二极管失去单向导电性，不能工作，PN 结面积越大，结电容也越大，越不能在高频情况下工作。

2. 二极管的作用

（1）整流

利用二极管单向导电性，可以把方向交替变化的交流电变换成单一方向的脉冲直流电。

（2）开关

二极管在正向电压作用下电阻很小，处于导通状态，相当于一只接通的开关；在反向电压作用下，电阻很大，处于截止状态，如同一只断开的开关。利用二极管的开关特性，可以组成各种逻辑电路。

（3）限幅

二极管正向导通后，它的正向压降基本保持不变（硅管为 0.7 V，锗管为 0.3 V）。利用这一特性，在电路中作为限幅元件，可以把信号幅度限制在一定范围内。

（4）续流

在开关电源的电感中和继电器等感性负载中起续流作用。

（5）检波

在收音机中起检波作用。

（6）变容

使用于电视机的高频头中。

（7）显示

用于 VCD、DVD、计算器等显示器上。

（8）稳压

稳压二极管实质上是一个面结型硅二极管，稳压二极管工作在反向击穿状态。在二极管的制造工艺上，使它有低压击穿特性。稳压二极管的反向击穿电压恒定，在稳压电路中串入限流电阻，使稳压管击穿后电流不超过允许值，因此击穿状态可以长期持续并不会损坏。

（9）触发

触发二极管又称双向触发二极管（DIAC），属 3 层结构，具有对称性的两端半导体器件。常用来触发双向可控硅，在电路中起过压保护作用。

3. 二极管的类型

二极管种类很多，按照所用的半导体材料，可分为锗二极管（Ge 管）和硅二极管（Si 管）。根据其不同用途，可分为检波二极管、整流二极管、稳压二极管、开关二极管等。按照管芯结构，又可分为点接触型二极管、面接触型二极管及平面型二极管。点接触型二极管是用一根很细的金属丝压在光洁的半导体晶片表面，通以脉冲电流，使触丝一端与晶片牢固地烧结在一起，形成一个"PN结"。由于是点接触，只允许通过较小的电流（不超过几十毫安），适用于高频小电流电路，如收音机的检波等。面接触型二极管的"PN结"面积较大，允许通过较大的电流（几安到几十安），主要用于把交流电变换成直流电的"整流"电路中。平面型二极管是一种特制的硅二极管，它不仅能通过较大的电流，而且性能稳定、可靠，多用于开关、脉冲及高频电路中。

4. 二极管的主要参数

二极管的主要参数是用来表示二极管的性能好坏和适用范围的技术指标。不同类型的二极管有不同的特性参数。

(1) 额定正向工作电流

它是指二极管长期连续工作时允许通过的最大正向电流值。因为电流通过管子时会使管芯发热、温度上升，温度超过容许限度（硅管为 140 ℃ 左右，锗管为 90 ℃ 左右）时，就会使管芯过热而损坏。所以，二极管使用中不要超过二极管额定正向工作电流值。例如，常用的 1N4001～4007 型锗二极管的额定正向工作电流为 1 A。

(2) 最高反向工作电压

加在二极管两端的反向电压高到一定值时，会将管子击穿，失去单向导电能力。为了保证使用安全，规定了最高反向工作电压值。例如，1N4001 二极管反向耐压为 50 V，1N4007 反向耐压为 1 000 V。

(3) 反向电流

反向电流是指二极管在规定的温度和最高反向电压作用下，流过二极管的反向电流。反向电流越小，管子的单向导电性能越好。值得注意的是，反向电流与温度有着密切的关系，大约温度每升高 10 ℃，反向电流增大 1 倍。例如，2AP1 型锗二极管，在 25 ℃ 时反向电流若为 250 μA，温度升高到 35 ℃，反向电流将上升到 500 μA，依此类推，在 75 ℃ 时，它的反向电流已达 8 mA，不仅失去了单向导电特性，还会使管子过热而损坏。又如，2CP10 型硅二极管，25 ℃ 时反向电流仅为 5 μA，温度升高到 75 ℃ 时，反向电流也不过 160 μA。故硅二极管比锗二极管在高温下具有较好的稳定性。

5. 二极管的测试

(1) 极性判别

二极管具有单向导电性，正向偏置时在它的正极加正电压、负极加负电压的情况下，外加电压超过某一值（锗管为 0.1 V 左右，硅管为 0.5 V 左右）时，才有明显的正向电流，而且随着正向电压的增大而增长极快，二极管呈现的正向电阻很小，约几百欧姆。当二极管的正极加正电压，负极加正电压时（反向偏置），只要该电压不超过二极管的反向击穿电压，流过二极管的电流就很小，且不随外加电压的增加而增加，维持一个较小的定值（称为反向饱和电流）。此时二极管的反向电阻较大，约几百千欧以上。

1）看外壳上的符号标记。通常在二极管的外壳上标有二极管的符号。标有三角形箭头的一端为正极，另一端为负极。

2）看外壳上标记的色点。在点接触二极管的外壳上，通常标有色点（白色或红色）。除少数二极管（如 2AP9、2AP10 等）外，一般标记色点的一端为正极。

3）一般新二极管管脚较长的一个是正极，带色环的一端为负极。

4）正向特性测试。把万用表的黑表笔（表内正极）搭触二极管的正极，红表笔（表内负极）搭触二极管的负极。若表针不摆到 0 值而是停在标度盘的中间，这时的阻值就是二极管的正向电阻，一般正向电阻越小越好。若正向电阻为 0 值，说明管芯短路损坏，若正向电阻接近无穷大值，说明管芯断路。短路和断路的管子都不能使用。

5）反向特性测试。把万用表的红表笔搭触二极管的正极，黑表笔搭触二极管的负极，若表针指在无穷大值或接近无穷大值，管子就是合格的。

6）如没有万用表，也可用电池、喇叭（或耳机）与被测二极管串接，如图 4 - 5 所示。当二极管负端接电池正极，正端串接喇叭再接电池负极（反向连接）并断续接通时，若喇叭发出较大的"咯咯"声，表明二极管已被击穿；反过来，如果将二极管正向连续接通时，喇叭无一点响声，表明二极管内部断路。

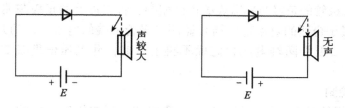

图 4 - 5　喇叭电路测二极

（2）用图示仪测量二极管的正向特性

用 JT-1 型晶体管特性图示仪可以方便地测量二极管的正向特性。测量前，先将光点的零位置移至坐标的左下角，各旋钮的位置如下：

- 峰值电压范围：0 ~ 20 V。
- 集电极扫描极性：正（ + ）。
- 功耗电阻：50 Ω。
- X 轴集电极电压：0.1 V/度。
- Y 轴集电极电流：0.5 mA/度。
- Y 轴倍率：×1。

测量时慢慢调节峰值电压，即可得到二极管的正向特性曲线。二极管大约在 0.5 V 处开始导通。在正向特性中还可进行二极管正向压降 U_F 的测量（U_F 是指在额定正向电流 I_F 的条件下，对应的二极管电压降）。

6. 测试二极管的好坏

（1）普通二极管的检测

普通二极管包括检波二极管、整流二极管、阻尼二极管、开关二极管、续流二极管，是由一个 PN 结构成的半导体器件，具有单向导电特性。通过用万用表检测其正、反向电阻值，可以判别出二极管的电极，还可估测出二极管是否损坏。判别极性时将万用表置于 $R \times$ 100 挡或 $R \times 1$ kΩ 挡，两表笔分别接二极管的两个电极，测出一个结果后，对调两表笔，再测出一个结果。两次测量的结果中，有一次测量出的阻值较大（为反向电阻），一次测量出的阻值较小（为正向电阻）。在阻值较小的一次测量中，黑表笔接的是二极管的正极，红表笔接的是二极管的负极。

（2）单向导电性能的检测及好坏的判断

通常，锗材料二极管的正向电阻值为 1 kΩ 左右，反向电阻值为 300 Ω 左右。硅材料二极管的电阻值为 5 kΩ 左右，反向电阻值为 ∞（无穷大）。正向电阻越小越好，反向电阻越大越好。正、反向电阻值相差越悬殊，说明二极管的单向导电特性越好。若测得二极管的正、反向电阻值均接近 0 或阻值较小，则说明该二极管内部已击穿短路或漏电损坏。若测得二极管的正、反向电阻值均为无穷大，则说明该二极管已开路损坏。

（3）反向击穿电压的检测

二极管反向击穿电压（耐压值）可以用晶体管直流参数测试表测量。其方法是：测量二极管时，应将测试表的"NPN/PNP"选择键设置为 NPN 状态，再将被测二极管的正极接测试表的"C"插孔内，负极插入测试表的"E"插孔，然后按下"V（BR）"键，测试表即可指示出二极管的反向击穿电压值。也可用兆欧表和万用表来测量二极管的反向击穿电压、测量时被测二极管的负极与兆欧表的正极相接，将二极管的正极与兆欧表的负极相连，同时用万用表（置于合适的直流电压挡）监测二极管两端的电压。摇动兆欧表手柄（应由慢逐渐加快），待二极管两端电压稳定而不再上升时，此电压值即是二极管的反向击穿电压。

（4）稳压的检测

1）正、负电极的判别。从外形上看，金属封装稳压二极管管体的正极一端为平面形，负极一端为半圆面形。塑封稳压二极管管体上印有彩色标记的一端为负极，另一端为正极。对标志不清楚的稳压二极管，也可以用万用表判别其极性，测量的方法与普通二极管相同，即用万用表 $R \times 1$ kΩ 挡，将两表笔分别接稳压二极管的两个电极，测出一个结果后，再对调两表笔进行测量。在两次测量结果中，阻值较小那一次，黑表笔接的是稳压二极管的正极，红表笔接的是稳压二极管的负极。若测得稳压二极管的正、反向电阻均很小或均为无穷大，则说明该二极管已击穿或开路损坏。

2）稳压值的测量。用 0 ~ 30 V 连续可调直流电源，对 13 V 以下的稳压二极管进行测量，可将稳压电源的输出电压调至 15 V，将电源正极串接一只 1.5 kΩ 限流电阻后与被测稳压二极管的负极相连接，电源负极与稳压二极管的正极相接，再用万用表测量稳压二极管两端的电压值，所测的读数即为稳压二极管的稳压值。若稳压二极管的稳压值高于 15 V，则应将稳压电源调至 20 V 以上。也可用低于 1 000 V 的兆欧表为稳压二极管提供测试电源。其方法是：将兆欧表正极与稳压二极管的负极相接，兆欧表的负极与稳压二极管的正极相接后，按规定匀速摇动兆欧表手柄，同时用万用表监测稳压二极管两端电压值（万用表的电压挡应视稳定电压值的大小而定），待万用表的指示电压指示稳定时，此电压值便是稳压二极管的稳定电压值。若测量稳压二极管的稳定电压值忽高忽低，则说明该二极管的性能不稳定。

（5）双向触发的检测

1）正、反向电阻值的测量。用万用表 $R \times 1$ kΩ 或 $R \times 10$ kΩ 挡，测量双向触发二极管正、反向电阻值。正常时其正、反向电阻值均应为无穷大。若测得正、反向电阻值均很小或为 0，则说明该二极管已击穿损坏。

2）测量转折电压。测量双向触发二极管的转折电压有 3 种方法。第一种方法是：将兆欧表的正极（E）和负极（L）分别接双向触发二极管的两端，用兆欧表提供击穿电压，同时用万用表的直流电压挡测量出电压值，将双向触发二极管的两极对调后再测量一次。比较一下两次测量的电压值的偏差（一般为 3 ~ 6 V）。此偏差值越小，说明此二极管的性能越好。第二种方法是：先用万用表测出市电电压 U，然后将被测双向触发二极管串入万用表的交流电压测量回路后，接入市电电压，读出电压值 U_1，再将双向触发二极管的两极对调连接后并读出电压值 U_2。若 U_1 与 U_2 的电压值相同，但与 U 的电压值不同，则说明该双向触发二极管的导通性能对称性良好。若 U_1 与 U_2 的电压值相差较大时，则说明该双向触发二极管的导通性不对称。若 U_1、U_2 电压值均与市电 U 相同时，则说明该双向触发二极管内部已短路损坏。若 U_1、U_2 的电压值均为 0 V，则说明该双向触发二极管内部已开路损坏。第三种方法是：用 0 ~ 50 V 连续可调直流电源，将电源的正极串接一只 20 kΩ 电阻器后与双向触发二极管的一端相接，将电源的负极串接万用表电流挡（将其置于 1 mA 挡）后与双向触发二极管的另一端相接。逐渐增加电源电压，当电流表指针有较明显摆动时（几十微安以上），则说明此双向触发二极管已导通，此时电源的电压值即是双向触发二极管的转折电压。

（6）发光的检测

1）正、负极的判别。将发光二极管放在一个光源下，观察两个金属片的大小，通常金属片大的一端为负极，金属片小的一端为正极。

2）性能好坏的判断。用万用表 $R \times 10$ kΩ 挡，测量发光二极管的正、反向电阻值。正常时，正向电阻值（黑表笔接正极时）为 10 ~ 20 kΩ，反向电阻值为 250 kΩ ~ ∞（无穷大）。较高灵敏度的发光二极管，在测量正向电阻值时，管内会发微光。若用万用表 $R \times 1$ kΩ 挡测量发光二极管的正、反向电阻值，则会发现其正、反向电阻值均接近 ∞（无穷大），这是因为发光二极管的正向压降大于 1.6 V（高于万用表 $R \times 1$ kΩ 挡内电池的电压值 1.5 V）的缘故。用万用表的 $R \times 10$ kΩ 挡对一只 220 μF/25 V 电解电容器充电（黑表笔接电容器正极，红表笔接电容器负极），再将充电后的电容器正极接发光二极管正极、电容器负极接发光二极管负极，若发光二极管有很亮的闪光，则说明该发光二极管完好。也可用 3V 直流电源，在电源的正极串接一只 33 Ω 电阻后接发光二极管的正极，将电源的负极接发光二极管的负极，正常的发光二极管应发光。或将 1 节 1.5 V 电池串接在万用表的黑表笔（将万用表置于 $R \times 10$ Ω 或 $R \times 100$ 挡，黑表笔接电池负极，等于与表内的 1.5 V 电池串联），将电池的正极接发光二极管的正极，红表笔接发光二极管的负极，正常的发光二极管应发光。

（7）红外发光的检测

1）正、负极性的判别。红外发光二极管多采用透明树脂封装，管芯下部有一个浅盘，管内电极宽大的为负极，而电极窄小的为正极。也可从管身形状和引脚的长短来判断。通常，靠近管身侧向小平面的电极为负极，另一端引脚为正极。长引脚为正极，短引脚为负极。

2）性能好坏的测量。用万用表 $R \times 10$ kΩ 挡测量红外发光管有正、反向电阻。正常时，正向电阻值为 15 ~ 40 kΩ（此值越小越好）；反向电阻大于 500 kΩ（用 $R \times 10$ kΩ 挡测量，反向电阻大于 200 kΩ）。若测得正、反向电阻值均接近零，则说明该红外发光二极管内部已击穿损坏。若测得正、反向电阻值均为无穷大，则说明该二极管已开路损坏。若测得的反向电阻值远远小于 500 kΩ，则说明该二极管已漏电损坏。

（8）红外光敏的检测

将万用表置于 $R \times 1$ kΩ 挡，测量红外光敏二极管的正、反向电阻值。正常时，正向电阻值（黑表笔所接引脚为正极）为 3 ~ 10 kΩ，反向电阻值为 500 kΩ 以上。若测得其正、反向电阻值均为 0 或均为无穷大，则说明该光敏二极管已击穿或开路损坏。在测量红外光敏二极管反向电阻值的同时，用电视机遥控器对着被测红外光敏二极管的接收窗口。正常的红外光敏二极管，在按动遥控器上的按键时，其反向电阻值会由 500 kΩ 以上减小至 50 ~ 100 kΩ。阻值下降越多，说明红外光敏二极管的灵敏度越高。

（9）其他光敏的检测

1）电阻测量法。用黑纸或黑布遮住光敏二极管的光信号接收窗口，然后用万用表 $R \times 1$ kΩ 挡测量光敏二极管的正、反向电阻值。正常时，正向电阻值在 10 ~ 20 kΩ，反向电阻值为 ∞（无穷大）。若测得正、反向电阻值均很小或均为无穷大，则是该光敏二极管漏电或开路损坏。再去掉黑纸或黑布，使光敏二极管的光信号接收窗口对准光源，然后观察其正、反向电阻值的变化。正常时，正、反向电阻值均应变小，阻值变化越大，说明该光敏二极管的灵敏度越高。

2）电压测量法。将万用表置于 1 V 直流电压挡，黑表笔接光敏二极管的负极，红表笔接光敏二极管的正极，将光敏二极管的光信号接收窗口对准光源。正常时应有 0.2 ~ 0.4 V 电压（其电压与光照强度成正比）。

3）电流测量法。将万用表置于 50 μA 或 500 μA 电流挡，红表笔接正极，黑表笔接负极，正常的光敏二极管在白炽灯光下，随着光照强度的增加，其电流从几微安增大至几百微安。

（10）激光的检测

1）阻值测量法。拆下激光二极管，用万用表 $R \times 1$ kΩ 或 $R \times 10$ kΩ 挡测量其正、反向电阻值。正常时，正向电阻值为 20 ~ 40 kΩ，反向电阻值为 ∞（无穷大）。若测得正向电阻值已超过 50 kΩ，则说明激光二极管的性能已下降。若测得的正向电阻值大于 90 kΩ，则说明该二极管已严重老化，不能再使用了。

2）电流测量法。用万用表测量激光二极管驱动电路中负载电阻两端的电压降，再根据欧姆定律估算出流过该管的电流值，当电流超过 100 mA 时，若调节激光功率电位器，而电流无明显的变化，则可判断激光二极管严重老化。若电流剧增而失控，则说明激光二极管的光学谐振腔已损坏。

（11）变容的检测

1）正、负极的判别。有的变容二极管的一端涂有黑色标记，这一端即是负极，而另一端为正极。还有的变容二极管的管壳两端分别涂有黄色环和红色环，红色环的一端为正极，黄色环的一端为负极。也可以用数字万用表的二极管挡，通过测量变容二极管的正、反向电压降来判断出其正、负极性。正常的变容二极管，在测量其正向电压降时，表的读数为 0.58 ~ 0.65 V；测量其反向电压降时，表的读数显示为溢出符号 "1"。在测量正向电压降时，红表笔接的是变容二极管的正极，黑表笔接的是变容二极管的负极。

2）性能好坏的判断。用指针万用表的 $R \times 10$ kΩ 挡测量变容二极管的正、反向电阻值。正常的变容二极管，其正、反向电阻值均为 ∞（无穷大）。若被测变容二极管的正、反向电阻值均有一定阻值或均为 0，则是该二极管漏电或击穿损坏。

（12）双基极的检测

1）电极的判别。将万用表置于 $R \times 1$ kΩ 挡，用两表笔测量双基极二极管 3 个电极中任意两个电极间的正反向电阻值，会测出有两个电极之间的正、反向电阻值均为 2 ~ 10 kΩ，这两个电极即是基极 B_1 和基极 B_2，另一个电极即是发射极 E。再将黑表笔接发射极 E，用红表笔依次去接触另外两个电极，一般会测出两个不同的电阻值。有阻值较小的一次测量中，红表笔接的是基极 B_2，另一个电极即是基极 B_1。

2）性能好坏的判断。双基极二极管性能的好坏可以通过测量其各极间的电阻值是否正常来判断。用万用表 $R \times 1$ kΩ 挡，将黑表笔接发射极 E，红表笔依次接两个基极（B_1 和 B_2），正常时均应有几千欧至十几千欧的电阻值。再将红表笔接发射极 E，黑表笔依次接两个基极，正常时阻值为无穷大。双基极二极管两个基极（B_1 和 B_2）之间的正、反向电阻值均为 2 ~ 10 kΩ，若测得某两极之间的电阻值与上述正常值相差较大时，则说明该二极管已损坏。

（13）桥堆的检测

1）全桥的检测。大多数的整流全桥上，均标注有 "+"、"-"、"~" 符号（其中 "+" 为整流后输出电压的正极，"-" 为输出电压的负极，"~" 为交流电压输入端），很容易确定出各电极。检测时，可通过分别测量 "+" 极与两个 "~" 极、"-" 极与两个 "~" 之间各整流二极管的正、反向电阻值（与普通二极管的测量方法相同）是否正常，即可判断该全桥是否已损坏。若测得全桥内每只二极管的正、反向电阻值均为 0 或均为无穷大，则可判断该二极管已击穿或开路损坏。

2）半桥的检测。半桥是由两只整流二极管组成，通过用万用表分别测量半桥内部的两只二极管的正、反电阻值是否正常，即可判断出该半桥是否正常。

（14）高压硅堆检测

高压硅堆内部是由多只高压整流二极管（硅粒）串联组成，检测时，可用万用表的 $R \times 10$ kΩ挡测量其正、反向电阻值。正常的高压硅堆，其正向电阻值大于 200 kΩ，反向电阻值为无穷大。若测得其正、反向均有一定电阻值，则说明该高压硅堆已软击穿损坏。

（15）变阻的检测

用万用表 $R \times 10$ kΩ 挡测量变阻二极管的正、反向电阻值，正常的高频变阻二极管的正向电阻值（黑表笔接正极时）为 4.5 ~ 6 kΩ，反向电阻值为无穷大。若测得其正、反向电阻值均很小或均为无穷大，则说明被测变阻二极管已损坏。

（16）肖特基的检测

二端型肖特基二极管可以用万用表 $R \times 1$ Ω 挡测量。正常时，其正向电阻值（黑表笔接正极）为 2.5 ~ 3.5 Ω，反向电阻值为无穷大。若测得正、反电阻值均为无穷大或均接近 0，则说明该二极管已开路或击穿损坏。三端型肖特基二极管应先测出其公共端，判别出是共阴对管还是共阳对管，然后再分别测量两个二极管的正、反向电阻值。正向特性测试时，把万用表的黑表笔（表内正极）搭触二极管的正极，红表笔（表内负极）搭触二极管的负极。若表针不摆到 0 值而是停在标度盘的中间，这时的阻值就是二极管的正向电阻，一般正向电阻越小越好。若正向电阻为 0 值，说明管芯短路损坏，若正向电阻接近无穷大值，说明管芯断路。短路和断路的管子都不能使用。

（17）反向特性测试

把万用表的红表笔搭触二极管的正极，黑表笔搭触二极管的负极，若表针指在无穷大值或接近无穷大值，二极管就是合格的。

4.3 三极管

半导体三极管也称为晶体三极管，可以说它是电子电路中最重要的器件。它最主要的功能是电流放大和开关作用。顾名思义，三极管具有3 个电极，如图 4–6 所示。二极管是由一个 PN 结构成的，而三极管由两个 PN 结构成，共用的一个电极称为三极管的基极（用字母 b 表示）。其他的两个电极称为集电极（用字母 c 表示）和发射极（用字母 e 表示）。由于不同的组合方式，形成了一种是 NPN 型的三极管，另一种是 PNP 型的三极管。

图 4–6 三极管结构

　　晶体三极管（以下简称三极管）按材料分有两种，即锗管和硅管。而每一种又有 NPN和 PNP 两种结构形式，但使用最多的是硅 NPN 和锗 PNP 两种三极管（其中，N 表示在高纯度硅中加入磷，是指取代一些硅原子，在电压刺激下产生自由电子导电，而 P 是加入硼取代硅，产生大量空穴利于导电）。两者除了电源极性不同外，其工作原理都是相同的，下面仅介绍 NPN 硅管的电流放大原理。对于 NPN 管，它是由两块 N 型半导体中间夹着一块 P 型半导体所组成，发射区与基区之间形成的 PN 结称为发射结，而集电区与基区形成的 PN 结称为集电结，3 条引线分别称为发射极 e、基极 b 和集电极 c。

　　当 b 点电位高于 e 点电位零点几伏时，发射结处于正偏状态，而 c 点电位高于 b 点电位几伏时，集电结处于反偏状态，集电极电源 E_c 要高于基极电源 E_b。在制造三极管时，有意识地使发射区的多数载流子浓度大于基区的，同时基区做得很薄，而且要严格控制杂质含量，这样一旦接通电源后，由于发射结正偏，发射区的多数载流子（电子）及基区的多数载流子（空穴）很容易地越过发射结互相向对方扩散，但因前者的浓度基本大于后者，所以通过发射结的电流基本上是电子流，这股电子流称为发射极电流。由于基区很薄，加上集电结的反偏，注入基区的电子大部分越过集电结进入集电区而形成集电集电流 I_c，只剩下很少（1%~10%）的电子在基区的空穴进行复合，被复合掉的基区空穴由基极电源 E_b 重新补给，从而形成了基极电流 I_b。根据电流连续性原理得 $I_e = I_b + I_c$。这就是说，在基极补充一个很小的 I_b，就可以在集电极上得到一个较大的 I_c，这就是电流放大作用，I_c 与 I_b 维持一定的比例关系，即

$$\beta_1 = I_c / I_b$$

式中　β_1——直流放大倍数。

　　集电极电流的变化量 ΔI_c 与基极电流的变化量 ΔI_b 之比为：

$$\beta = \Delta I_c / \Delta I_b$$

式中　β——交流电流放大倍数。

　　由于低频时 β_1 和 β 的数值相差不大，所以有时为了方便起见，对两者不作严格区分，β值为几十至一百多。三极管是一种电流放大器件，但在实际使用中常常利用三极管的电流放大作用，通过电阻转变为电压放大作用。

　　三极管放大时管子内部的工作原理如下：

　　（1）发射区向基区发射电子。电源 U_b 经过电阻 R_b 加在发射结上，发射结正偏，发射区的多数载流子（自由电子）不断地越过发射结进入基区，形成发射极电流 I_e。同时基区多数载流子也向发射区扩散，但由于多数载流子浓度远低于发射区载流子浓度，可以不考虑

这个电流，因此可以认为发射结主要是电子流。

（2）基区中电子的扩散与复合。电子进入基区后，先在靠近发射结的附近密集，渐渐形成电子浓度差，在浓度差的作用下，促使电子流在基区中向集电结扩散，被集电结电场拉入集电区形成集电极电流 I_c。也有很小一部分电子（因为基区很薄）与基区的空穴复合，扩散的电子流与复合电子流之比例决定了三极管的放大能力。

（3）集电区收集电子。由于集电结外加反向电压很大，这个反向电压产生的电场力将阻止集电区电子向基区扩散，同时将扩散到集电结附近的电子拉入集电区，从而形成集电极主电流 I_{cn}。另外，集电区的少数载流子（空穴）也会产生漂移运动，流向基区形成反向饱和电流，用 I_{cbo} 来表示，其数值很小，但对温度却异常敏感。

三极管的电路符号有两种：有一个箭头的电极是发射极，箭头朝外的是 NPN 型三极管，而箭头朝内的是 PNP 型三极管。实际上箭头所指的方向是电流的方向。电子制作中常用的三极管有 90×× 系列，包括低频小功率硅管 9013（NPN）、9012（PNP），低噪声管 9014（NPN），高频小功率管 9018（NPN）等。它们的型号一般都标在塑壳上，而外形都一样，都是 TO-92 标准封装。在老式的电子产品中还能见到 3DG6（低频小功率硅管）、3AX31（低频小功率锗管）等，它们的型号也都印在金属的外壳上。

半导体三极管在电路中常用 Q 加数字表示，如 Q17 表示编号为 17 的三极管。PNP 型三极管有 A92、9015 等型号；NPN 型三极管有 A42、9014、9013、9012 等型号。

我国生产的晶体管有一套命名规则：

第一部分的 3 表示三极管。

第二部分表示器件的材料和结构。A：PNP 型锗材料；B：NPN 型锗材料；C：PNP 型硅材料；D：NPN 型硅材料。

第三部分表示功能。U：光电管；K：开关管；X：低频小功率管；G：高频小功率管；D：低频大功率管；A：高频大功率管。另外，3DJ 型为场效应管，BT 打头的表示半导体特殊元件。

1. 三极管的特性

三极管最基本的作用是放大作用，它可以把微弱的电信号变成一定强度的信号，当然这种转换仍然遵循能量守恒，它只是把电源的能量转换成信号的能量罢了。三极管有一个重要参数就是电流放大系数 β。当三极管的基极上加一个微小的电流时，在集电极上可以得到一个是注入电流 β 倍的电流，即集电极电流。集电极电流随基极电流的变化而变化，并且基极电流很小的变化可以引起集电极电流很大的变化，这就是三极管的放大作用。三极管还可以做电子开关，配合其他元件还可以构成振荡器。半导体三极管除了构成放大器和做开关元件使用外，还能够做成一些可独立使用的两端或三端器件。

（1）扩流。把一只小功率可控硅和一只大功率三极管组合，就可得到一只大功率可控硅，其最大输出电流由大功率三极管的特性决定，见图4-7（a）。图4-7（b）所示为电容容量扩大电路。利用三极管的电流放大作用，将电容容量扩大若干倍。这种等效电容和一般电容器一样，可浮置工作，适用于在长延时电路中作定时电容。用稳压二极管构成的稳压电路虽具有简单、元件少、制作经济方便的优点，但由于稳压二极管稳定电流一般只有数十毫安，因而决定了它只能用在负载电流不太大的场合。图4-7（c）可使原稳压二极管的稳定电流及动态电阻范围得到较大的扩展，稳定性能可得到较大的改善。

（2）代换。图4-7（d）中的两只三极管串联可直接代换调光台灯中的双向触发二极管；图4-7（e）中的三极管可代用8 V左右的稳压管。图4-7（f）中的三极管可代用30 V左右的稳压管。上述应用时，三极管的基极均不使用。

（3）模拟。用三极管构成的电路还可以模拟其他元器件。大功率可变电阻价贵难觅，用图4-7（g）所示电路可作模拟品，调节510 Ω电阻的阻值，即可调节三极管c、e两极之间的阻抗，此阻抗变化即可代替可变电阻使用。图4-7（h）所示为用三极管模拟的稳压管。其稳压原理是：当加到A、B两端的输入电压上升时，因三极管的b、e结压降基本不变，故R_2两端压降上升，经过R_2的电流上升，三极管发射结正偏增强，其导通性也增强，c、e极间呈现的等效电阻减小，压降降低，从而A、B端的输入电压下降。调节R_2即可调节此模拟稳压管的稳压值。

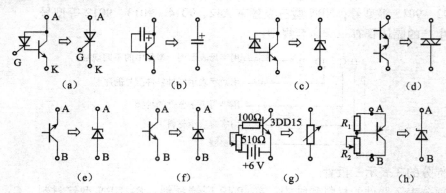

图4-7　三极管的组合

2. 三极管的分类

三极管的种类很多，分类方法也有多种。下面按用途、频率、功率、材料等进行分类。

1）按材料和极性分，有硅材料的NPN与PNP三极管、锗材料的NPN与PNP三极管。

2）按用途分，有高频放大管、中频放大管、低频放大管、低噪声放大管、光电管、开关管、高反压管、达林顿管、带阻尼的三极管等。

3）按功率分，有小功率三极管、中功率三极管、大功率三极管。

4）按工作频率分，有低频三极管、高频三极管和超高频三极管。

5）按制作工艺分，有平面型三极管、合金型三极管、扩散型三极管。

6）按外形封装的不同，可分为金属封装三极管、玻璃封装三极管、陶瓷封装三极管、塑料封装三极管等。

3. 三极管极性的检测

（1）用指针万用表判别管脚（万用表置于$R \times 1$ kΩ挡）

　　无论是 PNP 管还是 NPN 管，内部都有两个 PN 结，根据 PN 结的单向导电性很容易把基极判别出来，现以 NPN 管为例，先假定某一管脚为基极接万用表的黑表笔，用红表笔分别接其余的两个管脚，若阻值均较小（将红表笔接假定基极重复测量一次，阻值均较大）则原先假定是正确的，否则就是错误的。如果红表笔接假定的基极，黑表笔分别接其余的两个管脚，阻值均较小（将黑表笔接假定的基极进行测量，阻值均较大），基极判别也是正确的，而且可以确定被测管是 PNP 管。当判别了基极之后，其余两管脚不是发射极就是集电极。先假定黑表笔接集电极 c，红表笔接发射集 e，在 c、b 间接一约 100 kΩ 的电阻并读出阻值。然后把红、黑表笔对调进行第二次测量。若第一次测量阻值小，则第一次假定是正确的。即黑表笔接的是集电极 c，这时晶体管处于正向运用，β 较大，所以电阻小。如果手头没有电阻，可以用手捏住 c、b 两极代替固定电阻。

　　利用数字万用表不仅能判定晶体管的电极、测量管子的共发射极电流放大系数 h_{FE}，还可以鉴别硅管与锗管。由于数字万用表电阻挡的测试电流很小，所以不适用于检测晶体管，应使用二极管挡或者 h_{FE} 进行测试。

　　将数字万用表拨至二极管挡，红表笔固定任接某个引脚，用黑表笔依次接触另外两个引脚，如果两次显示值均小于 1 V 或都显示溢出符号 "OL" 或 "1"，若是 PNP 型三极管，则红表笔所接的引脚就是基极 b。如果在两次测试中，一次显示值小于 1 V，另一次显示溢出符号 "OL" 或 "1"（视不同的数字万用表而定），则表明红表笔接的引脚不是基极 b，此时应改换其他引脚重新测量，直到找出基极为止。

　　用红表笔接基极，用黑表笔先后接触其他两个引脚，如果显示屏上的数值都显示为 0.6 ~ 0.8 V，则被测管属于硅 NPN 型中、小功率三极管；如果显示屏上的数值都显示为 0.4 ~ 0.6 V，则被测管属于硅 NPN 型大功率三极管。其中，显示数值较大的一次，黑表笔所接的电极为发射极。在上述测量过程中，如果显示屏上的数值显示都小于 0.4 V，则被测管属于锗三极管。

　　h_{FE} 是三极管的直流电流放大倍数。用数字万用表可以方便地测出三极管的 h_{FE}，将数字万用表置于 h_{FE} 挡，若被测管是 NPN 型管，则将管子的各个引脚插入 NPN 插孔相应的插座中，此时屏幕上就会显示出被测管的 h_{FE} 值。

　　（2）用晶体管特性图示器测量晶体三极管的电流放大系数

　　晶体管的输出特性曲线是指基极电流 I_b 一定时，I_c 与 U_{ce} 的关系曲线。$I_c = f(U_{ce}) \mid I_b =$ 常数，改变 I_b 可得到一簇输出特性曲线。测量 NPN 晶体管时各旋钮位置如下：

- 测试选择：发射极接地。
- 级/S：200。
- Y 轴倍率：×1。
- 阶梯作用：重复。
- 基极阶梯信号极性：+ 。
- 阶梯选择：0.005 mA/级。
- 功耗限制电阻：500 Ω。
- Y 轴集电极电流：0.5 mA/度。
- X 轴集电极电压：0.5 V/度。
- 集电极扫描极性：+ 。
- 峰值电压范围：0 ~ 20 V。

国产三极管用颜色表示放大倍数时，一般颜色与放大倍数对应关系如表4-2所示。

表4-2 颜色与放大倍数的对应关系

颜色	棕	红	橙	黄	绿	蓝	紫
h_{FE}	7~15	15~25	25~40	40~55	55~80	80~120	

4.4 电容器

在电子产品中，电容器是必不可少的电子器件，它在电子设备中充当整流器的平滑滤波、电源的退耦、交流信号的旁路、交直流电路的交流耦合等。由于电容器的类型和结构种类比较多，因此，不仅需要了解各类电容器的性能指标和一般特性，而且还必须了解在给定用途下各种元件的优、缺点，以及机械或环境的限制条件等。这里将对电容器的主要参数及其应用做简单说明。

电容器是由两个电极及其间的介电材料构成的。介电材料是一种电介质，当被置于两块带有等量异性电荷的平行极板间的电场中时，由于极化而在介质表面产生极化电荷，遂使束缚在极板上的电荷相应增加，维持极板间的电位差不变。这就是电容器具有电容特征的原因。电容器中储存的电量 Q 等于电容量 C 与电极间的电位差 U 的乘积。电容量与极板面积和介电材料的介电常数 ε 成正比，与介电材料厚度（即极板间的距离）成反比。

使电容器带电（储存电荷和电能）的过程称为充电。这时电容器的两个极板总是一个极板带正电，另一个极板带等量的负电。把电容器的一个极板接电源（如电池组）的正极；另一个极板接电源的负极，两个极板就分别带上了等量的异种电荷。充电后电容器的两极板之间就有了电场，充电过程是把从电源获得的电能储存在电容器中。

使充电后的电容器失去电荷（释放电荷和电能）的过程称为放电。例如，用一根导线把电容器的两极接通，两极上的电荷互相中和，电容器就会放出电荷和电能。放电后电容器的两极板之间的电场消失，电能转化为其他形式的能。

电容器在一般的电子电路中，常用电容器来实现旁路、耦合、滤波、振荡、相移及波形变换等，这些作用都是其充电和放电功能的演变。

1. 电容器在电路中的作用

在直流电路中，电容器是相当于断路的。电容器是一种能够储藏电荷的元件，也是最常用的电子元件之一。

旁路电容是为本地器件提供能量的储能器件，它能使稳压器的输出均匀化，降低负载需求。就像小型可充电电池一样，旁路电容能够被充电，并向器件进行放电。为尽量减少阻抗，旁路电容要尽量靠近负载器件的供电电源管脚和地管脚。这能够很好地防止输入值过大而导致的地电位抬高和噪声。地电位是地连接处在通过大电流毛刺时的电压降。

去耦，又称解耦。从电路来说，总是可以区分为驱动的源和被驱动的负载。如果负载电容比较大，驱动电路要把电容充电、放电才能完成信号的跳变，在上升沿比较陡峭的时候电流比较大，这样驱动的电流就会吸收很大的电源电流，由于电路中的电感，电阻（特别是芯片管脚上的电感），会产生反弹，这种电流相对于正常情况来说实际上就是一种噪声，会影响前级的正常工作，这就是"耦合"。

去耦电容就是起到一个"电池"的作用，满足驱动电路电流的变化，避免相互间的耦合干扰，在电路中进一步减小电源与参考地之间的高频干扰阻抗。

从理论上说，电容越大，阻抗越小，通过的频率也越高。但实际上超过 1 μF 的电容大多为电解电容，有很大的电感成分，所以频率高后反而阻抗会增大。有时会看到有一个电容量较大的电解电容并联了一个小电容，这时大电容通低频，小电容通高频。电容的作用就是通高频阻低频。电容越大低频越不容易通过。具体用在滤波中，大电容（1 000 μF）滤低频，小电容（20 pF）滤高频。它把电压的变动转化为电流的变化，频率越高，峰值电流就越大，从而缓冲了电压。滤波就是充电、放电的过程。

储能型电容器通过整流器收集电荷，并将存储的能量通过变换器引线传送至电源的输出端。电压额定值为 40 ~ 450 VDC、电容值在 220 ~ 150 000 μF 的铝电解电容器（如 EPCOS 公司的 B43504 或 B43505）是较为常用的。根据不同的电源要求，器件有时会采用串联、并联或其组合的形式，对于功率超过 10 kW 的电源，通常采用体积较大的罐形螺旋端子电容器。

2. 电容的分类

电容器包括固定电容器和可变电容器两大类。其中，固定电容器又可根据其介质材料分为云母电容器、陶瓷电容器、纸/塑料薄膜电容器、电解电容器和玻璃釉电容器等；可变电容器也可以是玻璃、空气或陶瓷介质结构。

（1）铝电解电容器

铝电解电容器是由铝圆筒做负极，里面装有液体电解质，插入一片弯曲的铝带做正极制成，还需经直流电压处理，做正极的片上形成一层氧化膜介质。其特点是容量大，但是漏电大、稳定性差、有正负极性。适于电源滤波或低频电路中，使用时，正、负极不要接反。

（2）钽铌电解电容器

钽铌电解电容器用金属钽或者铌做正极，用稀硫酸等配液做负极，用钽或铌表面生成的氧化膜做介质制成。其特点是体积小、容量大、性能稳定、寿命长、绝缘电阻大、温度性能好，用在要求较高的设备中。

（3）陶瓷电容器

陶瓷电容器用陶瓷做介质。在陶瓷基体两面喷涂银层，然后烧成银质薄膜做极板制成。其特点是体积小、耐热性好、损耗小、绝缘电阻高，但容量小。适用于高频电路。铁电陶瓷电容容量较大，但损耗和温度系数较大，适用于低频电路。

（4）云母电容器

云母电容器是用金属箔或在云母片上喷涂银层做电极板，极板和云母一层一层叠合后，再压铸在胶木粉或封固在环氧树脂中制成。其特点是介质损耗小、绝缘电阻大、温度系数小。适用于高频电路。

（5）薄膜电容器

薄膜电容器的结构与纸介电容器相同，介质是涤纶或聚苯乙烯。涤纶薄膜电容，介质常数较高、体积小、容量大、稳定性较好，适宜做旁路电容。聚苯乙烯薄膜电容器，介质损耗小、绝缘电阻高，但温度系数大。可用于高频电路。

（6）纸介电容器

纸介电容器是用两片金属箔做电极，夹在极薄的电容纸中，卷成圆柱形或者扁柱形芯子，然后密封在金属壳或者绝缘材料壳中制成。它的特点是体积较小、容量可以做得较大，但是固有电感和损耗比较大。适用于低频电路。

（7）金属化纸介电容器

金属化纸介电容器的结构基本与纸介电容器相同，它是在电容器纸上覆上一层金属膜来代金属箔，其体积小、容量较大。一般用于低频电路。

（8）油浸纸介电容器

油浸纸介电容器是把纸介电容浸在经过特别处理的油里，能增强其耐压。其特点是电容量大、耐压高，但体积较大。

此外，在实际应用中，第一要根据不同的用途选择不同类型的电容器；第二要考虑到电容器的标称容量、允许误差、耐压值、漏电电阻等技术参数；第三对于有正、负极性的电解电容器来说，正、负极在焊接时不要接反。

3. 电容的参数

（1）标称电容量（C_R）

即电容器产品标出的电容量值。云母和陶瓷介质电容器的电容量较低（大约在 5 000 pF）；纸、塑料和一些陶瓷介质形式的电容器居中（0.005 ~ 1.0 μF）；通常电解电容器的容量较大。这是一个粗略的分类法。

（2）类别温度范围

即电容器设计所确定的能连续工作的环境温度范围。该范围取决于它相应类别的温度极限值，如上限类别温度、下限类别温度、额定温度（可以连续施加额定电压的最高环境温度）等。

（3）额定电压（U_R）

即在下限类别温度和额定温度之间的任一温度下，可以连续施加在电容器上的最大直流电压或最大交流电压的有效值或脉冲电压的峰值。电容器应用在高电压场合时，必须注意电晕的影响。电晕是由于在介质/电极层之间存在空隙而产生的，它除了可以产生损坏设备的寄生信号外，还会导致电容器介质击穿。在交流或脉动条件下，电晕特别容易发生。对于所有的电容器，在使用中应保证直流电压与交流峰值电压之和不得超过电容器的额定电压。

（4）损耗角正切（tan）

在规定频率的正弦电压下，电容器的损耗功率除以电容器的无功功率，为损耗角正切。在实际应用中，电容器并不是一个纯电容，其内部还有等效电阻，它的简化等效电路如图 4-8 所示。对于电子设备来说，要求 R_S 越小越好，也就是说要求损耗功率小，其与电容功率的夹角要小。这个关系为

$$\tan = R_S / X_C = 2 \times 3.14 \times f \times C \times R_S$$

因此，在应用当中应注意选择这个参数，避免自身发热过大而影响寿命。

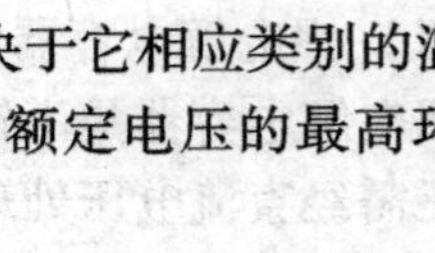

（5）电容器的温度特性

通常是以 20 ℃基准温度的电容量与有关温度的电容量的百分比表示。

（6）使用寿命

电容器的使用寿命随温度的增加而减小，主要原因是温度加速化学反应，而使介质随时间退化。

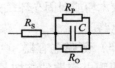

图 4-8　电容器的简化等效电路

R_P—介质的绝缘电阻；

R_O—介质的吸收等效电阻；

R_S—是电容器的串联等效电阻；

C—电容器的实际电容

（7）绝缘电阻

由于温升引起电子活动增加，因此温度升高将使绝缘电阻降低。

4. 电容器容量标示

（1）直标法

用数字和单位符号直接标出。如 1 μF 表示 1 微法，有些电容用"R"表示小数点，如 R56 表示 0.56 μF。

（2）文字符号法

用数字和文字符号有规律地组合来表示容量。如 p10 表示 0.1 pF，1p0 表示 1pF，6P8 表示 6.8 pF，2μ2 表示 2.2 μF。

（3）色标法

用色环或色点表示电容器的主要参数。电容器的色标法与电阻相同。

电容器偏差标志符号为：+100% ~ 0——H、+100% ~ 10% ——R、+50% ~ 10% ——T、+30% ~ 10% ——Q、+50% ~ 20% ——S、+80% ~ 20% ——Z。

（4）数码法

如瓷介电容，标值 272，容量就是：27×100 pF = 2 700 pF。如果标值 473，即为 $47 \times 1\ 000$ pF = 47 000 pF（后面的 2、3 都表示 10 的多少次方）。又如：332 = 33×100 pF = 3 300 pF。

5. 电容的检测

（1）电容器漏电电阻的测量

电容器应具有足够的绝缘电阻，一般应大于 10 ~ 1 000 MΩ，绝缘电阻越小，漏电越严重。有时在正常工作电压下也会造成击穿。测量时将万用表置于 $R \times 1$ kΩ 挡，两表笔分别接被测电容的两条引线，测电解电容时黑表笔接正极（注意不要用手并接在被测电容引线两端，以免人体漏电电阻并联在上面引起误差），这时表头指针先是从左到右向顺时针方向摆动，这是因为接入瞬时充电电流最大。然后从右到左指针逐渐向逆时针方向复原退回至 $R = \infty$ 的方向，这是因为充电电流逐渐减小，如果表头指针在某一值时停止，则表头指针所指阻值即为漏电电阻值。一般电容器的漏电电阻较大，但电解电容器约在几兆欧左右，如所测阻值太小，则被测电容漏电严重，不能使用。容量太小的电容由于充、放电时间太短，看不到表头指针的摆动。

（2）用万用表测量双联可变电容器

双联可变电容器的两组动片与轴柄相连，由焊片 2 引出，两组定片分别由 1、3 引出，如图 4 - 9 所示。旋转轴柄时，两组电容的容量同时变化。定片与动片间都是绝缘的，如用万用表测量，双联的动片旋至任何位置，它们之间都不应有漏电或直通。双联电容的每一联都有一微调电容与之并联，对于微调电容也用上述方法进行检验。

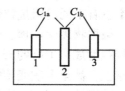

图 4 - 9　万用表测电容

4.5　电感器

电感器是能够把电能转化为磁能而存储起来的元件。电感器的结构类似于变压器，但只有一个绕组。电感器具有一定的电感，它只阻止电流的变化。如果电感器中没有电流通过，则它阻止电流流过它；如果有电流流过它，则电路断开时它将试图维持电流不变。电感器又称扼流器、电抗器、动态电抗器。

能产生电感作用的元件统称为电感元件，常常直接简称为电感。它是利用电磁感应的原理进行工作的。它的基本单位为亨利（H）。

作用：阻交流通直流、阻高频通低频（滤波）。也就是说，高频信号通过电感线圈时会遇到很大的阻力，很难通过，而对低频信号通过它时所呈现的阻力则比较小，即低频信号可以较容易地通过它。电感线圈对直流电的电阻几乎为零。

电感器用绝缘导线绕制的各种线圈称为电感。用导线绕成一匝或多匝以产生一定自感量的电子元件，常称电感线圈或简称线圈。电感器在电子线路中应用广泛，为实现振荡、调谐、耦合、滤波、延迟、偏转的主要元件之一。为了增加电感量，提高 Q 值并缩小体积，常在线圈中插入磁心。在高频电子设备中，印制电路板上一段特殊形状的铜皮也可以构成一个电感器，通常把这种电感器称为印制电感或微带线。在电子设备中，经常可以看到有许多磁环与连接电缆构成一个电感器（电缆中的导线在磁环上绕几圈作为电感线圈），它是电子电路中常用的抗干扰元件，对于高频噪声有很好的屏蔽作用，故被称为吸收磁环，由于通常使用铁氧体材料制成，所以又称铁氧体磁环（简称磁环）。

电感线圈阻流作用：电感线圈中的自感电动势总是与线圈中的电流变化对抗。电感线圈对交流电流有阻碍作用，阻碍作用的大小称感抗 X_L，单位是 Ω。它与电感量 L 和交流电频率 f 的关系为 $X_L = 2\pi f L$，电感器可分为高频阻流线圈及低频阻流线圈。

调谐与选频作用：电感线圈与电容器并联可组成 LC 调谐电路。即电路的固有振荡频率 f_0 与非交流信号的频率 f 相等，则回路的感抗与容抗也相等，于是电磁能量就在电感、电容中来回振荡，这便是 LC 回路的谐振现象。谐振时电路的感抗与容抗等值又反向，回路总电流的感抗最小，电流量最大（指 $f = f_0$ 的交流信号），LC 谐振电路具有选择频率的作用，能将某一频率 f 的交流信号选择出来。

电感器还有筛选信号、过滤噪声、稳定电流及抑制电磁波干扰等作用。

在电子设备中，经常看到有的磁环与连接电缆构成一个电感器（电缆中的导线在磁环上绕几圈电感线圈），它是电子电路中常用的抗干扰元件，高频噪声有很好的屏蔽作用，故被称为吸收磁环，通常使用铁氧体材料制成，又称铁氧体磁环（简称磁环）。磁环在不同的频率下有不同的阻抗特性。在低频时阻抗很小，当信号频率升高后磁环的阻抗急剧变大。

根据物理学原理，信号频率越高，越容易辐射出去，而信号线都是没有屏蔽层的，这些信号线就成了很好的天线，接收周围环境中各种杂乱的高频信号，而这些信号叠加在传输的信号上，甚至会改变传输的有用信号，严重干扰电子设备的正常工作，降低电子设备的电磁干扰（EM）已经是不得不考虑的问题。在磁环作用下，既能使正常有用的信号顺利地通过，又能很好地抑制高频干扰信号，而且成本低廉。

1. 小型固定电感器

小型固定电感器通常是用漆包线在磁心上直接绕制而成，主要用在滤波、振荡、陷波、延迟等电路中，它有密封式和非密封式两种封装形式，两种形式又都有立式和卧式两种外形结构。

（1）立式密封固定电感器

立式密封固定电感器采用同向型引脚，国产有 LG 和 LG2 等系列电感器，其电感量范围为

0.1~2 200 μH（直标在外壳上），额定工作电流为 0.05~1.6 A，误差范围为 ±5%~ ±10%。进口有 TDK 系列色码电感器，其电感量用色点标在电感器表面。

（2）卧式密封固定电感器

卧式密封固定电感器采用轴向型引脚，国产有 LG1、LGA、LGX 等系列。LG1 系列电感器的电感量范围为 0.1~22 000 μH（直标在外壳上），额定工作电流为 0.05~1.6 A，误差范围为 ±5%~ ±10%。LGA 系列电感器采用超小型结构，外形与 1/2 W 色环电阻器相似，其电感量范围为 0.22~100 μH（用色环标在外壳上），额定电流为 0.09~0.4 A。LGX 系列色码电感器也为小型封装结构，其电感量范围为 0.1~10 000 μH，额定电流分为 50 mA、150 mA、300 mA 和 1.6 A 等 4 种规格。

2. 可调电感器

常用的可调电感器有半导体收音机用振荡线圈、电视机用行振荡线圈、行线性线圈、中频陷波线圈、音响用频率补偿线圈、阻波线圈等。

3. 电感的分类

1）按导磁体性质分类，可分为空心线圈、铁氧体线圈、铁芯线圈、铜芯线圈。

2）按工作性质分类，可分为天线线圈、振荡线圈、扼流线圈、陷波线圈、偏转线圈。

3）按绕线结构分类，可分为单层线圈、多层线圈、蜂房式线圈、高频贴片陶瓷电感。

4）按电感形式分类，可分为固定电感线圈、可变电感线圈。

另外，常常会根据工作频率和过电流大小，分为高频电感、功率电感等。

4. 电感线圈的主要特性参数

（1）标称电感量

标注的电感量的大小表示线圈本身固有特性，主要取决于线圈的圈数、结构及绕制方法等，与电流大小无关，反映电感线圈存储磁场能的能力，也反映电感器通过变化电流时产生感应电动势的能力，单位为 H。

（2）允许误差

电感的实际电感量相对于标称值的最大允许偏差范围，称为允许误差。

（3）感抗 X_L

电感线圈对交流电流阻碍作用的大小，称感抗 X_L，单位是 Ω。它与电感量 L 和交流电频率 f 的关系为 $X_L = 2\pi f L$。

（4）品质因数 Q

表示线圈质量的一个物理量，Q 为感抗 X_L 与其等效的电阻的比值，即 $Q = X_L/R$，线圈的 Q 值越高，回路的损耗越小。线圈的 Q 值与导线的直流电阻、骨架的介质损耗、屏蔽罩或铁芯引起的损耗、高频趋肤效应的影响等因素有关。线圈的 Q 值通常为几十到 100。$Q = \omega L / R$（ω 为工作角频率；L 为线圈电感量；R 为线圈电阻）。

（5）额定电流

额定电流是指能保证电路正常工作的工作电流。

（6）标称电压。

（7）分布电容。

5. 常见线圈

（1）单层线圈

单层线圈是用绝缘导线一圈挨一圈地绕在纸筒或胶木骨架上，如晶体管收音机中波天线线圈。

（2）蜂房式线圈

如果所绕制的线圈，其平面不与旋转面平行，而是相交成一定的角度，这种线圈称为蜂房式线圈。而其旋转一周导线来回弯折的次数，常称为折点数。蜂房式绕法的优点是体积小、分布电容小、电感量大。蜂房式线圈都是利用蜂房绕线机来绕制，折点越多，分布电容越小。

（3）铁氧体磁心线圈

线圈的电感量大小与有无磁心有关。在空心线圈中插入铁氧体磁心，可增加电感量和提高线圈的品质因数。

（4）铜芯线圈

铜芯线圈在超短波范围应用较多，利用旋动铜芯在线圈中的位置来改变电感量，这种调整比较方便、耐用。

（5）色码电感器

色码电感器是具有固定电感量的电感器，其电感量标志方法同电阻一样以色环来标记。

（6）阻流圈（扼流圈）

限制交流电通过的线圈，称阻流圈，分高频阻流圈和低频阻流圈。

（7）偏转线圈

偏转线圈是电视机扫描电路输出端的负载，偏转线圈要求偏转灵敏度高、磁场均匀、Q值高、体积小、价格低。

（8）贴片电感

贴片式电感器主要有 4 种类型，即绕线型、叠层型、编织型和薄膜片式电感器。常用的是绕线式和叠层式两种类型。前者是传统绕线电感器小型化的产物；后者则采用多层印刷技术和叠层生产工艺制作，体积比绕线型片式电感器还要小，是电感元件领域重点开发的产品。

6. 电感线圈感量和误差的标注方法

（1）直标法

在电感线圈的外壳上直接用数字和文字标出电感线圈的电感量，允许误差及最大工作电流等主要参数。

（2）色标法

同电阻标法，单位为 μH。

7. 电感器的检测

（1）电感测量

将万用表打到蜂鸣二极管挡，把表笔放在两引脚上，看万用表的读数。

（2）好坏判断

对于贴片电感此时的读数应为零，若万用表读数偏大或为无穷大则表示电感损坏。

对于电感线圈匝数较多，线径较细的线圈读数会达到几十到几百，通常情况下线圈的直流电阻只有几欧姆。损坏表现为发烫或电感磁环明显损坏，若电感线圈不是严重损坏，而又无法确定时，可用电感表测量其电感量或用替换法来判断。

4.6　电声器件

电声器件（Electroacoustic Device），指电和声相互转换的器件，它是利用电磁感应、静电感应或压电效应等来完成电声转换的，包括扬声器、耳机、传声器等。

4.6.1　扬声器

扬声器在音响设备中是一个最薄弱的器件，而对于音响效果而言，它又是一个最重要的部件。扬声器的种类繁多，而且价格相差很大。音频电能通过电磁、压电或静电效应，使其纸盆或膜片振动并与周围的空气产生共振（共鸣）而发出声音。按换能机理和结构可分为动圈式（电动式）、电容式（静电式）、压电式（晶体或陶瓷）、电磁式（压簧式）、电离子式和气动式扬声器等，电动式扬声器具有电声性能好、结构牢固、成本低等优点，应用广泛；按声辐射材料可分为纸盆式、号筒式、膜片式扬声器；按纸盆形状可分为圆形、椭圆形、双纸盆和橡皮折环；按工作频率可分为低音、中音、高音，有的还可分成录音机专用、电视机专用、普通和高保真扬声器等；按音圈阻抗可分为低阻抗和高阻抗；按效果分直辐和环境声等。

扬声器分为内置扬声器和外置扬声器，而外置扬声器即一般所指的音箱。内置扬声器是指 MP4 播放器具有内置的喇叭，这样用户不仅可以通过耳机插孔，还可以通过内置扬声器来收听 MP4 播放器发出的声音。具有内置扬声器的 MP4 播放器，可以不用外接音箱，也可以避免长时间配戴耳机所带来的不便。

扬声器是一种把电信号转变为声信号的换能器件，扬声器的性能优劣对音质的影响很大。

1. 扬声器的种类

扬声器的种类很多，按其换能原理可分为电动式（即动圈式）、静电式（即电容式）、电磁式（即舌簧式）、压电式（即晶体式）等几种，后两种多用于农村有线广播网中；按频率范围可分为低频扬声器、中频扬声器、高频扬声器，这些常在音箱中作为组合扬声器使用。

（1）低频扬声器

对于各种不同的音箱，对低频扬声器的品质因数——Q_0 值的要求是不同。对闭箱和倒相箱来说，Q_0 值一般在 $0.3 \sim 0.6$ 之间最好。一般来说，低频扬声器的口径、磁体和音圈直径越大，低频重放性能、瞬态特性就越好，灵敏度也就越高。低音单元的结构形式多为锥盆式，也有少量的扬声器为平板式。低音单元的振膜种类繁多，有铝合金振膜、铝镁合金振膜、陶瓷振膜、碳纤维振膜、防弹布振膜、玻璃纤维振膜、丙烯振膜、纸振膜等。采用铝合金振膜、玻璃纤维振膜的低音单元一般口径比较小、承受功率比较大，而采用强化纸盆、玻璃纤维振膜的低音单元重播音乐时的音色较准确、整体平衡度不错。

Q_0 是设计和制作音箱前必须了解的一个很重要的参数。在扬声器单元的阻抗特性曲线上，它表示阻抗曲线在谐振频率处阻抗峰的尖锐程度，它在一定的程度上反映了扬声器振动系统的阻尼状态，简称 Q_0 值，扬声器单元的品质因数越高，谐振频率就越难控制。扬声器的低频特性通常由扬声器单元的品质因数值和谐振频率决定，其中品质因数的大小与扬声器单元在谐振频率处输出的声压有关。Q_0 值过低时扬声器的输出声压还没有到 F_0 处时就迅速下降，扬声器处于过阻尼状态，造成低频衰减过大。Q_0 值过高时扬声器处于欠阻尼状态，低频得到过分的加强。Q_0 值越大峰值越陡。因此说扬声器的品质因数既不能过高也不能过低，通常取它的临界阻尼值 $Q_0 = 0.5 \sim 0.7$ 作为最佳的取值范围。

（2）中频扬声器

一般来说，中频扬声器只要频率响应曲线平坦，有效频响范围大于它在系统中担负的放声频带的宽度，阻抗与灵敏度和低频单元一致即可。有时中音的功率容量不够，也可选择灵敏度较高、阻抗高于低音单元的中音，从而减少中音单元的实际输入功率。中音单元一般有锥盆和球顶两种。只不过它的尺寸和承受功率都比高音单元大而适合于播放中音频而已。中音单元的振膜以纸盆和绢膜等软性物质为主，偶尔也有少量的合金球顶振膜。

（3）高频扬声器

高音单元顾名思义是为了回放高频声音的扬声器单元。其结构形式主要有号筒式、锥盆式、球顶式和铝带式等几大类。

2. 电动式扬声器的结构和工作原理

电动式扬声器应用最广泛，它又分为纸盆式、号筒式和球顶形 3 种。这里只介绍前两种。

（1）纸盆式扬声器

纸盆式扬声器又称为动圈式扬声器。它由 3 部分组成。

1）振动系统，包括锥形纸盆、音圈和定心支片等。

2）磁路系统，包括永久磁铁、导磁板和场心柱等。

3）辅助系统，包括盆架、接线板、压边和防尘盖等。当处于磁场中的音圈有音频电流通过时，就产生随音频电流变化的磁场，这一磁场和永久磁铁的磁场发生相互作用，使音圈沿着轴向振动。该扬声器结构简单、低音丰满、音质柔和、频带宽，但效率较低。

（2）号筒式扬声器

号筒式扬声器由振动系统（高音头）和号筒两部分构成。号筒式扬声器与纸盆扬声器相似，不同的是它的振膜不是纸盆，而是一球顶形膜片。振膜的振动通过号筒（经过两次反射）向空气中辐射声波。它的频率高、音量大，常用于室外及广场扩声。

3. 扬声器的主要性能指标

扬声器的主要性能指标有灵敏度、频率响应、额定功率、额定阻抗、指向性及失真度等参数。

（1）额定功率

扬声器的功率有标称功率和最大功率之分。标称功率称额定功率、不失真功率。它是指扬声器在额定不失真范围内容许的最大输入功率，在扬声器的商标、技术说明书上标注的功率即为该功率值。最大功率是指扬声器在某一瞬间所能承受的峰值功率。为保证扬声器工作的可靠性，要求扬声器的最大功率为标称功率的 2~3 倍。

（2）额定阻抗

扬声器的阻抗一般和频率有关。额定阻抗是指音频为 400 Hz 时，从扬声器输入端测得的阻抗。它一般是音圈直流电阻的 1.2~1.5 倍。一般动圈式扬声器常见的阻抗有 4 Ω、8 Ω、16 Ω、32 Ω 等。

（3）频率响应

给一只扬声器加上相同电压而不同频率的音频信号时，其产生的声压将会产生变化。一般中音频时产生的声压较大，而低音频和高音频时产生的声压较小。当声压下降为中音频的某一数值时的高、低音频率范围，称为该扬声器的频率响应特性。

理想的扬声器频率特性应为 20 ~ 20 kHz，这样就能把全部音频均匀地重放出来，然而现实中这一点扬声器是做不到的，每一只扬声器只能较好地重放音频的某一部分。

（4）失真

扬声器不能把原来的声音逼真地重放出来的现象，叫失真。失真有两种，即频率失真和非线性失真。频率失真是由于对某些频率的信号放音较强，而对另一些频率的信号放音较弱造成的，失真破坏了原来高低音响度的比例，改变了原声音色。而非线性失真是由于扬声器振动系统的振动和信号的波动不够完全一致造成的，在输出的声波中增加一新的频率成分。

（5）指向性

用来表征扬声器在空间各方向辐射的声压分布特性，频率越高指向性越狭窄，纸盆越大指向性越强。

4. 扬声器的使用

要根据使用的场合和对声音的要求，结合各种扬声器的特点来选择扬声器。例如，室外以语音为主的广播，可选用电动式号筒扬声器，如要求音质较高，则应选用电动式扬声器箱或音柱；室内一般广播，可选单只电动纸盆扬声器做成的小音箱；而以欣赏音乐为主或用于高质量的会场扩音，则应选用由高、低音扬声器组合的扬声器箱等。

5. 扬声器的极性

扬声器的引脚极性是相对的，只要在同一室中使用的各扬声器极性规定一致即可。多于一只扬声器运用时，出于这样的原因需要分清各扬声器引脚极性：两只扬声器不是同极性相串联或并联时，流过两只扬声器的电流方向不同，一只从音圈的头流入，另一只从音圈的尾流入，这样当一只扬声器的纸盆向前振动时，另一只扬声器的纸盆向后振动两只扬声器纸盆振动相位相反，有一部分空气振动的能量被抵消。所以要求多于一只扬声器在同一室内中运用时，同极性相串联或并联，以使各扬声器纸盆振动的方向一致。

一些扬声器背面的接线支架上已经用"＋"、"－"符号标出两根引线的正负极性，可以直接识别出来。

扬声器的引脚极性可以采用视听判别法，两只扬声器两根引脚任意并联起来，接在功率放大器输出端，给两只扬声器馈入电信号，两只扬声器同时发出声音。

将两只扬声器口对口接近，如果声音越来越小，说明两只扬声器反极性并联，即一只扬声器的正极与另一只扬声器的负极相并联。

上述识别方法的原理是：两只扬声器反极并联时，一只扬声器的纸盆向里运动，另一只扬声器的纸盆向外运动，这时两只扬声器口与口之间的声压减小，所以声音低。当两只扬声器相互接近后，两只扬声器口与口之间的声压更小，所以声音更小。

利用万用表的直流电流挡识别出扬声器引脚极性的办法是：万用表置于最小的直流电流挡（微安挡），两只表棒任意接扬声器的两根引脚，用手指轻而快速地将纸盆向里推动，此时表针有一个向左或向右的偏转。当表针向右偏转时（如果向左偏转，将红、黑表棒互相反接一次），红表棒所接的引脚为正极，黑表棒所接的引脚为负极。用同样的方法和极性规定，检测其他扬声器，这样各扬声器的引脚极性就一致了。

这一方法能够识别扬声器引脚极性的原理是：按下纸盆时，由于音圈有了移动，音圈切割永久磁铁产生的磁场，在音圈两端产生感生电动势，这一电动势虽然很小，但是万用表处于量程很小的电流挡，电动势产生的电流流过万用表，表针偏转。由于表针偏转方向与红、黑表棒接音圈的头还是尾有关，这样可以确定扬声器引脚的极性。

识别扬声器的引脚极性过程中要注意以下两点。

（1）直接观察扬声器背面引线架时，对于同一个厂家生产的扬声器，它的正、负引脚极性规定是一致的；对于不同厂家生产的扬声器，则不能保证一致，最好用其他方法加以识别。

（2）采用万用表识别高声扬声器的引脚极性过程中，由于高声扬声器的音圈匝数较少，表针偏转角度小，不容易看出来，此时可以快速按下纸盆，可使表针偏转角度大些。按下纸盆时要小心，切不可损坏纸盆。

6. 扬声器相位的判断方法

扬声器相位是指扬声器在串联、并联使用时的正极、负极的接法。当使用两只以上的扬声器时，要设法保证流过扬声器的音频电流方向的一致性，这样才能使扬声器的纸盆振动方向保持一致，不至于使空气振动的能量被抵消而降低放音效果。为能做到这一要求就要求串联使用时一只扬声器的正极与另一只扬声器的负极依次地连接起来；并联使用时，各只扬声器的正极与正极相连，负极与负极相连，这就是说达到了同相位的要求。

但是有的扬声器在其引脚上没有标出正极、负极的字样，这样就影响了串联、并联的使用，为此要确定扬声器的正、负极性。其方法如下：

1）将万用表置于直流电流挡的最低挡，将两只表笔分别接扬声器的两引脚，然后用手指轻而迅速地按一下扬声器的纸盆，并及时地观看万用表的指针摆动方向，如指针向右摆时，规定红表笔所接为正极，黑表笔所接为负极；如指针向左摆时，规定红表笔所接为负极，黑表笔所接为正极。用同样的方法和极性规定去检测其他扬声器并做好标注，这样按正极、负极串、并联使用后就可达到同相位了。

2）用一节或两节电池（串联），将电池的正、负极分别接扬声器的两引脚，在电源接通的瞬间注意及时观察扬声器的纸盆振动方向，若纸盆向靠近磁铁的方向运动，此时电池的负极接的是扬声器的正极引脚。交替电池接通扬声器的两引脚，纸盆向外运动，则说明电池的正极接触的就是扬声器的正极。

7. 扬声器的构造

最常见的是电动式锥形纸盆扬声器。电动式锥形扬声器过去常说成纸盆扬声器，尽管现在振膜仍以纸盆为主，但同时出现了许多高分子材料振膜、金属振膜，用锥形扬声器称呼就名副其实了。锥形纸盆扬声器大体由磁回路系统（永磁体、心柱、导磁板）、振动系统（纸盆、音圈）和支承辅助系统（定心支片、盆架、垫边）等3大部分构成。

（1）音圈

音圈是锥形纸盆扬声器的驱动单元，它是用很细的铜导线分两层绕在纸管上，一般绕有几十圈，放置于导磁心柱与导磁板构成的磁隙中。音圈与纸盆固定在一起，当声音电流信号通入音圈后，音圈振动带动着纸盆振动。

（2）纸盆

锥形纸盆扬声器的锥形振膜所用的材料有很多种，一般有天然纤维和人造纤维两大类。天然纤维常采用棉、木材、羊毛、绢丝等，人造纤维则采用人造丝、尼龙、玻璃纤维等。由于纸盆是扬声器的声音辐射器件，在相当大的程度上决定着扬声器的放声性能，所以无论哪一种纸盆，既要质轻又要刚性良好，不能因环境温度、湿度变化而变形。

（3）折环

折环是为保证纸盆沿扬声器的轴向运动、限制横向运动而设置的，同时起到阻挡纸盆前后空气流通的作用。折环的材料除常用纸盆的材料外，还利用塑料、天然橡胶等，经过热压粘接在纸盆上。

（4）定心支片

定心支片用于支持音圈和纸盆的结合部位，保证其垂直而不歪斜。定心支片上有许多同心圆环，使音圈在磁隙中自由地上下移动而不做横向移动，保证音圈不与导磁板相碰。定心支片上的防尘罩是为了防止外部灰尘等落入磁隙，避免造成灰尘与音圈摩擦，而使扬声器产生异常声音。

4.6.2　传声器

传声器是将声音信号转换为电信号的能量转换器件，最早称为麦克风（由 Microphone 翻译而来），也称话筒、微音器。20 世纪，传声器由最初通过电阻转换声电发展为电感、电容式转换，大量新的传声器技术逐渐发展起来，这其中包括铝带、动圈等麦克风，以及当前广泛使用的电容传声器和驻极体传声器。

传声器的分类，按换能原理可为电动式（动圈式、铝带式）、电容器麦克风式（直流极化式）、压电式（晶体式、陶瓷式）及电磁式、炭粒式、半导体式等。

按声场作用力可分为压强式、压差式、组合式、线列式等。

按电信号的传输方式可分为有线、无线。

按用途可分为测量话筒、人声话筒、乐器话筒、录音话筒等。

按指向性可分为心型、锐心型、超心型、双向（8 字型）、无指向（全向型）。

此外，还有驻极体和最近新兴的硅微传声器、液体传声器和激光传声器。

动圈传声器音质较好，但体积庞大。

驻极体传声器体积小巧，成本低廉，在电话、手机等设备中广泛使用。

硅微麦克风基于 CMOS MEMS 技术，体积更小。其一致性比驻极体电容器麦克风的一致性好 4 倍以上，所以 MEMS 麦克风特别适合高性价比的麦克风阵列应用，其中，匹配得更好的麦克风将改进声波形成并降低噪声。

4.7　集成电路

集成电路（Integrated Circuit）是一种微型电子器件或部件。采用一定的工艺，把一个电路中所需的晶体管、二极管、电阻、电容和电感等元件及布线互连一起，制作在一小块或几小块半导体晶片或介质基片上，然后封装在一个管壳内，成为具有所需电路功能的微型结构；其中所有元件在结构上已组成一个整体，使电子元件向着微小型化、低功耗和高可靠性方面迈进了一大步。它在电路中用字母"IC"表示。集成电路发明者为杰克·基尔比（基于硅的集成电路）和罗伯特·诺伊思（基于锗的集成电路）。当今半导体工业大多数应用的是基于硅的集成电路。

集成电路具有体积小、重量轻、引出线和焊接点少、寿命长、可靠性高、性能好等优点，同时成本低，便于大规模生产。它不仅在工、民用电子设备如收录机、电视机、计算机等方面得到广泛的应用，同时在军事、通信、遥控等方面也得到广泛的应用。用集成电路来装配电子设备，其装配密度比晶体管可提高几十倍至几千倍，设备的稳定工作时间也可大大提高。

4.7.1　集成电路的分类

1. 按功能结构分类

集成电路（IC）按其功能、结构的不同，可以分为模拟集成电路、数字集成电路和数/模混合集成电路3大类集成电路。

模拟集成电路又称线性电路，用来产生、放大和处理各种模拟信号（指幅度随时间变化的信号，如半导体收音机的音频信号、录放机的磁带信号等），其输入信号和输出信号成比例关系。而数字集成电路用来产生、放大和处理各种数字信号（指在时间上和幅度上离散取值的信号，如3G手机、数码相机、计算机CPU、数字电视的逻辑控制和重放的音频信号和视频信号）。

2. 按制作工艺分类

集成电路按制作工艺可分为半导体集成电路和膜集成电路。膜集成电路又分厚膜集成电路和薄膜集成电路。

3. 按集成度高低分类

集成电路按集成度高低的不同可分为：小规模集成电路（Small Scale Integrated circuits，SSI）；中规模集成电路（Medium Scale Integrated circuits，MSI）；大规模集成电路（Large Scale Integrated circuits，LSI）；超大规模集成电路（Very Large Scale Integrated circuits，VLSI）；特大规模集成电路（Ultra Large Scale Integrated circuits，ULSI）；巨大规模集成电路也被称为极大规模集成电路或超特大规模集成电路（Giga Scale Integration Circuits，GSIC）。

4. 按导电类型不同分类

集成电路按导电类型可分为双极型集成电路和单极型集成电路，它们都是数字集成电路。双极型集成电路的制作工艺复杂、功耗较大，代表集成电路有TTL、ECL、HTL、LST－TL、STTL等类型。单极型集成电路的制作工艺简单、功耗也较低、易于制成大规模集成电路，代表集成电路有CMOS、NMOS、PMOS等类型。

5. 按用途分类

集成电路按用途可分为电视机用集成电路、音响用集成电路、影碟机用集成电路、录像机用集成电路、微机用集成电路、电子琴用集成电路、通信用集成电路、照相机用集成电路、遥控集成电路、语言集成电路、报警器用集成电路及各种专用集成电路。

1）电视机用集成电路包括行、场扫描集成电路、中放集成电路、伴音集成电路、彩色解码集成电路、AV/TV转换集成电路、开关电源集成电路、遥控集成电路、丽音解码集成电路、画中画处理集成电路、微处理器（CPU）集成电路和存储器集成电路等。

2）音响用集成电路包括AM/FM高中频电路、立体声解码电路、音频前置放大电路、音频运算放大集成电路、音频功率放大集成电路、环绕声处理集成电路、电平驱动集成电路、电子音量控制集成电路、延时混响集成电路和电子开关集成电路等。

3）影碟机用集成电路有系统控制集成电路、视频编码集成电路、MPEG 解码集成电路、音频信号处理集成电路、音响效果集成电路、RF 信号处理集成电路、数字信号处理集成电路、伺服集成电路和电动机驱动集成电路等。

4）录像机用集成电路有系统控制集成电路、伺服集成电路、驱动集成电路、音频处理集成电路和视频处理集成电路。

6. 按应用领域分类

集成电路按应用领域可分为标准通用集成电路和专用集成电路。

7. 按外形分类

集成电路按外形可分为圆形（金属外壳晶体管封装型，一般适合用于大功率）、扁平型（稳定性好、体积小）和双列直插型。

4.7.2 集成电路的检测

检测前要了解集成电路及其相关电路的工作原理。

1）检查和修理集成电路前首先要熟悉所用集成电路的功能、内部电路、主要电气参数、各引脚的作用以及引脚的正常电压、波形与外围元件组成电路的工作原理。如果具备以上条件，那么分析和检查会容易许多。

2）测试不要造成引脚间短路。电压测量或用示波器探头测试波形时，表笔或探头不要由于滑动而造成集成电路引脚间短路，最好在与引脚直接连通的外围印制电路上进行测量。任何瞬间的短路都容易损坏集成电路，在测试扁平型封装的 CMOS 集成电路时更要加倍小心。

3）严禁在无隔离变压器的情况下，用已接地的测试设备去接触底板带电的电视、音响、录像等设备。严禁用外壳已接地的仪器设备直接测试无电源隔离变压器的电视、音响、录像等设备。虽然一般的收录机都具有电源变压器，当接触到较特殊的尤其是输出功率较大或对采用的电源性质不太了解的电视或音响设备时，首先要弄清该机底盘是否带电，否则极易与底板带电的电视、音响等设备造成电源短路，波及集成电路，造成故障的进一步扩大。

4）要注意电烙铁的绝缘性能。不允许带电使用烙铁焊接，要确认烙铁不带电，最好把烙铁的外壳接地，对 MOS 电路更应小心，能采用 6~8 V 的低压电烙铁就更安全。

5）要保证焊接质量。焊接时要保证焊牢，焊锡的堆积、气孔容易造成虚焊。焊接时间一般不超过 3 s，电烙铁的功率应用内热式 25 W 左右。对已焊接好的集成电路要仔细查看，最好用欧姆表测量各引脚间有无短路，确认无焊锡粘连现象再接通电源。

6）不要轻易断定集成电路的损坏。不要轻易地判断集成电路已损坏。因为集成电路绝大多数为直接耦合，一旦某一电路不正常，可能会导致多处电压变化，而这些变化不一定是集成电路损坏引起的，另外在有些情况下测得各引脚电压与正常值相符或接近时，也不一定都能说明集成电路就是好的。因为有些软故障不会引起直流电压的变化。

7）测试仪表内阻要大。测量集成电路引脚直流电压时，应选用表头内阻大于 20 kΩ/V 的万用表；否则对某些引脚电压会有较大的测量误差。

8）要注意功率集成电路的散热。功率集成电路应散热良好，不允许不带散热器而处于大功率的状态下工作。

9) 引线要合理。如需要加接外围元件代替集成电路内部已损坏部分，应选用小型元器件，且接线要合理，以免造成不必要的寄生耦合，尤其是要处理好音频功放集成电路和前置放大电路之间的接地端。

4.8 显示器件

显示器是电子计算机最重要的终端输出设备，是人机对话的窗口。显示器由电路部分和显示器件组成，采用何种显示器件，决定了显示器的电路结构，也决定了显示器的性能指标。指示或显示器件主要分为机械式指示装置和电子显示器件。传统的电压或电流表头就是一个典型的指示器件，它广泛用于稳压电源、三用表等仪器上。随着电子仪器的自动化水平的提高，电子显示器件的使用日益广泛，主要有发光二极管、数码管、液晶显示器和荧光屏等。

4.8.1 显示器的主要种类

1. 光二极管

光二极管（LED）是一种将电能转化为光能的半导体器件，由一个 PN 结构成，利用PN 结正向偏置下，注入 N 区和 P 区的载流子被复合时会发出可见光和不可见光的原理制成。根据使用材料不同，可发出红、黄、绿、蓝、紫等颜色的可见光。有的发光二极管还能根据所加电压高低发出不同颜色的光，如变色发光二极管。而发光的亮度和正向工作电流成正比。发光二极管在电子电路中常用作显示装置，有单支和组合的，也有用发光管组成数字或符号的 LED 数码管。当正向电压为 1.5~3 V 时，有正向电流通过，发光二极管就会发光。

通过发光二极管芯片的适当连接（包括串联和并联）和适当的光学结构，可构成发光显示器的发光段或发光点。由这些发光段或发光点可以组成数码管、符号管、米字管、矩阵管、电平显示器管等。通常把数码管、符号管、米字管共称笔画显示器，而把笔画显示器和矩阵管统称为字符显示器。

（1）LED 显示器的结构

基本的半导体数码管是由 7 个条状发光二极管芯片排列而成的。可实现 0~9 的显示。其具体结构有反射罩式、条形 7 段式及单片集成式多位数字式等 LED 显示器结构。

1) 反射罩式数码管一般用白色塑料做成带反射腔的 7 段式外壳，将单个 LED 贴在与反射罩的 7 个反射腔互相对位的印制电路板上，每个反射腔底部的中心位置就是 LED 芯片。在装反射罩前，用压焊方法在芯片和印制电路板上相应金属条之间连好 $\phi30~\mu m$ 的硅铝丝或金属引线，在反射罩内滴入环氧树脂，再把带有芯片的印制电路板与反射罩对位黏合，然后固化。

反射罩式数码管的封装方式有空封和实封两种。实封方式采用散射剂和染料的环氧树脂，较多地用于一位或双位器件。空封方式是在上方盖上滤波片和匀光膜，为提高器件的可靠性，必须在芯片和底板上涂以透明绝缘胶，这可以提高光效率。这种方式一般用于 4 位以上的数字显示（或符号显示）。

2）条形 7 段式数码管属于混合封装形式。它是把做好管芯的磷化镓或磷化镓圆片，划成内含一只或数只 LED 发光条，然后把同样的 7 条粘在"日"字形"可伐"框上，用压焊工艺连好内引线，再用环氧树脂包封起来。

3）单片集成式多位数字显示器是在发光材料基片上（大圆片），利用集成电路工艺制作出大量 7 段数字显示图形，通过划片把合格芯片选出，对位贴在印制电路板上，用压焊工艺引出引线，再在上面盖上"鱼眼透镜"外壳。它们适用于小型数字仪表中。

4）符号管、米字管的制作方式与数码管类似。

5）矩阵管（发光二极管点阵）也可采用类似于单片集成式多位数字显示器工艺方法制作。

（2）LED 显示器的分类

1）按字高分，笔画显示器字高最小有 1 mm（单片集成式多位数码管字高一般为 2 ~ 3 mm）。其他类型笔画显示器最高可达 12.7 mm（0.5 英寸）甚至达数百 mm。

2）按颜色分，有红、橙、黄、绿等数种。

3）按结构分，有反射罩式、单条 7 段式及单片集成式。

4）从各发光段电极连接方式分有共阳极和共阴极两种。

（3）LED 显示器的参数

由于 LED 显示器是以 LED 为基础的，所以它的光、电特性及极限参数意义大部分与发光二极管的相同。但由于 LED 显示器内含多个发光二极管，所以需有以下特殊参数。

1）发光强度比。由于数码管各段在同样的驱动电压时，各段正向电流不相同，所以各段发光强度不同。所有段的发光强度值中最大值与最小值之比为发光强度比。比值可以在 1.5 ~ 2.3，最大不能超过 2.5。

2）脉冲正向电流。若笔画显示器每段典型正向直流工作电流为 I_F，则在脉冲下，正向电流可以远大于 I_F。脉冲占空比越小，脉冲正向电流越大。

2. 数码管

数码显示器件按显示方法不同可分为字形重叠式显示器、分段式显示器、点阵式显示器。分段式显示器有 7 段和 8 段显示之分。

3. 液晶显示器 LCD

液晶显示器（Liquid Crystal Display，LCD）为平面超薄的显示设备，它由一定数量的彩色或黑白像素组成，放置于光源或者反射面前方。液晶显示器功耗很低，因此备受工程师青睐，适用于使用电池的电子设备。它的主要原理是以电流刺激液晶分子产生点、线、面配合背部灯管构成画面。

4.8.2　显示器电路

显示器主要由以下电路组成。

1. 视频放大电路

视频放大电路可以分为预视放和视放输出两部分。预视放从信号接口中接收显示卡送来的 R、G、B 三基色视频信号，对之进行放大，以便驱动视放输出级。视放输出级是功率放大级把预视放级送来的视频信号放大到足够的功率，驱动显像管阴极，调制阴极发射电子束的强弱，电子束轰击荧光屏后，就完成了电 – 光转换的功能，配合扫描就可显示图像。

通常这部分电路还具备对比度控制、行场消隐、白平衡调节等功能。

2. 场扫描电路

其包括场振荡和场输出两部分。场振荡电路在同步信号的同步下，形成场频锯齿波，锯齿波再由场输出电路功率放大后加至场偏转线圈，形成扫描电流。

场幅和场中心调节的功能也是在场扫描电路中实现的，此外还输出场频锯齿波到枕形校正电路，以校正水平枕形失真。

3. 行扫描电路

其包括行振荡、行输出、高压电路、枕校电路等几部分。行振荡电路在行同步信号的作用下，输出周期矩形脉冲，该矩形脉冲驱动行输出电路，使之在行偏转线圈中产生扫描电流。

高压电路对行扫描逆程期间产生的幅值很高的回扫脉冲进行变压，然后整流滤波得到多路电压输出，其中 GI 为显像管栅极电压，SCREEN 为加速级电压，FOCUS 为聚焦极电压。H. V 为阳极高压。

行中心、行幅调整功能的实现也包括在行扫描电路中。

4. 开关电源

一般都为变压器耦合式，有多路电压输出。

5. 模式识别与控制电路

该电路的作用是根据显示卡送来的行、场同步信号的特征判别当前是哪一种显示模式，并依此对行扫描和场扫描电路进行控制，以消除模式转换对电路工作状态造成的影响，如改变行振荡、场振荡电路的自由振荡频率，调整行幅、场幅，改变行输出级的工作电压等。

4.8.3 显示器参数

以液晶显示器的技术参数为例加以介绍。

1. 可视面积

液晶显示器所标示的尺寸就是实际可以使用的屏幕范围。例如，一个 15.1 英寸的液晶显示器约等于 17 英寸 CRT 屏幕的可视范围。

2. 可视角度

液晶显示器的可视角度左、右对称，而上、下则不一定对称。举个例子，当背光源的入射光通过偏光板、液晶及取向膜后，输出光便具备了特定的方向特性，也就是说，大多数从屏幕射出的光具备了垂直方向。假如从一个非常斜的角度观看一个全白的画面，可能会看到黑色或是色彩失真。一般来说，上、下角度要不大于左、右角度。如果可视角度为左右80°，表示在始于屏幕法线 80°的位置时可以清晰地看见屏幕图像。但是，由于人的视力范围不同，如果没有站在最佳的可视角度内，所看到的颜色和亮度将会有误差。市场上，大部分液晶显示器的可视角度都在 160°左右。部分一线品牌，如华硕、三星、LG、AOC 等水平可视角度能够达到170°。而随着科技的发展，有些厂商也开发出各种广视角技术，试图改善液晶显示器的视角特性，如 IPS（In Plane Switching）、MVA（Multidomain Vertical Alignment）、TN + FILM。这些技术都能把液晶显示器的可视角度最多增加到 178°，已经非常接近传统的 CRT 显示器。

3. 点距

人们常问液晶显示器的点距是多大，但是多数人并不知道这个数值是如何得到的，现在来了解一下它究竟是如何得到的。举例来说，一般 14 英寸 LCD 的可视面积为 285.7 mm × 214.3 mm，它的最大分辨率为 1 024 × 768，那么点距就等于：可视宽度/水平像素（或者可视高度/垂直像素），即 285.7 mm/1 024 = 0.279 mm（或者是 214.3 mm/768 = 0.279 mm）。

4. 色彩度

LCD 最重要的当然是色彩的表现度。众所周知，自然界中的任何一种色彩都是由红、绿、蓝 3 种基本色组成的。LCD 面板上是由 1 024 × 768 个像素点组成显像的，每个独立的像素色彩是由红、绿、蓝（R、G、B）3 种基本色来控制的。大部分厂商生产出来的液晶显示器，每个基本色（R、G、B）达到 6 位，即 $2^6 = 64$ 种表现度，那么每个独立的像素就有 $64 × 64 × 64 = 262\ 144$ 种色彩。也有不少厂商使用了 FRC（Frame Rate Control）技术以仿真的方式来表现出全彩的画面，也就是每个基本色（R、G、B）能达到 8 位，即 256 种表现度，那么每个独立的像素就有高达 $256 × 256 × 256 = 16\ 777\ 216$ 种色彩。

5. 对比值

对比值是定义最大亮度值（全白）除以最小亮度值（全黑）的比值。CRT 显示器的对比值通常高达 500:1，以致在 CRT 显示器上呈现真正全黑的画面是很容易的。但对 LCD 来说就不容易了，由冷阴极射线管所构成的背光源是很难去做快速开关动作的，因此背光源始终处于点亮的状态。为了要得到全黑画面，液晶模块必须完全把由背光源而来的光完全阻挡，但在物理特性上，这些组件无法完全达到这样的要求，总是会有一些漏光发生。一般来说，人眼可以接受的对比值约为 250:1。

6. 亮度值

液晶显示器的最大亮度，通常由冷阴极射线管（背光源）来决定，亮度值一般都在 200 ~ 250 cd/m^2。液晶显示器的亮度略低，会觉得屏幕发暗。通过多年的经验积累，如今市场上液晶显示器的亮度普遍都为 250 cd/m^2，超过 24 英寸的显示器则要稍高，但也基本维持在 300 ~ 400 cd/m^2，虽然技术上可以达到更高亮度，但是这并不代表亮度值越高越好，因为太高亮度的显示器有可能使观看者眼睛受伤。

7. 响应时间

响应时间是指液晶显示器各像素点对输入信号反应的速度，此值当然是越小越好。如果响应时间太长了，就有可能使液晶显示器在显示动态图像时，有尾影拖拽的感觉。一般的液晶显示器的响应时间在 5 ~ 10 ms，而如华硕、三星、LG 等一线品牌的产品中，普遍达到了 5 ms 以下的响应时间，基本避免了尾影拖拽问题产生。

4.8.4 显示器的故障检测

计算机的显示器的故障分为软故障和硬故障，当显示器不能正常显示时，计算机应该先简单地分析一下故障出在哪里，是软件设置问题还是显示器的内部电路损坏，然后再确定是否需要送修，这样可以少跑一些冤枉路。按显示器的故障分类，有以下故障现象。

1. 黑屏

当打开计算机后，过了几分钟后还没有图像出现。这时应该首先看看显示器面板上的电源指示灯是否亮。如果不亮再检查显示器的电源插头是否接好。如果电源线插接良好（要保证电源插座有电,可以换一个插孔试一下),并且电源开关是开着的,但显示器指示灯不亮,这说明显示器内部电路有故障,这时应该送专门的维修部门修理。

如果显示器的电源指示灯亮,这时应该重新启动计算机,并注意主机的指示灯是否闪亮,主机里是否有"嘀"的一声。如果有,说明计算机已经正常启动。这时应检查显示器与主机的信号线连接是否正常,和主机相连的 15 针 D 型插头是否松动,插头内的针是否有断、歪、短等情况。如果连接正常(有条件的话换一台显示器试一下,或换一台主机试一下,是哪里的故障马上就可以看出来了,因为其中还有显示卡的故障),说明显示器内部有故障,应送修。

目前显示器都是节能型的,会根据主机送来的行、场同步信号自动工作在相应的状态和模式,面板上的指示灯同时指示出相应的状态。通常为橙色闪烁——关机或睡眠、橙色——挂起、黄色——等待、绿色——正常显示。

当显示器黑屏时,经过细心检查不是主机的毛病时,这时最好不要连续或长时间地给显示器加电,以免故障扩大。

2. 花屏

通常是由于显示器不支持主机送来的显示模式,往往是高于显示器的显示模式,引起屏幕的图像混乱,无法看清楚屏幕上的图像和文字。如果是具有模式自动识别的显示器,有可能是黑屏状态,但这时面板下方指示灯为绿色。这时可以重新启动计算机进入安全模式,把显示模式改为 640×480 后,再次启动计算机即可恢复。如果这种方法不行,可以在安全模式下把显示卡驱动程序删除,然后在正常模式下重新安装显示卡驱动即可。还有在显示卡的显存发生故障时会出现屏幕上固定位置显示混乱,而其他地方却显示正常。也有个别的显示卡损坏造成花屏的,但这种情况概率很小。

3. 缺色

比较明显的是缺红色或黄色或蓝色,也有可能是颜色混乱,但图像细节清晰。这时显示器看得时间稍微长一点,眼睛就很不舒服,有刺痛感。这时可以在关机后检查一下显示器和主机的连接插头,看里面的针是否有断的(并不是全缺,而是有,但只露出了一半)、松的、歪的(偏折在一边或与其他针连在一起)(请注意显示器和主机通常使用的是 15 针 D 型插头,一般只用 11 根,而会空着 9、5 和 11 号针,不必感到奇怪,不要人为地用大头针把缺针给补齐)。再检查显示卡是否松动。如果这些没有问题,显示器便可以送修了。当屏幕整个出现红色(R)、绿色(G)、蓝色(B)时,这时一定是显示器内部电路坏了。

4. 白屏

出现白屏现象表示背光板能正常工作,首先判断主板能否正常工作,可按电源开关查看指示灯有无反应,如果指示灯可以变换颜色,表明主板工作正常。

1)检查主板信号输出到屏的连接线是否接触不良(可以替换连接线或屏)。

2)检查主板各个工作点的电压是否正常,特别是屏的供电电压。

3)用示波器检查行、场信号和时钟信号(由输入到输出)。

4)换上已写程序的通用板试机,如指示灯无反应或不亮,表明主板工作不正常;应做以下工作。

①检查主板各工作点的电压,要注意 EPROM 的电压(4.8 V 左右)、复位电压(高电平或低电平,根据机型不同)、CPU 电压。如出现电源短路,要细心查找短路位置,会有

PCB 板铜箔出现短路的可能。

②查找 CPU 各脚与主板的接触是否良好。

③检查主板芯片和 CPU 是否工作，可用示波器测量晶振是否起振，必要时替换 CPU 或对 CPU 进行重新烧录。

5. 色块

如果显示器屏上有不规则的色块，这时应该检查显示器周围是否有磁性物体，如收音机、手机、CD 机、磁性旋具等。还要注意显示器与空调、冰箱、洗衣机、电视机等家用电器不要靠得太近。如果音箱不防磁，就会引起显示器磁化。如果是上述原因引起的，可以使用显示器的手动消磁功能（Degauss）便可解决上述问题。如果显示器没有手动消磁，可以把显示器关机 30 min 或更长时间，再开机后一般即可解决。重复上述过程 2 ~ 3 次即可。

4.9　压电器件

压电效应，指某些电介质在沿一定方向上受到外力的作用而变形时，其内部会产生极化现象，同时在它的两个相对表面上出现正、负相反的电荷。当外力去掉后，它又会恢复到不带电的状态，这种现象称为正压电效应。当作用力的方向改变时，电荷的极性也随之改变；相反，当在电介质的极化方向上施加电场，这些电介质也会发生变形，电场去掉后，电介质的变形随之消失，这种现象称为逆压电效应，或称为电致伸缩现象。依据电介质压电效应研制的一类传感器，称为压电传感器。

压电效应可分为正压电效应和逆压电效应。

正压电效应，是指当晶体受到某固定方向外力的作用时，内部就产生电极化现象，同时在某两个表面上产生符号相反的电荷，当外力撤去后，晶体又恢复到不带电的状态；当外力作用方向改变时，电荷的极性也随之改变，晶体受力所产生的电荷量与外力的大小成正比。压电式传感器大多是利用正压电效应制成的。

逆压电效应，是指对晶体施加交变电场引起晶体机械变形的现象。用逆压电效应制造的变送器可用于电声和超声工程。压电敏感元件的受力变形有厚度变形型、长度变形型、体积变形型、厚度切变型、平面切变型 5 种基本形式。压电晶体是各向异性的，并非所有晶体都能在这 5 种状态下产生压电效应。例如，石英晶体就没有体积变形压电效应，但具有良好的厚度变形和长度变形压电效应。

依据电介质压电效应研制的一类传感器称为压电传感器。这里再介绍一下电致伸缩效应。电致伸缩效应，即电介质在电场的作用下，由于感应极化作用而产生应变，应变大小与电场平方成正比，与电场方向无关。压电效应仅存在于无对称中心的晶体中。而电致伸缩效应对所有的电介质均存在，不论是非晶体物质，还是晶体物质，不论是中心对称性的晶体，还是极性晶体。

利用材料的压电效应（见石英晶体）制成的器件，大多数压电器件的结构由电极、压电片、支架和外壳组成。其中压电片可以是圆片、长条片、棒、圆柱等形状。压电器件的应用范围很广。当电信号频率接近压电片的固有频率时，压电器件靠逆压电效应产生机械谐振，谐振频率主要取决于压电片的尺寸和形状。

利用材料的压电效应（见石英晶体）制成的器件，如果频率温度特性也满足压电器件要求，即可用来进行稳频、选频和计时。利用这种谐振来产生声波，就构成超声换能器。利用谐振频率随温度或压力而变化的特点，还可制成精度很高的测温计和测力计。在非谐振状态下，利用它的逆压电效应可制成微位移器，利用它的正压电效应又可制成压电引燃和引爆器件。

压电效应的原理是，如果对压电材料施加压力，它便会产生电位差（称为正压电效应），反之施加电压，则产生机械应力（称为逆压电效应）。如果压力是一种高频振动，则产生的就是高频电流。而高频电信号加在压电陶瓷上时，则产生高频声信号（机械振动），这就是平常所说的超声波信号。也就是说，压电陶瓷具有机械能与电能之间的转换和逆转换的功能，这种相互对应的关系确实非常有意思。

压电材料可以因机械变形产生电场，也可以因电场作用产生机械变形，这种固有的机-电耦合效应使得压电材料在工程中得到了广泛的应用。例如，压电材料已被用来制作智能结构，此类结构除具有自承载能力外，还具有自诊断性、自适应性和自修复性等功能，在未来的飞行器设计中会占有重要的地位。

压电材料的应用领域可以粗略分为两大类，即振动能和超声振动能-电能换能器应用，包括电声换能器、水声换能器和超声换能器等及其他传感器和驱动器应用。

1. 换能器

换能器是将机械振动转变为电信号或在电场驱动下产生机械振动的器件。

压电聚合物电声器件利用了聚合物的横向压电效应，而换能器设计则利用了聚合物压电双晶片或压电单晶片在外电场驱动下的弯曲振动，利用上述原理可生产电声器件，如麦克风、立体声耳机和高频扬声器。目前对压电聚合物电声器件的研究主要集中在利用压电聚合物的特点，研制运用其他现行技术难以实现的且具有特殊电声功能的器件，如抗噪声电话、宽带超声信号发射系统等。

压电聚合物水声换能器研究初期均瞄准军事应用，如用于水下探测的大面积传感器阵列和监视系统等，随后应用领域逐渐拓展到地球物理探测、声波测试设备等方面。为满足特定要求而开发的各种原型水声器件，采用了不同类型和形状的压电聚合物材料，如薄片、薄板、叠片、圆筒和同轴线等，以充分发挥压电聚合物高弹性、低密度、易于制备为大小不同截面的元件，而且声阻抗与水数量级相同等特点，最后一个特点使得由压电聚合物制备的水听器可以放置在被测声场中，感知声场内的声压，且不致由于其自身存在使被测声场受到扰动。而聚合物的高弹性则可减小水听器件内的瞬态振荡，从而进一步增强压电聚合物水听器的性能。

压电聚合物换能器在生物医学传感器领域，尤其是超声成像中，获得了最为成功的应用，PVDF薄膜优异的柔韧性和成型性，使其易于应用到许多传感器产品中。

2. 压电驱动器

压电驱动器利用逆压电效应，将电能转变为机械能或机械运动，聚合物驱动器主要以聚合物双晶片作为基础，包括利用横向效应和纵向效应两种方式，基于聚合物双晶片开展的驱动器应用研究包括显示器件控制、微位移产生系统等。要使这些创造性设想获得实际应用，还需要进行大量研究。电子束辐照P（VDF-TrFE）共聚合物使该材料具备了产生大伸缩应变的能力，从而为研制新型聚合物驱动器创造了有利条件。在潜在国防应用前景的推动下，利用辐照改性共聚物制备全高分子材料水声发射装置的研究，在美国军方的大力支持下正在系统地进行中。此外，利用辐照改性共聚物的优异特性，研究开发其在医学超声、减振降噪等领域的应用，还需要进行大量的探索。

3. 传感器上的应用

(1) 压电式压力传感器

压电式压力传感器是利用压电材料所具有的压电效应制成的。由于压电材料的电荷量是一定的，所以在连接时要特别注意避免漏电。

压电式压力传感器的优点是具有自生信号、输出信号大、较高的频率响应、体积小、结构坚固。其缺点是只能用于动能测量。需要特殊电缆，在受到突然振动或过大压力时，自我恢复较慢。

(2) 压电式加速度传感器

压电元件一般由两块压电晶片组成。在压电晶片的两个表面上镀有电极，并引出引线。在压电晶片上放置一个质量块，质量块一般采用比较大的金属钨或相对高密度的合金制成。然后用一硬弹簧或螺栓、螺帽对质量块预加载荷，整个组件装在一个圆基座的金属壳体中。为了隔离试件的任何应变传送到压电元件上去，避免产生假信号输出，所以一般要加厚基座或选用由刚度较大的材料来制造，壳体和基座的重量差不多占传感器重量的一半。

测量时，将传感器基座与试件刚性地固定在一起。当传感器受振动力作用时，由于基座和质量块的刚度相当大，而质量块的质量相对较小，可以认为质量块的惯性很小。因此质量块经受到与基座相同的运动，并受到与加速度方向相反的惯性力的作用。这样，质量块就有一正比于加速度的应变力作用在压电晶片上。由于压电晶片具有压电效应，因此在它的两个表面上就产生交变电荷（电压），当加速度频率远低于传感器的固有频率时，传感器的输出电压与作用力成正比，亦即与试件的加速度成正比，输出电量由传感器输出端引出，输入到前置放大器后就可以用普通的测量仪器测试出试件的加速度；如果在放大器中加进适当的积分电路，就可以测试试件的振动速度或位移。

4. 在机器人接近觉中的应用（超声波传感器）

机器人安装接近觉传感器主要目的有 3 个：其一，在接触对象物体之前，获得必要的信息，为下一步运动做好准备工作；其二，探测机器人手和足的运动空间中有无障碍物，如发现有障碍，则及时采取一定措施，避免发生碰撞；其三，为获取对象物体表面形状的大致信息。

超声波是人耳听不见的一种机械波，频率在 20 kHz 以上。人耳能听到的声音，振动频率范围只是 20~20 000 Hz。超声波因其波长较短、绕射小，而能成为声波射线并定向传播，机器人采用超声传感器的目的是用来探测周围物体的存在与测量物体的距离。一般用来探测周围环境中较大的物体，不能测量距离小于 30 mm 的物体。

超声传感器包括超声发射器、超声接收器、定时电路和控制电路 4 个主要部分。它的工作原理大致是这样的：首先由超声发射器向被测物体方向发射脉冲式的超声波。发射器发出一连串超声波后即自行关闭，停止发射。同时超声接收器开始检测回声信号，定时电路也开始计时。当超声波遇到物体后，就被反射回来。等到超声接收器收到回声信号后，定时电路停止计时。此时定时电路所记录的时间，是从发射超声波开始到收到回声波信号的传播时间。利用传播时间值，可以换算出被测物体到超声传感器之间的距离。这个换算的公式很简单，即声波传播时间的一半与声波在介质中传播速度的乘积。超声传感器整个工作过程都是在控制电路控制下按顺序进行的。

按其使用的材料则可分成压电晶体器件、压电陶瓷器件。压电晶体器件包括石英谐振器、晶体振荡器和晶体滤波器。

压电陶瓷器件主要有陶瓷滤波器、陶瓷变压器和压电陀螺等。

陶瓷材料的机电耦合系数大，适于做宽带滤波器。其相对带宽为 0.3% ~20% ，阻带衰减可达 60 dB 以上。

根据陶瓷片的压电效应和谐振特性来实现电压变换的器件。陶瓷变压器有多种结构形式，但常用的为横向－纵向变压器。陶瓷片左半部分上下面被覆电极，并沿厚度方向极化，作为输入端，称驱动部分；右半部分的端面被覆电极，并沿长度方向极化，作为输出端，称发电部分。与一般线绕变压器相比，陶瓷变压器的最大特点是适宜在高电压、小电流下应用，故可作为雷达指示管和电视机显像管的高压电源，以及电子复印机、静电集尘机和红外变像管等的高压电源，又称压电角速度传感器，是一种新型的导航仪器，多采用振梁结构形式。它有一根横截面近似方形的金属梁，在梁上粘贴 4 个压电换能器。金属梁用恒弹性系数合金材料制成，换能器用高机电耦合系数的陶瓷材料制成。在驱动换能器上输入电信号，借助逆压电效应使金属梁产生以 yz 平面为中性面的弯曲振动。梁内任意点的速度为 v_x。若梁同时又以角速度 ω_z 绕 z 转动，则梁内各点将受到科氏的作用，由此引起以 x_z 为中性面的弯曲振动。这个振动通过正压电效应使读出换能器输出电信号，信号的幅度与角速度 ω_z 成正比，故可用来确定角速度 ω_z 的大小。在梁的另两个面上还粘贴有反馈换能器和阻尼换能器，它们的作用是保持金属的振幅稳定和输出动态特性良好。压电陀螺不存在高速转动部分，因而具有功耗小、寿命长、动态范围宽、体积小和可靠性高等优点。压电陶瓷器件还有许多种类，应用于各个领域。利用陶瓷的高机电耦合效应、高介电常数和高 Q 值等特点而设计的压电陶瓷测量器件，能方便地测量以往用其他方法难以测量的参数。例如，可以测量铁道枕木所受的压力、油断路器内的压力、冲击波管内的压力、煤矿坑道支架所受的压力等，也可以测量像继电器的触点和人的脉搏等微小压力。它既能测量动态力也能测量静态力，而且测量范围和精度都比较高。在陶瓷片上附加质量负载，就可制成加速度计。这种加速度计再附以积分电路就可构成振动计，用它可以测量地壳和建筑物的低频振动。在陶瓷圆管上粘接喇叭形金属块，使其振幅增大，可用来测定金属的磨损和进行疲劳实验及测量薄膜的粘接强度等。此外，压电陶瓷超声换能器在水声和医疗等领域中的应用也日益增多。

压电器件的发展方向是：改进压电器件的温度稳定性；改善蜂鸣器和送受话器的音质，以适应计算机、自动售货机、电子翻译机等设备的人－机对话的需要；探索模拟生物功能的高分子压电器件。

第5章

电子技术基本技能

5.1 焊接工艺

焊接是电子产品组装过程中的重要环节之一，如果没有相应的焊接工艺质量保证，任何一个设计精良的电子装置都难以达到设计指标。手工焊接是焊接技术的基础，也是电子产品组装的一项基本操作技能，手工焊接适合于产品试制、电子产品的小批量生产、电子产品的调试与维修以及某些不适合自动焊接的场合。在电子工业生产中，随着电子产品的小型化、微型化的发展，为了提高生产效率，降低生产成本，保证产品质量，普遍采用自动焊接工艺。

5.1.1 焊接工艺概述

焊接是金属连接的一种方法。利用加热、加压或其他手段，在两种金属的接触面，依靠原子或分子的相互扩散作用，形成一种新的牢固的结合，使这两种金属永久地连接在一起，这个过程就称为焊接。

1. 焊接分类

现代焊接技术主要分为熔焊、钎焊和接触焊 3 类。熔焊是靠加热被焊件（母材或基材），使之熔化产生合金而焊接在一起的焊接技术，如气焊、电弧焊等；接触焊是一种不用焊料与焊剂即可获得可靠连接的焊接技术，如点焊、碰焊等；钎焊是用加热熔化成液态的金属（焊料），把固体金属（母材）连接在一起的方法，作为焊料的金属材料，其熔点要低于被焊接金属材料。按照焊料的熔点不同，钎焊又分为硬焊（焊料熔点高于 450 ℃）和软焊（焊料熔点低于 450 ℃）。

2. 锡焊及其过程

在电子产品装配过程中的焊接主要采用钎焊类中的软焊，一般采用铅锡焊料进行焊接，简称锡焊。锡焊焊接的焊点具有良好的物理特性及机械特性，同时又有良好的润湿性和焊接性，因而在电子产品制造过程中广泛地使用锡焊焊接技术。

锡焊的焊料是锡铅合金，熔点比较低，共晶焊锡的熔点只有 183 ℃，是电子行业中应用最普遍的焊接技术。锡焊具有以下特点。

1）焊料的熔点低于焊件的熔点。

2）焊接时将焊件和焊料加热到最佳锡焊温度，焊料熔化而焊件不熔化。

3）焊接的形成依靠熔化状态焊料浸润焊接面，由毛细作用使焊料进入间隙，形成一个结合层，从而实现焊件的结合。

锡焊是使电子产品整机中电子元器件实现电气连接的一种方法，是将导线、元器件引脚与印制电路板连接在一起的过程。锡焊过程要满足机械连接和电气连接两个目的，其中机械连接起固定作用，而电气连接起电气导通的作用。

3. 锡焊的特点

1）焊料的熔点低，适用范围广。锡焊的熔化温度在 180 ℃～320 ℃，对金、银、铜、铁等金属材料都具有良好的可焊性。

2）易于形成焊点，焊接方法简便。锡焊焊点是靠熔融的液态焊料的浸润作用形成的，因而对加热量和焊料都不必有精确的要求，就能形成焊点。

3）成本低廉、操作方便。锡焊比其他焊接方法成本低，焊料也便宜，焊接工具简单，操作方便，并且整修焊点、折换元器件及修补焊接都很方便。

4）容易实现焊接自动化。

4. 锡焊工艺的基本要求

焊接是电子产品组装过程中的重要环节之一，如果没有相应的焊接工艺质量保证，任何一个设计精良的电子产品都难以达到设计指标。因此在焊接时必须做到以下几点。

1）焊件应具有良好的可焊性。金属表面被熔融焊料浸湿的特性叫可焊性，是指被焊金属材料与焊锡在适当的温度及助焊剂的作用下，形成接合良好合金的能力。只有能被焊锡浸湿的金属才具有可焊性。铜及其合金、金、银、铁、锌、镍等都具有良好的可焊性。即使是可焊性好的金属，因为表面容易产生氧化膜，为了提高其可焊性，一般采用表面镀锡、镀银等。铜是导电性能良好和易于焊接的金属材料，所以应用最为广泛。常用的元器件引线、导线及焊盘等，大多采用铜材制成。

2）焊件表面必须清洁。焊件由于长期储存和污染等原因，其表面有可能产生氧化物、油污等，会严重影响与焊料在界面上形成合金层，造成虚、假焊。工件金属表面如果存在氧化物或污垢，轻度的氧化物或污垢可通过助焊剂来清除，较严重的要通过化学或机械的方式来清除。故在焊接前必须清洁表面，以保证焊接质量。

3）使用合适的助焊剂。助焊剂是一种略带酸性的易熔物质，在焊接过程中可以溶解工件金属表面的氧化物和污垢，并提高焊料的流动性，有利于焊料浸润和扩散的进行，在工件金属与焊料的界面上形成牢固的合金层，保证了焊点的质量。不同的焊件、不同的焊接工艺，应选择不同的焊剂。

4）焊接温度适当。焊接时，将焊料和被焊金属加热到焊接温度，使熔化的焊料在被焊金属表面浸润扩散并形成金属化合物。因此，要保证焊点牢固，一定要有适当的焊接温度。加热过程中不但要将焊锡加热熔化，而且要将焊件加热到熔化焊锡的温度。只有在足够高的温度下，焊料才能充分浸润，并充分扩散形成合金层。过高的温度是不利于焊接的。

5）焊接时间适当。焊接时间对焊锡、焊接元件的浸润性、结合层形成有很大影响。准确掌握焊接时间是优质焊接的关键。电烙铁功率较大时应适当缩短焊接时间，电烙铁功率较小时可适当延长焊接时间。焊接时间过短，会使温度太低，焊接时间过长，会使温度太高。一般情况下，焊接时间应不超过 3 s。

6）选用合适的焊料。焊料的成分及性能与工件金属材料的可焊性、焊接的温度及时间、焊点的机械强度等相适应，锡焊工艺中使用的焊料是锡铅合金，根据锡铅的比例及含有其他少量金属成分的不同，其焊接特性也有所不同，应根据不同的要求正确选用焊料。

5.1.2　锡焊工具与材料

　　锡焊工具是指电子产品手工装焊操作中使用的工具，常用的焊接工具主要有电烙铁、焊接辅助工具、烙铁架等。焊接材料是指完成焊接所需要的材料，包括焊料、焊剂和阻焊剂等。

（一）电烙铁

　　电烙铁是手工焊接的主要工具，选择合适的烙铁，合理地使用烙铁，是保证焊接质量的基础。电烙铁把电能转换为热能对焊接点部位的金属进行加热，同时熔化焊锡，使熔融的焊锡与被焊金属形成合金，冷却后形成牢固的连接。电烙铁作为传统的电路焊接工具，与先进的焊接设备相比，存在只适合手工焊接、效率低、焊接质量不便用科学方法控制，往往随着操作人员的技术水平、体力消耗程度及工作责任心的不同有较大差别等缺点。而且烙铁头容易带电，直接威胁被焊元件和操作人员的安全，因此，使用前须严格检查。但由于电烙铁操作灵活、用途广泛、费用低廉，所以电烙铁仍是电子电路焊接的必备工具。

　　电烙铁基本结构都是由发热元件、烙铁头和手柄部组成的。发热元件是能量转换部分，将电能转换成热能，并传递给烙铁头，俗称烙铁心子，它是将镍铬电阻丝缠在云母、陶瓷等耐热、绝缘材料上构成的，内热式与外热式主要区别在于外热式的发热元件在传热体的外部，而内热式的发热元件在传热体的内部，也就是烙铁芯在内部发热；烙铁头是由纯铜材料制成的，其作用是储存热量，烙铁头将热量传给被焊工件，对被焊接点部位的金属加热，同时熔化焊锡，完成焊接任务。在使用中，因高温氧化和焊剂腐蚀会变成凹凸不平，需经常清理和修整；手柄是手持操作部分，起隔热、绝缘的作用。

　　电烙铁由于用途、结构的不同有多种分类。从加热方式上，分为直热式、感应式、气体燃烧式等；从烙铁发热能力上，分为 20 W、30 W、50 W、300 W 等；从功能上来分，可分为吸锡电烙铁、恒温电烙铁、防静电电烙铁及自动送锡电烙铁等；最常用的还是单一焊接用的直热式电烙铁，它又可分为内热式和外热式两种。

1. 常用的电烙铁

（1）内热式电烙铁

　　内热式电烙铁如图 5-1 所示，由于烙铁芯装在烙铁头里面，故称为内热式电烙铁。内热式电烙铁的烙铁芯是采用极细的镍铬电阻丝绕在瓷管上制成的，外面再套上耐热绝缘瓷管。烙铁头的一端是空心的，它套在心子外面，用弹簧夹紧固。由于烙铁芯装在烙铁头内

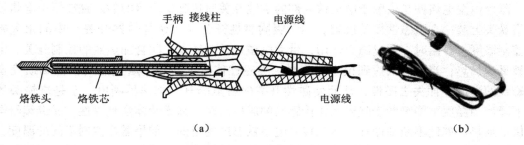

图 5-1　内热式电烙铁及其结构

（a）内热式电烙铁结构示意图；（b）内热式电烙铁

部，热量完全传到烙铁头上，升温快，因此热效率高达 85% ~90%，烙铁头部温度可达 350 ℃左右。内热式电烙铁的规格多为小功率的，常用的有 20 W、25 W、35 W、50 W 等，20 W 内热式电烙铁的实用功率相当于 25 ~40 W 的外热式电烙铁。内热式电烙铁的优点是热效率高、烙铁头升温快、体积小、重量轻，因而在电子装配工艺中得到了广泛的应用。缺点是烙铁头容易被氧化、烧死，长时间工作易损坏，使用寿命较短，不适合做大功率的烙铁。

（2）外热式电烙铁

外热式电烙铁如图 5－2 所示，由烙铁头、烙铁芯、外壳、手柄、电源线和插头等各部分组成。电阻丝绕在薄云母片绝缘的圆筒上，组成烙铁芯。烙铁头装在烙铁芯里面，电阻丝通电后产生的热量传送到烙铁头上，使烙铁头温度升高，故称为外热式电烙铁。外热式电烙铁结构简单，价格较低，使用寿命长，但其体积较大，升温较慢，热效率低。

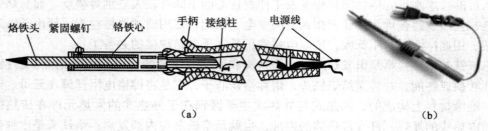

图 5－2　外热式电烙铁及其结构
（a）外热式电烙铁结构示意图；（b）外热式电烙铁

（3）恒温电烙铁

恒温电烙铁是一种能自动调节温度，使焊接温度保持恒定的电烙铁。在质量要求较高的场合，通常需要恒温电烙铁。根据控制方式的不同，恒温电烙铁分为磁控恒温烙铁和热电偶检测控温式自动调温恒温电烙铁两种。

热电偶检测控温式自动调温恒温电烙铁又叫自动调温烙铁或自控焊台，是用热电偶作为传感元件来检测和控制烙铁头的温度，当烙铁头温度低于规定值时，温控装置内的电子电路控制半导体开关元件或继电器接通电源，给电烙铁供电，使电烙铁温度上升。温度一旦达到预定值，温控装置自动切断电源。如此反复动作，使烙铁头基本保持恒温，如图 5－3 所示。自动调温烙铁的恒温效果好，温度波动小，并可由手动人为随意设定恒定的温度，但这种烙铁结构复杂、价格高。

磁控恒温电烙铁是借助于电烙铁内部的磁性开关而达到恒温目的的。磁控恒温电烙铁是在烙铁头上装一个强磁性体传感器，用于吸附磁性开关（控制加热器开关）中的永久磁铁来控制温度。升温时，通过磁力作用，带动机械运动的触点，闭合加热器的控制开关，电烙铁被迅速加热；当烙铁头达到预定温度时，强磁性体传感器到达居里点（铁磁物质完全失去磁性的温度）而失去磁性，从而使磁性开关的触点断开，加热器断电，于是烙铁头的温度下降。当温度下降至低于强磁性体传感器的居里点时，强磁性体恢复磁性，又继续给电烙铁供电加热。如此不断地循环，达到控制电烙铁温度的目的。如果需要控制不同的温度，只需要更换烙铁头即可。因不同温度的烙铁头，装有不同规格的强磁性体传感器，其居里点不同，失磁温度各异。烙铁头的工作温度可在 260 ℃ ~450 ℃内任意选取。

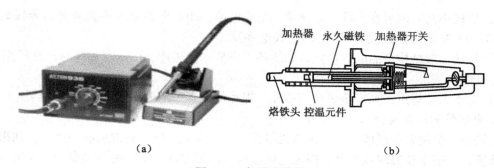

（a）　　　　　　　　　　　　　　　　　　　（b）

图 5 - 3　恒温电烙铁

（a）热电偶式自动调温电烙铁；（b）磁铁恒温烙铁结构示意图

（4）吸锡电烙铁

吸锡电烙铁是在普通电烙铁的基础上增加吸锡机构，使其具有加热、吸锡两种功能。在检修无线电整机时，经常需要拆下某些元器件或部件，这时使用吸锡电烙铁就能够方便地吸附印制电路板焊接点上的焊锡，使焊接件与印制电路板脱离，从而可以方便地进行检查和修理。吸锡电烙铁用于拆焊（解焊）时，对焊点加热并除去焊接点上多余的焊锡。吸锡电烙铁具有拆焊效率高、不易损伤元器件的优点；特别是拆焊多接点的元器件时，使用它更为方便，如图 5 - 4 所示。

（5）自动送锡电烙铁

自动送锡电烙铁是在普通电烙铁的基础上增加了焊锡丝输送机构，该电烙铁能在焊接时将焊锡自动输送到焊接点，如图 5 - 4 所示。

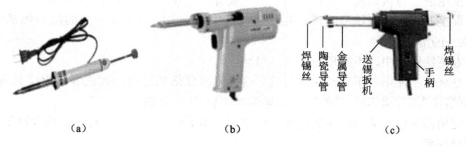

（a）　　　　　　　　　　　（b）　　　　　　　　　　　（c）

图 5 - 4　吸锡电烙铁与自动送锡电烙铁

（a）吸锡电烙铁；（b）吸锡电烙铁；（c）自动送锡电烙铁

2. 电烙铁的选用

电烙铁的选用应根据被焊物体的实际情况而定，一般重点考虑加热形式、功率大小、烙铁头形状等。

（1）加热形式的选择

1）相同功率数情况下，内热式电烙铁的温度比外热式电烙铁的温度高。

2）当需要低温焊接时，应用调温电烙铁的温度进行焊接。

3）通过调整烙铁头的伸出长度控制温度。

4）烙铁头的形状要适应被焊件物面要求和产品装配密度。

（2）电烙铁功率的选择

1）焊接小瓦数的阻容元件、晶体管、集成电路、印制电路板的焊盘或塑料导线时，宜采用 30~45 W 的外热式或 20 W 的内热式电烙铁。

2）焊接一般结构产品的焊接点，如线环、线爪、散热片、接地焊片等时，宜采用 75~100 W 电烙铁。

3）对于大型焊点，如焊金属机架接片、焊片等，宜采用 100~200 W 的电烙铁。

3. 电烙铁的维护与使用注意事项

烙铁头一般用紫铜制成，现在内热式烙铁头都经电镀。这种有镀层的烙铁头，如果不是特殊需要，一般不要修锉或打磨。因为电镀层的目的就是保护烙铁头不被腐蚀。还有一种新型合金烙铁头，寿命较长，需配专门的烙铁，一般用于固定产品的印制板焊接。

（1）新烙铁上锡

没有电镀层的新电烙铁在使用前要进行处理，即让电烙铁通电给烙铁头"上锡"。具体方法是，首先用锉刀把烙铁头按需要锉成一定的形状，然后接上电源，当烙铁头温度升到能熔锡时，将烙铁头在松香上沾涂一下，等松香冒烟后再沾涂一层焊锡，如此反复进行 2~3 次，使烙铁头的刃面全部挂上一层锡便可使用了。使用过程中始终保证烙铁头挂上一层薄锡。

（2）烙铁头修整和镀锡

烙铁头经使用一段时间后，会发生表面凹凸不平，而且氧化层严重的现象，这种情况下需要修整，一般将烙铁头拿下来，夹到台钳上粗锉，修整为自己要求的形状，然后再用细锉修平，最后用细砂纸打磨光。

（3）电烙铁的使用注意事项

1）使用前，应认真检查电源插头、电源线有无损坏，并检查烙铁头是否松动。

2）焊接过程中，烙铁不能到处乱放，应经常用浸水的海绵或干净的湿布擦拭烙铁头，保持烙铁头的清洁。

3）电烙铁使用中，不能用力敲击、甩动。

4）电烙铁不使用时不宜长时间通电，这样容易使烙铁芯过热而烧断，缩短其寿命，同时也会使烙铁头因长时间加热而氧化，甚至被"烧死"，不再"吃锡"。

5）使用结束后，应及时切断电源。冷却后，清洁好烙铁头，并将电烙铁收回工具箱。

（二）焊接材料

焊接材料是指完成焊接所需要的材料，包括焊料、清洗剂、助焊剂与阻焊剂等，掌握焊料和焊剂的性质、成分、作用原理及选用知识，对于保证产品的焊接质量具有决定性的影响。

1. 焊料

焊料是指易熔的金属及其合金，它的作用是将被焊物连接在一起。焊料的熔点比被焊物低，且易于与被焊物连为一体。焊料按其组成成分，可分为锡铅焊料、银焊料、铜焊料。熔点在 450 ℃以上的称为硬焊料，熔点在 450 ℃以下的称为软焊料。在一般电子产品装配中主要使用锡铅焊料。

（1）锡铅共晶合金

锡铅焊料是由两种以上金属材料按不同比例配制而成的。锡铅的配比不同，其性能亦随之改变。图 5-5 所示为不同比例锡和铅的锡铅焊料状态图。

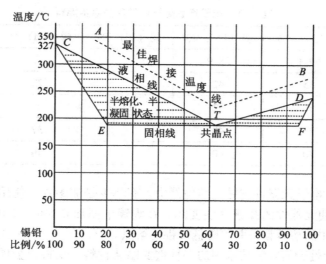

图5-5 铅锡合金状态图

在图5-5中，T 为共晶点，对应的锡铅含量为锡是 61.9% ，铅是 38.1% 。此时，合金可由固态直接变为液态，或由液态直接变为固态，这时的合金称为共晶合金，按共晶合金配制成的锡铅焊料称为共晶焊锡。采用共晶焊锡进行焊接有以下优点。

1）熔点最低，只有 183 ℃ 。降低了焊接温度，减少了元器件受热损坏的机会。尤其是对温度敏感的元器件影响较小。

2）熔点和凝固点一致，可使焊点快速凝固，不会因半熔状态时间间隔而造成焊点结晶疏松，强度降低。

3）流动性好，表面张力小，润湿性好，焊料能很好地填满焊缝，并对工件有较好的浸润作用，使焊点结合紧密、光亮，有利于提高焊点质量。

4）机械强度高，导电性能好，电阻率低。

5）抗腐蚀性能好。锡和铅的化学稳定性比其他金属好，抗大气腐蚀能力强，而共晶焊锡的抗腐蚀能力更好。

（2）常用锡铅焊料

锡铅合金焊料有多种形状和分类。其形状有粉末状、带状、球状、块状、管状和装在罐中的锡膏等几种，粉末状、带状、球状、块状的焊锡用于锡炉或波峰焊中；锡膏用于贴片元件的回流焊接，手工焊接中最常见的是管状松香芯焊锡丝，电子产品焊接中常用的低温焊锡如表5-1所示。

1）管状焊锡丝。在手工焊接时，为了方便，常将焊锡制成管状，中空部分注入由特级松香和少量活化剂组成的助焊剂，这种焊锡称为焊锡丝。有时在焊锡丝中还添加 1% ~2% 的锑，可适当增加焊料的机械强度。焊锡丝的直径有 0.5 mm、0.8 mm、0.9 mm、1.0 mm、1.2 mm、1.5 mm、2.0 mm、2.5 mm、3.0 mm、4.0 mm、5.0 mm 等多种规格。

2）抗氧化焊锡。由于浸焊和波峰焊使用的锡槽都有大面积的高温表面，焊料液体暴露在大气中，很容易被氧化而影响焊接质量，使焊点产生虚焊，因此在锡铅合金中加入少量的活性金属，能使氧化锡、氧化铅还原，并漂浮在焊锡表面形成致密覆盖层，从而使焊锡不被继续氧化。这类焊锡在浸焊与波峰焊中已得到了普遍使用。

表5-1　电子产品焊接中常用的锡铅焊料

序　号	锡（Sn）/%	铅（Pb）/%	铋（Bi）/%	锑（Cd）/%	熔点/℃
1	69.1	38.9			183
2	35	42		23	150
3	50	32	18		145
4	23	40		37	125
5	20	40		40	110

3）含银焊锡。电子元器件与导电结构件中，有不少是镀银件。使用普通焊锡，镀银层易被焊锡溶解，而使元器件的高频性能变坏。在焊锡中添加0.5%~2.0%的银，可减少镀银件中的银在焊锡中的溶解量，并可降低焊锡的熔点。

4）焊膏。焊膏是表面安装技术中的一种重要贴装材料，是将合金焊料加工成一定粉末状颗粒的，并拌以具有助焊功能的液态黏合剂构成具有一定流动性的糊状焊接材料。由焊粉（焊料制成粉末状）、有机物和溶剂组成，制成糊状物，能方便地用丝网、模板或涂膏机涂在印制电路板上。

5）无铅焊锡。无铅焊锡是指以锡为主体，添加其他金属材料制成的焊接材料。"无铅"是指无铅焊锡中铅的含量必须低于0.1%，"电子无铅化"指的是包括铅在内的6种有毒有害材料的含量必须控制在0.1%以内，同时电子制造过程必须符合无铅的组装工艺要求。

2. 助焊剂

在进行焊接时，为能使被焊物与焊料焊接牢固，要求金属表面无氧化物和杂质，以保证焊锡与被焊物的金属表面固体结晶组织之间发生合金反应。除去氧化物和杂质，通常用机械方法和化学方法，机械方法是用砂纸或刀子将其清除，化学方法是用助焊剂清除。用助焊剂清除具有不损坏被焊物和效率高的特点，因此焊接时一般都采用此法。

（1）助焊剂的作用

1）除去氧化膜。焊剂是一种化学剂，其实质是焊剂中的氯化物、酸类同氧化物发生还原反应，从而除去氧化膜。反应后的生成物变成悬浮的渣，漂浮在焊料表面，使金属与焊料之间结合良好。

2）防止加热时氧化。液态的焊锡和加热的金属表面都易与空气中的氧接触而氧化。焊剂在熔化后，悬浮在焊料表面，形成隔离层，故防止了焊接面的氧化。

3）减小表面张力，增加了焊锡流动性，有助于焊锡浸润。

4）使焊点美观，合适的焊剂能够整理焊点形状，保持焊点表面光泽。

（2）助焊剂的种类

助焊剂可分为无机系列、有机系列和树脂系列，如表5-2所示。

1）无机系列助焊剂。这类助焊剂的主要成分是氯化锌及其混合物。其最大优点是助焊作用好，缺点是具有强烈的腐蚀性，常用于可清洗的金属制品的焊接中。如对残留的助焊剂清洗不干净，会造成被焊物的损坏。

2）有机系列助焊剂。有机系列助焊剂主要由有机酸卤化物组成。优点是助焊性能好，不足之处是有一定的腐蚀性，且热稳定性较差。即一经加热，便迅速分解，留下无活性残留物。对于铅、黄铜、青铜、镀镍等焊接性能差的金属，可选用有机焊剂中的中性焊剂。

3）树脂系列助焊剂。此类助焊剂最常用的是在松香焊剂中加入活性剂。松香是从各种松树分泌出来的汁液中提取的，通过蒸馏法加工成固态松香。松香是一种天然产物，它的成分与产地有关。松香酒精焊剂是用无水酒精溶解松香配制而成的。一般松香占 23% ~ 30%。这种助焊剂的优点是：无腐蚀性，高绝缘性，长期的稳定性及耐湿性。焊接后易于清洗，并能形成薄膜层覆盖焊点，使焊点不被氧化腐蚀。电子线路和易于焊接的铂、金、铜、银、镀锡金属等，常采用松香或松香酒精助焊剂。

表 5 - 2　常用焊剂的分类

无机系列助焊剂	酸	正磷酸
		盐酸
		氟酸
	盐	氯化锌、氯化氨、氯化亚锡等
有机系列助焊剂	有机酸	硬脂酸、油酸、氨基酸、乳酸等
	有机卤素	盐酸苯胺等
	氨类	尿素、乙二胺等
树脂系列助焊剂	松香	
	活化松香	
	氧化松香	

（3）对焊剂的要求

1）焊剂的熔点必须比焊料的低，密度要小，以便在焊料未熔化前就充分发挥作用。

2）焊剂的表面张力要比焊料的小，扩散速度快，有较好的附着力，而且焊接后不易炭化发黑，残留焊剂应色浅而透明。

3）焊剂应有较强的活性，在常温下化学性能应稳定，对被焊金属无腐蚀性。

4）焊接过程中焊剂不应产生有毒或强烈刺激性气体，不产生飞溅，残渣容易清洗。

5）焊剂的电气性能要好，绝缘电阻要高。

3. 清洗剂

在完成焊接操作后，焊点周围存在残余焊剂、油污、汗迹、多余的金属物等杂质，这些杂质对焊点有腐蚀、伤害作用，会造成绝缘电阻下降、电路短路或接触不良等，因此要对焊点进行清洗。常用的清洗剂有无水乙醇、三氯三氟乙烷等。

4. 阻焊剂

阻焊剂是一种耐高温的涂料，可将不需要焊接的部分保护起来，致使焊接只在所需要的部位进行，以防止焊接过程中的桥连、短路等现象发生，对高密度印制电路板尤为重要，可降低返修率，节约焊料，使焊接时印制电路板受到的热冲击小，板面不易起泡和分层。阻焊剂作用是保护印制电路板上不需要焊接的部位。常见的印制电路板上没有焊盘的绿色涂层即为阻焊剂。

（1）阻焊剂的作用

1）可以使浸焊或波峰焊时桥接、拉头、虚焊和连条等大为减少或基本消除，板子的返修率也大为降低，提高焊接质量，保证产品的可靠性。

2）除了焊盘外，其他部位均不上锡，这样可以节约大量的焊料。同时，由于只有焊盘部位上锡，受热少，冷却快，降低了印制板的温度，起到了保护塑封元器件及集成电路的作用。

3）因印制板板面部分被阻焊剂覆盖，焊接时受到的热冲击小，降低了印制板的温度，使板面不易起泡、分层，同时也起到保护元器件和集成电路的作用。

4）使用带有颜色的阻焊剂，如深绿色和浅绿色等，可使印制电路板的板面显得整洁、美观。

（2）阻焊剂的种类

阻焊剂一般分为干膜型阻焊剂和印料型阻焊剂，目前广泛使用的是印料型阻焊剂，这种阻焊剂又分为热固化和光固化两种。

1）热固化阻焊剂。使用的成膜材料是酚醛树脂、环氧树脂、氨基树脂、醇酸树脂、聚脂、聚氨脂、丙烯酸脂等。这些材料一般需要在 130 ℃ ~ 150 ℃温度下加热固化。其特点是价格便宜，粘接强度高。缺点是加热温度高，时间长，能源消耗大，印制电路板易变形。现已被逐步淘汰。

2）光固化阻焊剂。使用的成膜材料是含有不饱和双键的乙烯树脂、不饱和聚酯树脂、丙烯酸（甲基丙烯酸）、环氧树脂、丙烯酸聚氨酸、不饱和聚酯、聚氨酯、丙烯酸酯等。它们在高压汞灯下照射 2 ~ 3 min 即可固化。因而可以节省大量能源，提高生产效率，便于自动化生产。目前已被大量使用。

5.1.3 锡焊机理

锡焊是使用锡合金焊料进行焊接的一种焊接形式。焊接过程是将焊件和焊料共同加热到焊接温度，在焊件不熔化的情况下，焊料熔化并浸润焊接面，在焊接点形成合金层，形成焊件的连接过程。锡焊必须将焊料、焊件同时加热到最佳焊接温度，然后不同金属表面相互浸润、扩散，最后形成多组织的接合层。

1. 润湿作用

在焊接时，熔融焊料会像任何液体那样，黏附在被焊金属表面，并能在金属表面充分漫流，这种现象就称为润湿。润湿是发生在固体表面和液体之间的一种物理现象，是物质所固有的一种性质。

锡焊过程中，熔化的铅锡焊料和焊件之间的作用，正是这种润湿现象。如果焊料能润湿焊件，则说明它们之间可以焊接，观测润湿角是锡焊检测的方法之一。焊料浸润性能的好坏一般用润湿角 θ 表示，它是指焊料外圆在焊接表面交接点处的切线与焊件面的夹角，也叫接

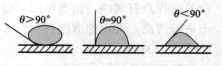

图 5 - 6 润湿角示意图

触角，是定量分析润湿现象的一个物理量。如图 5 - 6 所示，θ 角为 0° ~ 90°，θ 角越小，润湿越充分。一般质量合格的铅锡焊料和铜之间润湿角可达 20°，实际应用中一般以 45° 为焊接质量的检验标准。

2. 扩散作用

扩散，即在金属与焊料的界面形成一层金属化合物，在正常条件下，金属原子在晶格中都以其平衡位置为中心进行着不停的热运动，这种运动随着温度升高，其频率和能量也逐步增加。当达到一定的温度时，某些原子就因具有足够的能量克服周围原子对它的束缚，脱离原来的位置，转移到其他晶格，这一现象就叫扩散，如图 5 - 7 所示。

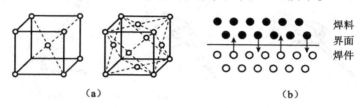

图 5 - 7　金属晶格点阵模型与扩散示意图
(a) 金属晶格点阵模型；(b) 扩散示意图

金属之间的扩散不是任何情况下都会发生，而是有条件的，两个基本条件如下。

1）距离足够小。只有在一定小的距离内，两块金属原子间引力作用才会发生。金属表面的氧化层或其他杂质都会使两块金属达不到这个距离。

2）一定的温度。只有在一定温度下金属分子才具有动能，使得扩散得以进行。理论上说，到"绝对零度"时便没有扩散的可能。实际上在常温下扩散进行是非常缓慢的。

3. 接合层

焊接后，由于焊料和焊件金属彼此扩散，所以两者交界面形成多种组织的接合层。焊料润湿焊件的过程中，符合金属扩散的条件，所以焊料和焊件的界面有扩散现象发生。这种扩散的结果，使得焊料和焊件界面上形成一种新的金属合金层，称为接合层。接合层的成分是一种既有化学作用，又有冶金作用的特殊层。由于接合层的作用将焊料和焊件接合成一个整体，实现金属连续性，焊接过程同粘接物品的机理不同之处即在于此，黏合剂粘接物品是靠固体表面凸凹不平的机械啮合作用，而锡焊则靠接合层的作用实现连接。

综上所述，将表面清洁的焊件与焊料加热到一定温度，焊料熔化并润湿焊件表面，在其界面上发生金属扩散并形成接合层，从而实现金属的焊接。

5.1.4　手工焊接技术

手工焊接是焊接技术的基础，也是电子产品组装的一项基本操作技能。手工焊接适合于产品试制、电子产品的小批量生产、电子产品的调试与维修以及某些不适合自动焊接的场合。在目前，还没有哪一种焊接方法可以完全代替手工焊接，因此在电子产品装配中这种方法仍占有重要地位。

1. 正确的焊接姿势

手工焊接一般采用坐姿焊接，焊接时应保持正确的姿势。焊接时烙铁头的顶端距操作者鼻尖部位至少要保持 20 cm 以上，以免焊剂加热挥发出的有害化学气体吸入人体，同时要挺胸端坐，不要躬身操作，并要保持室内空气流通。使用电烙铁要配置烙铁架，一般放置在工作台右前方，电烙铁用后一定要稳妥放于烙铁架上，并注意导线等物不要碰烙铁头。

（1）电烙铁的握法

电烙铁一般有正握法、反握法、握笔法3种拿法，如图5-8所示。反握法动作稳定，长时操作不易疲劳，适于大功率烙铁的操作；正握法适于中等功率烙铁或带弯头电烙铁的操作；握笔法多用于小功率电烙铁在操作台上焊接印制电路板等焊件，一般在操作台上焊印制板等焊件时多采用握笔法。

（a） （b） （c）

图5-8 电烙铁握法
（a）握笔法；（b）反握法；（c）正握法

（2）焊锡的拿法

焊锡丝一般有连续锡焊和断续锡焊两种拿法，焊锡丝一般要用手送入被焊处，不要用烙铁头上的焊锡去焊接，这样很容易造成焊料的氧化、焊剂的挥发。因为烙铁头温度一般都在300℃左右，焊锡丝中的焊剂在高温情况下容易分解失效，如图5-9所示。由于焊丝成分中铅占一定比例，众所周知，铅是对人体有害的重金属，因此操作时应戴手套或操作后洗手，避免食入。

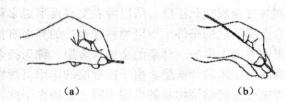

（a） （b）

图5-9 焊锡丝的拿法
（a）连续锡焊时焊锡丝拿法；（b）断续锡焊时焊锡丝拿法

2. 焊接五步法

焊接操作过程分为5个步骤（也称五步法），分别是准备施焊、加热焊件、填充焊料、移开焊丝、移开烙铁5步，如图5-10所示。一般要求2~3 s完成。

（1）准备施焊

准备好焊锡丝和烙铁。此时特别强调的是烙铁头部要保持干净，即可以沾上焊锡（俗称吃锡）。一般是右手拿电烙铁，左手拿焊丝，做好施焊准备，如图5-10（a）所示。

（2）加热焊件

将烙铁接触焊接点，注意首先要保持烙铁加热焊件各部分。例如，使印制板上引线和焊盘都受热，其次要注意让烙铁头的扁平部分（较大部分）接触热容量较大的焊件，烙铁头的侧面或边缘部分接触热容量较小的焊件，以保持均匀受热，如图5-10（b）所示。

（3）填充焊料

在焊接点达到适当的温度时，应及时将焊锡丝放置到焊接点上熔化。操作时必须掌握好焊料的特性，充分利用它的特性，而且要对焊点的最终理想形状做到心中有数。为了形成焊点的理想形状，必须在焊料熔化后，将依附在焊接点上的烙铁头按焊点的形状移动，如图 5 – 10（c）所示。

（4）移开焊丝

当焊锡丝熔化（要掌握进锡速度）焊锡散满整个焊盘时，即可以 45°方向拿开焊锡丝，如图 5 – 10（d）所示。

（5）移开烙铁

焊锡丝拿开后，烙铁继续放在焊盘上持续 1~2 s，当焊锡完全润湿焊点后移开烙铁，注意移开烙铁的方向应该是大致 45°的方向，如图 5 – 10（e）所示。不要过于迅速或用力往上挑，以免溅落锡珠、锡点或使焊锡点拉尖等，同时要保证被焊元器件在焊锡凝固之前不要移动或受到振动，否则极易造成焊点结构疏松、虚焊等现象。

上述过程，对一般焊点而言为 2~3 s，对于热容量较小的焊点，如印制电路板上的小焊盘，有时用三步法概括操作方法，即将上述步骤（2）、（3）合为一步，（4）、（5）合为一步。实际上细微区分还是五步，所以五步法有普遍性，是掌握手工烙铁焊接的基本方法。特别是各步骤之间停留的时间，对保证焊接质量至关重要，只有经过实践才能逐步掌握。

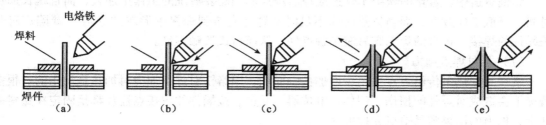

图 5 – 10　焊接五步法
（a）第一步；（b）第二步；（c）第三步；（d）第四步；（e）第五步

3. 手工焊接的操作要领

（1）保持烙铁头清洁

焊接时烙铁头长期处于高温状态，又接触焊剂等受热分解的物质，其表面很容易氧化而形成一层黑色杂质，这些杂质几乎形成隔热层，使烙铁头失去加热作用。因此，要随时在烙铁架上蹭去杂质。用一块湿布或湿海绵随时擦烙铁头，也是常用的方法。

（2）保持焊件表面干净

手工烙铁焊接中遇到的焊件是各种各样的电子零件和导线，除非在规模生产条件下使用"保鲜期"内的电子元件，一般情况下遇到的焊件往往都需要进行表面清理工作，去除焊接面上的锈迹、油污、灰尘等影响焊接质量的杂质。

（3）焊件要固定

在焊锡凝固之前不要使焊件移动或振动，根据结晶理论，在结晶期间受到外力会改变结晶条件，导致晶体粗大，造成"冷焊"。外观现象是表面无光泽呈豆渣状，焊点内部结构疏松，容易有气隙和裂缝，造成焊点强度降低、导电性能差。

（4）重视预焊

预焊就是将要锡焊器件引线或导线的焊接部位预先用焊锡润湿，一般也称为镀锡、上锡等。

（5）焊锡量适中

焊锡量适中，焊锡太多，易造成接点相碰或掩盖焊接缺陷，而且浪费焊料。焊锡太少，不仅机械强度低，而且由于表面氧化层随时间逐渐加深，容易导致焊点失效，如图 5 - 11 所示。

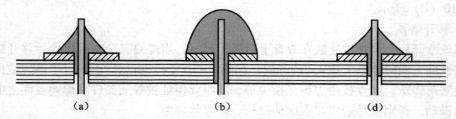

图 5 - 11　焊锡量的掌握
（a）焊料不足；（b）焊料过量；（c）焊料适中

（6）焊剂量适中

焊剂量适中，过量的松香不仅造成焊后焊点周围需要清洗的工作量加大，而且延长加热时间，降低工作效率，而当加热时间不足时又容易夹杂到焊锡中形成"夹渣"缺陷；对开关元件的焊接，过量的焊剂容易流到触点处，从而造成接触不良。

（7）不对焊点施力

烙铁头把热量传给焊点主要靠增加接触面积，用烙铁对焊点加力对加热是没用的。很多情况下会造成对焊件的损伤。例如，电位器、开关、接插件的焊接点往往都是固定在塑料构件上，加力的结果容易造成元件失效。

（8）加热要靠焊锡桥

非流水线作业中，一次焊接的焊点形状是多种多样的，不可能不断换烙铁头。要提高烙铁头加热的效率，需要形成热量传递的焊锡桥。焊锡桥就是靠烙铁上保留少量焊锡作为加热时烙铁头与焊件之间传热的桥梁。显然，由于金属液的导热效率远高于空气，而使焊件很快被加热到焊接温度。

（9）烙铁撤离方向

烙铁撤离要及时，而且撤离时的角度和方向对焊点形成有一定关系，图 5 - 12 所示为不同撤离方向对焊料的影响。撤烙铁时轻轻旋转一下，可保持焊点适当的焊料，这需要在实际操作中体会。

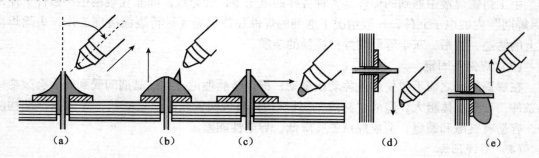

图 5 - 12　不同撤离方向对焊点的影响

在图 5 - 12 （a） 中，电烙铁以 45°方向撤离，焊点漂亮，带走少量焊锡。

在图 5 - 12 （b） 中，电烙铁以 90°方向撤离，焊点容易拉尖。

在图 5 - 12 （c） 中，电烙铁以水平方向撤离，带走大量焊锡。

在图 5 - 12 （d） 中，电烙铁向下撤离，带走少量焊锡。

在图 5 - 12 （e） 中，电烙铁向上撤离，带走大量焊锡。

掌握上述撤离方向，就能较好地控制焊锡量，使得焊点美观，焊接质量较高。

4. 印制电路板焊接

印制电路板的装焊在整个电子产品制造中处于核心的地位，其质量对整机产品的影响是不言而喻的。尽管印制板的装焊已经日臻完善，实现了自动化，但在产品研制、维修领域主要还是手工操作，况且手工操作经验也是自动化获得成功的基础。焊接印制板，除遵循锡焊要领外，需特别注意以下几点。

1） 电烙铁一般应选内热式 （20 ~ 35 W） 或恒温式，烙铁的温度不超过 300 ℃ 为宜。烙铁头形状应根据印制板焊盘大小采用凿形或锥形，目前印制板发展趋势是小型密集化，因此一般常用小型圆锥烙铁头。

2） 加热时应尽量使烙铁头同时接触印制板上铜箔和元器件引线。对较大的焊盘 （直径大于 5 mm） 焊接时可移动焊铁，即烙铁绕焊盘转动，以免长时间停留导致局部过热。

3） 金属化孔的焊接，两层以上电路板的孔都要进行金属化处理。焊接时不仅要让焊料润湿焊盘，而且孔内也要润湿填充。

4） 焊接时不要用烙铁头摩擦焊盘的方法增强焊料润湿性能，要靠表面清理和镀锡。

5） 耐热性差的元器件应使用工具辅助散热。

5.1.5 焊点的质量分析

焊接是电子产品制造中最主要的一个环节，在焊接结束后，为焊接保证质量，都要进行质量检查。由于焊接检查与其他生产工序不同，没有一种机械化、自动化的检查测量方法，因此主要是通过目视检查和手触检查发现问题。一个虚焊点就能造成电子产品不能工作，据统计现在电子产品故障中近一半是由于焊接不良引起的，观察一台电子产品的焊点质量可看出制造厂的工艺水平，了解一个电子工作人员的操作水平就可估量他的基本功。

1. 焊点的质量要求

对焊点的质量要求主要包括电气连接、机械强度和外观等 3 个方面。

（1） 焊点要有可靠的电气连接

焊接是电子线路从物理上实现电气连接的主要手段，电子产品的焊接是同电路通、断情况紧密相连的，一个焊点要能稳定、可靠地通过一定的电流，没有足够的连接面积和稳定的接合层是不行的。良好的焊点应该具有可靠的电气连接性能，不允许出现虚焊、桥接等现象，锡焊连接不是靠压力，而是靠接合层达到电连接的目的，如果焊锡仅仅是堆在焊件表面或只有少部分形成接合层，那么在最初的测试和工作中也许不能发现，但随着条件的改变和时间的推移，电路会产生时通时断或者干脆不工作的现象，而这时观察外表，电路依然是连接的。

（2） 焊点要有足够的机械强度

焊接不仅起到电气连接的作用，同时也要固定元器件、保证机械连接，这就是机械强度的问题。焊料多，机械强度大；焊料少，机械强度小。但焊点过多容易造成虚焊、桥接短路的故障。通常焊点的连接形式与机械强度也有一定的关系。在使用过程中，不会因正常的振动而导致焊点脱落。

（3）外形清洁美观

良好焊点应是焊料用量恰到好处，外表有金属光泽、平滑，没有裂纹、针孔、夹渣、拉尖、桥接等现象，并且不伤及导线绝缘层及相邻元件，良好的外表是焊接质量的反映。例如，外表有金属光泽，是焊接温度合适、生成稳定合金层的标志。一个良好的焊点应该是明亮、清洁、平滑，焊锡量适中并呈裙状拉开，焊锡与被焊件之间没有明显的分界，这样的焊点才是合格、美观的，如图 5-13 所示，典型焊点的外观要求如下。

1）形状为近似圆锥而表面微凹呈漫坡形，以焊接导线为中心，对称成裙形拉开。

2）焊料的连接面呈半弓形凹面，焊料与焊件交界处应平滑。

3）表面有光泽且平滑。

4）无裂纹、针孔、夹渣。

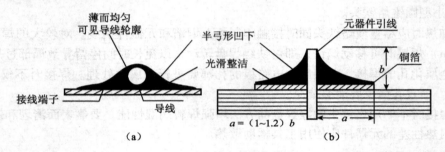

图 5-13 典型焊点的外观

（a）导线焊接焊点；（b）电路板焊接焊点

2. 焊点质量检查

焊点的检查通常采用外观检查、手触检查和通电检查的方法。

（1）外观检查

外观检查指从外观上目测（或借助放大镜、显微镜观测）焊点是否合乎上述标准，检查焊接质量是否合格，焊点是否有缺陷。目视检查的主要内容：是否漏焊；焊点的光泽；焊料用量；是否有桥接、拉尖现象；焊点有没有裂纹；焊盘是否有起翘或脱落情况；焊点周围是否有残留的焊剂；导线是否有部分或全部断线；外皮烧焦、露出芯线等现象。

（2）手触检查

手触检查主要是用手指触摸元器件，看元器件的焊点有无松动、焊接不牢的现象，上面的焊锡是否有脱落现象；用镊子夹住元器件引线轻轻拉动，有无松动现象。

（3）通电检查

通电检查必须是在外观检查及连线检查无误后才可进行的工作，也是检验电路性能的关键步骤。如果不经过严格的外观检查，通电检查不仅困难较多而且有损坏设备仪器，造成安全事故的危险。例如，电源连线虚焊，那么通电时就会发现设备加不上电，当然无法检查。通电检查可以发现许多微小的缺陷。例如，用目测观察不到的电路桥接，但对于内部虚焊的隐患就不容易觉察，所以根本的问题还是要提高焊接操作的技术水平，不能把问题留给检查工作。

3. 焊点缺陷分析

焊点的常见缺陷有虚焊、桥接、拉尖、球焊、焊料过少、印制电路板铜箔起翘、焊盘脱落、空洞等。造成焊点缺陷的原因很多，在材料（焊料与焊剂）和工具（烙铁、夹具）一定的情况下，采用什么样的焊接方法，以及操作者是否有责任心就起决定性的作用了。

（1）虚焊

虚焊是焊接时焊点内部没有形成金属合金的现象，如图 5-14（a）所示。为使焊点有良好的导电性能，必须防止虚焊。虚焊是指焊料与被焊物表面没有形成合金结构，只是简单地依附在被焊金属的表面上。在焊接时，如果只有一部分形成合金，而其余部分没有形成合金，这种焊点在短期内也能通过电流，用仪表测量也很难发现问题。但随着时间的推移，没有形成合金的表面就要被氧化，此时便会出现时通时断的现象，这势必造成产品的质量问题。

虚焊形成的原因有：焊接面氧化或有杂质、焊锡质量差、焊剂性能不好或用量不当、焊接温度掌握不当，焊接结束但焊锡尚未凝固时焊接元件移动等。有虚焊的焊点表现为信号时有时无、噪声增加、电路工作不正常等"软故障"。

（2）桥接

桥接是指焊料将印制电路板中不应连接的相邻的印制导线及焊盘连接起来的现象，如图 5-14（b）所示。明显的桥接较易发现，但细小的桥接用目视法是较难发现的，往往要通过仪器的检测才能暴露出来。

桥接形成的原因有焊锡用量过多、电烙铁使用不当、导线端头处理不好、自动焊接时焊料槽的温度过高或过低、焊接的时间过长使焊料的温度过高时，将使焊料流动而与相邻的印制导线相连，电烙铁离开焊点的角度过小都容易造成桥接。桥接导致产品出现电气短路，有可能使相关电路的元器件损坏。

（3）拉尖

拉尖是指焊点表面有尖角、毛刺的现象，如图 5-14（c）所示。焊接时间过长，焊剂分解挥发过多，使焊料黏性增加，当电烙铁离开焊点时就容易产生拉尖现象，或是由于电烙铁撤离方向不当，也可产生焊料拉尖。最根本的避免方法是提高焊接技能，控制焊接时间，对于已造成拉尖的焊点应进行重焊。

拉尖形成的原因有烙铁头离开焊点的方向不对、电烙铁离开焊点太慢、焊料质量不好、焊料中杂质太多、焊接时的温度过低等。拉尖的存在使得焊点外观不佳、易造成桥接现象；对于高压电路，有时会出现尖端放电的现象。

（4）球焊

球焊是指焊点形状像球形、与印制板只有少量连接的现象，如图 5-14（d）所示。焊点的焊料过多，外形轮廓不清，甚至根本看不出焊点的形状，而焊料又没有布满被焊物引线和焊盘。避免球焊形成的办法是彻底清洁焊盘和引线，适量控制焊料，增加助焊剂，或提高电烙铁功率。

球焊形成的原因有：印制板面有氧化物或杂质、焊料过多、焊料的温度过低，焊料没有完全熔化，焊点加热不均匀及焊盘、引线不能润湿等。由于被焊部件只有少量连接，因而其机械强度差，略微振动就会使连接点脱落，造成虚焊或断路故障。

（5）焊料过少

焊料过少是指焊料撤离过早，焊料未形成平滑面的现象，如图5－14（e）所示。

焊料过少的主要原因是焊料撤离过早。焊料过少使得焊点机械强度不高，电气性能不好，容易松动。

（6）空洞

空洞是指焊点内部出现气泡的现象，如图5－14（f）所示。空洞是由于焊盘的穿线孔太大、焊料不足，致使焊料没有全部填满印制电路板插件孔而形成的。

空洞形成的原因有印制电路板焊盘开孔位置偏离了焊盘中点、孔径过大、孔周围焊盘氧化、脏污、预处理不良等。存在空洞的电路板暂时导通但长时间容易引起导通不良。

（7）印制板铜箔起翘、焊盘脱落

印制板铜箔起翘、焊盘脱落是指印制板上的铜箔部分脱离印制板的绝缘基板，或铜箔脱离基板并完全断裂的情况，如图5－14（g）所示。

印制板铜箔起翘、焊盘脱落形成的原因有：焊接时间过长、温度过高、反复焊接；或在拆焊时，焊料没有完全熔化就拔取元器件。印制板铜箔起翘、焊盘脱落会使电路出现断路或元器件无法安装的情况，甚至整个印制板损坏。

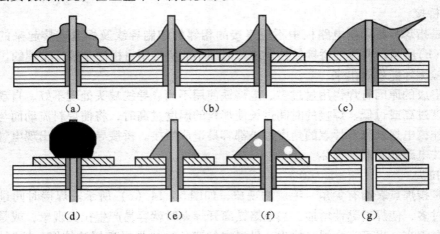

图5－14　常见的焊接缺陷

（a）虚焊；（b）桥接；（c）拉尖；（d）球焊；（e）焊料过少；（f）空洞；（g）铜箔起翘

从上面焊接缺陷产生原因的分析中可知，焊接质量的提高要从两方面着手。

1）要熟练地掌握焊接技能，准确地掌握焊接温度和焊接时间，使用适量的焊料和焊剂，认真对待焊接过程的每一个步骤。

2）要保证焊件的可焊性及其表面的清洁，必要时采取预先上锡或清洁措施。

5.1.6　自动焊接技术

随着电子技术的发展，电子产品向多功能、小型化、高可靠性方向发展。电路越来越复杂，产品组装密度也越来越高，手工焊接虽能满足高可靠性的要求，但很难同时满足焊接高效率的要求。因此，在电子产品大批量的生产企业里高效的自动焊接技术就应运而生，常用的有浸焊、波峰焊和再流焊。

1. 浸焊

浸焊是将插好元器件的印制电路板浸入熔融状态的锡锅中，一次完成印制电路板上所有焊点的焊接。焊点以外不需连接的部分通过在印制电路板上涂阻焊剂来实现。它比手工焊接生产效率高，操作简单，适于批量生产。需要注意的是，使用锡锅浸焊，要及时清理掉锡锅内熔融焊料表面形成的氧化膜、杂质和焊渣。焊料与印制板之间大面积接触，时间长，温度高，容易损坏元器件，还容易使印制板变形。浸焊包括手工浸焊和自动焊接两种形式。

（1）手工浸焊

手工浸焊是由专业操作人员手持夹具，夹住已插装好元器件的印制电路板，以一定的角度浸入焊锡槽内来完成的焊接工艺，它能一次完成印制电路板众多焊接点的焊接。具体操作过程如下。

1）锡锅准备。锡锅熔化焊锡的温度在 230 ℃~250 ℃ 为宜，但有些元器件和印制板较大，可将焊锡的温度提高到 260 ℃ 左右，且随时加入松香助焊剂，及时去除焊锡层表面的氧化层。

2）涂覆助焊剂。将插装好元器件的印制电路板浸渍松香助焊剂，使焊盘上涂满助焊剂。

3）浸锡。用夹具夹住印制电路板的边缘，以与锡锅内的焊锡液成 30°~45° 的倾角，且与锡液保持平行浸入锡锅内，浸入的深度以印制板厚度的 50%~70% 为宜，浸锡的时间为 3~5 s，浸焊后仍按原浸入的角度缓慢取出，如图 5-15 所示。

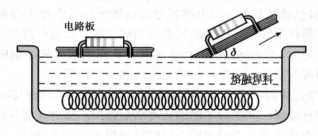

图 5-15　普通浸焊设备

4）冷却电路板。在浸焊完毕后，把印制电路板从焊锡槽中取出，并马上对其进行风冷。

5）检查焊接质量。对已进行风冷的印制电路板便可进行焊点质量的检查，看是否有漏焊、拉尖和虚焊等现象。如有则要进行手工补焊。由于浸焊的可靠性较波峰焊低，因此检查更为重要。

（2）自动浸焊

自动浸焊是用机械设备进行浸焊，代替操作人员完成浸焊的一切工序。自动浸焊的工艺流程是将已插有元器件的待焊印制电路板由传送带送到工位，焊料槽自动上升，待焊板上的元器件引脚与印制电路板焊盘完全浸入焊料槽，保持足够的时间后，焊料槽下降，脱离焊料，冷却形成焊点完成焊接。由于印制电路板连续传输，在浸入焊料槽的同时，拖拉一段时间与距离，这种引脚焊盘与焊料的相对运动，有利于排除空气与助焊剂挥发气体，增加湿润作用。

（3）自动浸焊设备

1）普通浸焊机。普通浸焊机在浸焊时，将振动头安装在印制电路板的专用夹具上，当印制电路板浸入锡锅停留 2 ~ 3 s 后，开启振动头振动 2 ~ 3 s，这样既可振动掉多余的焊锡，也可使焊锡渗入焊点内部。

2）超声波焊接机。超声波焊接机是通过向锡锅内辐射超声波来增强浸锡效果，使焊接更可靠，适用于一般浸锡较困难的元器件浸锡。

（4）浸焊的特点

浸焊比手工焊接的效率高，设备也较简单，但由于锡锅内的焊锡表面是静止的，表面氧化物易粘在焊接点上，并且印制电路板焊面全部与焊锡接触，温度高，易烫坏元器件并使印制电路板变形，难以充分保证焊接质量。浸焊是初始的自动化焊接，目前在大批量电子产品生产中已为波峰焊所取代，或在高可靠性要求的电子产品生产中作为波峰焊的前道工序。

2. 波峰焊

波峰焊接（Wave Soldering）是利用波峰焊机内的机械泵或电磁泵，将熔融钎料压向波峰喷嘴，形成一股平稳的钎料波峰，并源源不断地从喷嘴中溢出，装有元器件的印制电路板以直线平面运动的方式通过钎料波峰面而完成焊接的一种成组焊接工艺技术，如图 5 - 16 所示。

（1）波峰焊接的工艺流程

1）焊前准备。元器件引线成型，印制板准备等。

2）元器件插装。将已成型的元器件插装在印制板上。

3）喷涂焊剂。将已插装好的印制电路板通过运输带传送到喷涂焊剂装置，把焊剂均匀地喷涂在印制板机元器件引线上，以清除其表面的氧化物，增加可焊性。

4）预热。对已喷涂焊剂的电路板进行预加热，这样能够去除印制电路板上的水分，激活焊剂，减小波峰焊接时给电路板带来的热冲击，提高焊接质量。

5）波峰焊接。经过前面工序后，将电路板送入焊锡槽，波峰焊接机中的离心泵形成一股向上平稳喷涌的焊料波峰，并源源不断地从喷嘴中溢出。装有元器件的印制电路板以直线平面运动的方式通过焊料波峰，在焊接面上形成浸润焊点而完成焊接。

6）冷却。印制电路板焊接后，板面的温度很高，焊点尚且没有完全凝固，此时轻微地振动电路板就会影响焊接质量，而且长时间的高温会损坏电子元器件及电路板，因此要进行冷却。

7）清洗。冷却后对电路板进行清洗，保证焊接质量。

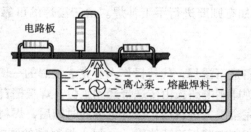

图 5 - 16　波峰焊设备的焊锡槽

（2）波峰焊的特点

波峰焊是目前应用最广泛的自动化焊接工艺。与自动浸焊相比较，其最大的特点是锡槽内的锡不是静止不动的，熔化的焊锡在机械泵（或电磁泵）的作用下由喷嘴源源不断流出而形成波峰，波峰焊的名称由此而来。波峰即顶部的液态锡没有氧化物和污染物，在传动机构移动过程中，印制线路板分段、局部与波峰接触焊接，避免了浸焊工艺存在的缺点，使焊接质量可以得到保证。

波峰焊生产效率高，最适应单面印制电路板的大批量地焊接；焊接的温度、时间、焊料及焊剂等的用量，均能得到较完善的控制。但波峰焊容易造成焊点桥接的现象，需要补焊修正。

3. 再流焊

再流焊（Reflow Soldering），亦称回流焊，是将焊料加工成一定颗粒，并拌以适当的液态黏合剂，使之成为具有一定流动性的糊状焊膏，用它将贴片元器件粘在印制电路板上，再利用外部热源使焊料再次流动达到焊接目的的一种成组或逐点焊接工艺。再流焊主要用于贴片元器件的焊接，再流焊接技术能完全满足各类表面组装元器件对焊接的要求，因为它能根据不同的加热方法使焊料再流，实现可靠的焊接连接。

（1）再流焊的工艺流程

1）焊前准备。准备元器件、电路板、焊锡膏及焊接工具。

2）贴装 SMT 元器件。把表面组装元器件贴装到印制电路板上，使它们的电极准确定位于各自的焊盘。

3）再流焊接。用再流焊设备进行焊接，在焊接过程中焊膏熔化再次流动，充分浸润元器件和印制电路板的焊盘，焊锡熔液的表面张力使相邻焊盘之间的焊锡分离而不至于短路。

4）冷却测试。焊接完毕，即使冷却电路板，避免长时间的高温损坏电子元器件及电路板，进行电路检测，保证焊接质量。

5）整形、清洗。再流焊过程中，由于助焊剂的挥发助焊剂不仅会残留在焊接点的附近，还会沾染电路基板的整个表面，要对电路板进行清洗，焊接有缺陷的要整形、修理。

印刷焊膏要使用焊膏印刷机，焊膏印刷机有自动印刷机和手动印刷机，目前都在使用；贴装元器件是将元器件贴装在印刷有焊膏的印制电路板上，贴装要求高精度，否则元器件贴不到位，就会形成错焊，因此在生产线上大都采用自动贴片机；回流焊的主要设备是回流焊接机，回流焊接机通过对印制电路板进行符合要求的加热，使焊膏熔化，将元器件焊接在印制电路板上。

（2）再流焊的特点

回流焊中元器件不直接浸渍在熔融的焊料中，所以元器件受到的热冲击小；能在前道工序里控制焊料的施加量，减少了虚焊、桥接等焊接缺陷，所以焊接质量好，焊点的一致性好，可靠性高。回流焊还具有一定的自动位置校正功能。如果前道工序在印制电路板上施放，焊料的位置正确而贴放元器件的位置有一定偏离，在回流焊过程中，当元器件的全部焊端、引脚及其相应的焊盘同时浸润时，由于熔融焊料表面张力的作用，能够把元器件拉回到近似准确的位置。回流焊接工艺简单，返修的工作量很小，但由于回流焊的精度要求高，回流焊接设备一般是比较昂贵的。

5.1.7 拆焊

在电子产品的生产过程中，不可避免地要因为装错、损坏或因调试、维修的需要而拆换元器件，这就是拆悍，也叫解焊。在实际操作中拆焊要比焊接难度高，如拆焊不得法，很容易将元器件损坏或损坏印制电路板焊盘，它也是焊接工艺中一个重要的工艺手段。

1. 拆焊的基本原则

拆焊的步骤一般是与焊接的步骤相反的，拆焊前一定要弄清楚原焊接点的特点，不要轻易动手。

（1）不损坏拆除的元器件、导线、原焊接部位的结构件。

（2）拆焊印制电路板上的元器件时要避免印制焊盘和印制导线因过热和机械损伤而剥离或断裂。

（3）对已判断为损坏的元器件可先将引线剪断再拆除，这样可减少其他损伤。

（4）拆焊过程中要避免电烙铁及其他工具，烫伤或机械损伤周围其他元器件、导线等，如确实需要应做好复原工作。

2. 拆焊工具

常用的拆焊工具有以下几种。

（1）普通电烙铁。加热焊点，熔化焊锡。

（2）镊子。以端头较尖、硬度较高的不锈钢为佳，用以夹持器件或恢复焊孔。

（3）吸锡器。吸锡器用于协助电烙铁拆卸电路板上的元器件，使元器件的引脚与焊盘分离，并吸空焊盘上的焊锡，做好安装新元件的准备。

（4）吸锡电烙铁。吸锡电烙铁具有加热、吸锡两种功能，吸锡电烙铁用于吸去熔化的焊锡，使焊盘与元器件引线或导线分离，达到解除焊接的目的，具有拆焊效率高、不易损伤元器件的优点；特别是拆焊多接点的元器件时，使用它更为方便。

（5）吸锡材料。用以吸取焊接点上的焊锡，常用的有屏蔽编织层、细铜网等，使用时将吸锡材料浸上松香水，贴到待拆焊的焊点上，然后用烙铁加热吸锡材料，通过吸锡材料将热传递到焊点上，熔化焊锡，吸锡材料吸附焊锡。

3. 拆焊的操作要点

（1）严格控制加热的温度和时间

一般元器件及导线绝缘层的耐热性较差，受热容易损坏，折焊较焊接时的加热时间要长，并要求温度要高，所以要严格控制温度和加热时间，以免将元器件烫坏或将焊盘翘起、断裂。在某些情况下，采用间隔加热法进行拆焊，要比长时间连续加热的损坏率小些。

（2）拆焊时不要用力过猛

在高温状态下，元器件封装的强度都会下降，尤其是塑封器件、陶瓷器件、玻璃端子等，拆焊时用力过猛会造成元器件损伤或引线脱离。拆焊时不能用电烙铁去撬焊接点或晃动元器件引脚，这样容易造成焊盘的剥离和引脚的损伤。

（3）吸去拆焊点上的焊料

拆焊前用吸锡工具吸去焊料，有时可以直接将元器件拔下。如果在没有吸锡工具的情况下，则可以将印制电路板或能移动的部件倒过来，用电烙铁加热拆焊点，利用重力原理，让焊锡自动流向烙铁头，也能达到部分去锡的目的。

4. 拆焊的方法

（1）剪断拆焊法

先用斜口钳或剪刀贴着焊点根部剪断导线或元器件的引线，再用电烙铁加热焊点，接着用镊子将引线头取出。这种方法简单易行，对引线较长或安装允许的情况下是一种很便利的方法。对引线很多的器件且明确其已损坏时，也可采用此法先切断所有引线再拆焊。

（2）分点拆焊法

分点拆焊法是先拆除一个焊接点上的引线，再拆除另一个焊接点上的引线，最后把元器件拔出。当需要拆焊的元器件引脚不多，且须拆焊的焊点距其他焊点较远时，可采用电烙铁进行分点拆焊。

（3）集中拆焊法

集中拆焊法是用电烙铁同时交替加热几个焊接点，待焊锡熔化后一次拔出元器件。对于引线排列整齐的元器件（如集成电路），可自制与元器件引线焊接点尺寸相当的加热块或板套在电烙铁上，对所有焊点一起加热，待焊锡熔化后一次拔出元器件。对表面贴装元器件，用热风焊枪给元器件加热，待焊锡熔化后将元器件取下。当需要拆焊的元件引脚不多，且焊点之间的距离很近时，可使用集中拆焊法。

（4）吸锡工具拆焊法

当需要拆焊的元件引脚多、引线较硬时，或焊点之间的距离很近且引脚较多时，如多脚的集成电路拆焊，应使用吸锡工具拆焊，即用电烙铁和吸锡工具（或直接使用吸锡电烙铁），逐个将被拆元器件焊点上的焊锡吸掉，并将元器件的所有引脚与焊盘分离，即可拆下元器件。

（5）采用空针头拆焊法

该法是利用尺寸相当（孔径稍大于引线直径）的空针头（可用注射器针头），套在需要拆焊的引线上，当电烙铁加热焊锡熔化的同时，迅速旋转针头直到烙铁撤离焊锡凝固后方可停止，这时拔出针头，引线显然已被分离。

（6）间断加热拆焊法

在拆焊耐热性差的元器件时，为了避免因过热而损坏元器件，不能长时间连续加热该元器件，应该采用间隔加热法进行拆焊。

5. 拆焊后重新焊接应注意的问题

拆焊后一般都要重新焊上元器件或导线，操作时应注意以下几个问题。

1）重新焊接的元器件引线和导线的剪截长度、离底板或印制电路板的高度、弯折形状和方向，都应尽量保持与原来的一致，使电路的分布参数不致发生大的变化。以免使电路的性能受到影响，尤其对于高频电子产品更要重视这一点。

2）印制电路板拆焊后，如果焊盘孔被堵塞，应先用锥子或镊子尖端在加热下，从铜箔面将孔穿通，再插进元器件引线或导线进行重焊。不能靠元器件引线从基板面穿孔，这样很容易使焊盘铜箔与基板分离，甚至使铜箔断裂。

3）拆焊点重新焊好元器件或导线后，应将因拆焊需要而弯折、移动过的元器件恢复原状。

5.2 导线加工工艺

5.2.1 绝缘导线的加工工艺

绝缘导线的加工可分为剪裁、剥头、捻头、上锡、清洁、打印标记等工序。

1. 裁剪

剪裁是指按工艺文件的导线加工表的规定进行导线的剪切。根据"先长后短"的原则，先剪长导线，后剪短导线，这样可以减少线材的浪费。剪裁绝缘导线时，要求先拉直再剪裁，其剪切刀口要整齐，不损伤导线。剪裁的导线长度允许有 5% ~10% 的正误差，不允许出现负误差。

2. 剥头

将绝缘导线的两端去除一段绝缘层，使芯线导体露出的过程就是剥头。剥头长度应符合工艺文件的要求，见表 5 - 3。剥头时不应损坏芯线，使用剥线钳时，注意芯线粗细与剥线口的匹配，剥头的方法有刃截法和热截法。

（1）刃截法

刃截法常用的工具有剥线钳、电工刀与剪刀，多用剥线钳。剥线钳适用于直径 0.5 ~2 mm的橡胶、塑料为绝缘层的导线、绞合线和屏蔽线。有特殊刃口的也可用于以聚四氟乙烯为绝缘层的导线。剥线时，将规定剥头长度的导线插入刃口内，压紧剥线钳，刀刃切入绝缘层内，随后用夹爪抓住导线，拉出剥下的绝缘层。

（2）热截法

热截法通常使用的热控剥皮器去除导线绝缘层。使用时，将热控剥皮器通电预热 10 min，待热阻丝呈暗红色时，将需剥头的导线按剥头所需长度放在两个电极之间。边加热边转动导线，待四周绝缘层切断后，用手边转动边向外拉，即可剥出无损伤的端头。加工时注意通风，并注意正确选择剥皮器端头合适的温度。

表 5 - 3　剥头长度的选取

芯线横截面积/mm^2	0 ~1	1.1 ~2.5
剥头长度/mm	8 ~10	10 ~14

3. 捻头

对多股芯线的导线在剪切剥头等加工过程中易于松散，尤其是带有纤维绝缘层的多股芯线，在去掉纤维层时更易松散，这就必须增加捻线工序。捻头时要顺着原来的合股方向旋转来捻，螺旋角度一般为 30° ~45°，捻线时用力要均匀，不宜过猛，否则易将较细的芯线捻断。

4. 上锡

上锡（又称搪锡）是指对捻紧端头的导线进行浸涂焊料的过程。上锡可以防止已捻头的芯线散开及氧化，并可提高导线的可焊性，减少虚焊、假焊的故障现象。上锡可采用锡锅浸锡或电烙铁上锡的方法进行。

（1）锡锅上锡

采用锡锅（又称搪锡缸）浸锡时，锡锅通电使锅中焊料熔化，将捻好头的导线蘸上助焊剂，然后将导线垂直插入锡锅中，并且使浸渍层与绝缘层之间留有 1～2 mm 的间隙，待润湿后取出，浸锡时间为 1～3 s，如图 5－17 所示。

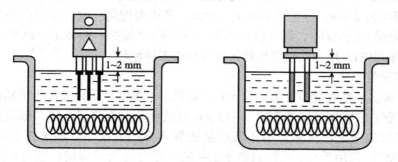

图 5－17　导线端头上锡

（2）电烙铁上锡

采用电烙铁上锡时，应待电烙铁加热至可熔化焊锡时，在烙铁上蘸满焊料，将导线端头放在一块松香上，烙铁头压在导线端头，左手边慢慢地转动边往后拉，当导线端头脱离烙铁后导线端上也即上好了锡。

5. 清洁

上锡后的导线端头有时会残留焊料、焊剂的残渣或其他杂质而影响焊接，应及时清洗。清洗液可选用酒精，既能清洁脏物，又能迅速冷却刚完成上锡工艺的导线，保护导线绝缘层。

6. 打印标记

复杂的电子产品使用的绝缘导线通常有很多根，需要在导线两端印上字符标记或色环标记等，以便于区分。打印标记是为了安装、焊接、检修和维护方便。标记通常打印在导线端子、元件、组件板、各种机箱分箱的面板上以及机箱分箱插座、接线柱附近。

所有标记都应与设计图纸的标记一致，符合电气文字符号国家新标准。标记字体的书写应字体端正，笔画清楚，排列整齐，间隔匀称。在小型元器件上加注标记时，可只标记元器件的序号。标记应放在明显的位置，不被其他导线、器件所遮盖。标记的读数方向要与机座或机箱的边线平行或垂直，同一个面的标记、读数方向要统一。标记一般不要打印在元器件上，因为会给元器件更换带来麻烦。在保证不更换的元器件上，打印标记是允许的。

目前，在一般产品的印制电路板上，将元器件电路符号和文字符号都打印在印制电路板的背面。元器件的引线标记对准焊盘，这给安装和修理带来许多方便。

简单的电子制作所用的元器件不多，所用的导线也很少，仅凭塑料绝缘导线的颜色就能分清连接线的来龙去脉，就可以不打标记。市场上导线的颜色大约有十几种，同一种颜色又可凭导线粗细不同区分开。复杂的电子装置使用的绝缘导线通常有很多根，需要在导线两端印上线号或色环标记，或采用套管打印标记等方法。

（1）导线端印字标记

导线标记位置应在离绝缘端 8～15 mm 处，如图 5－18 所示，印字要清楚，印字方向要一致，字号应与导线粗细相适应。若机内跨接导线不在线孔内，数量较少，可以不打印标记。短导线数量较多时，可以只在其一端打印标记。深色导线可用白色油墨，浅色导线可用黑色油墨,以使字迹清晰可辨。

(2)绝缘导线染色环标记

导线的色环位置应根据导线的粗细,从距导线绝缘端10～20 mm处开始,色环宽度为2 mm,色环间距为2 mm。各色环的宽度、距离、色度要均匀一致。导线色环并不代表数字(不像色环电阻器上的色环),而仅仅是作为区别不同导线的一种标志。色环读法是从线端开始向后顺序读出的。用少数颜色排列组合可构成多种色环。

(3)标记套管标记

在元器件较多、接线很多且机壳较大时,如机柜、控制台等,为便于识别接线端子,通常采用标记套管。它常用塑料管剪成8～15 mm长的筒子,在筒子上印有标记及序号,然后套在绝缘导线的端子上。在业余制作及产品数量不多的情况下,端子筒上的文字与序号(合称为"标记")可用手写。在塑料筒子上一般可用写号笔写标记;也可采用蓝色或红色圆珠笔,但为了不易被手擦去,应把写好的标记放在烈日下曝晒1～2 h,或放在烘箱中烘烤0.5 h左右(烘烤温度为60 ℃～80 ℃),这样,冷却后油墨就不易被擦去了。

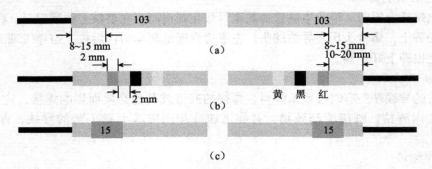

图5－18 绝缘导线的标记

5.2.2 屏蔽导线端头的加工

为了防止导线周围的电场或磁场干扰电路正常工作而在导线外加上金属屏蔽层,即构成了屏蔽导线。在对屏蔽导线进行端头处理时应注意去除的屏蔽层不宜太多;否则会影响屏蔽效果。屏蔽线是两端接地还是一端接地要根据设计要求来定,一般短的屏蔽线均采用一端接地。

屏蔽导线有4层,包含外层绝缘护套、金属屏蔽层、绝缘层、芯线等。屏蔽导线的端头处理与普通导线端头处理的主要差别在于屏蔽层的加工。

1. 屏蔽层不接地端头加工工艺

1)剥去外层护套。用刃切法或热切法切除一段外层护套,切除的长度参照工艺文件。采用刃切法时刀刃要斜切,不要伤及屏蔽层。热切法是在需要剥去外护套的地方,用热控剥皮器烫一圈,深度直达铜编织层,再顺着断裂圈到端口烫一条槽,深度也要达到铜编织层。再用尖嘴钳或医用镊子夹持外护套,撕下外绝缘护套。如图5－19(a)所示。

2)去除屏蔽层。松散屏蔽层的铜编织线,用左手拿住屏蔽导线的外绝缘层,用右手推屏蔽铜编织线,再用剪刀剪断屏蔽铜编织线。左手拿住屏蔽线的外绝缘层,用右手指向左推编织线,使之成为图5－19(b)所示的形状。镊子在铜编织套上拨开一个孔,弯曲屏蔽层,从孔中取出芯线，如图 5-19（c）所示，用手指捏住已抽出芯线的铜屏蔽编织套向端部捋一下，根据要求剪取适当的长度，端部拧紧。

　　3）加工屏蔽层。将编织套推成球状后用剪刀剪去，仔细修剪干净即可。若是要求较高的场合，则在剪去编织套后，将剩余的编织线翻过来，如图 5-19（d）所示，再套上收缩性套管。

　　4）剥去内绝缘层。要求截去芯线外绝缘层，然后给芯线浸锡，如图 5-19（e）所示。

　　5）芯线上锡和清洗。浸锡操作过程同绝缘导线浸锡相同。在浸锡时，要用尖嘴钳夹持离端头 5~10 mm 的地方，防止焊锡透渗距离过长而形成硬结。

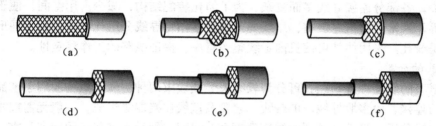

图 5-19　屏蔽层不接地端头的加工方法

2. 屏蔽层接地端加工工艺

1）剥去外层护套。用刃切法或热切法切除一段外层护套。

2）拆开屏蔽层。用镊子将屏蔽层挑拆散开，如图 5-20（a）所示，使屏蔽层与芯线分开。

3）屏蔽修正接线。修剪分开后的屏蔽层，其长度要小于芯线，将其合在一边且捻在一起，然后上锡，另焊一根导线作为屏蔽线的接地线，如图 5-20（b）所示。

4）剥去内绝缘层。截去芯线内绝缘层，然后给芯线浸锡。

5）芯线上锡和清洗。

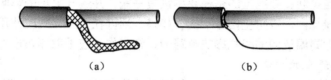

图 5-20　屏蔽层接地端头的加工方法
(a) 拆开屏蔽层；(b) 屏蔽修正接线

3. 加接导线引出接地端的处理

屏蔽线有时需要加接导线来引出接地端子，处理方法如下。

1）剥去屏蔽层并整形上锡。如图 5-21（a）所示，挑出芯线，将屏蔽层整形、捻紧并且上锡。

2）在屏蔽层上加接接地导线。如图 5-21（b）所示，将一段直径为 0.5~0.8 mm 的铜线一端绕在已剥去并经过整形的屏蔽层上 2~3 圈，并且焊接。

3）加套管的接地线焊接。有时需要将一段合适长度的导线焊接在金属屏蔽层上做接地导线，再用绝缘套管套住焊接处，如图 5-21（c）、图 5-21（d）所示。

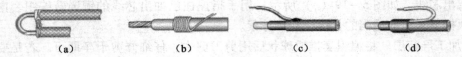

（a）　　　　　　（b）　　　　　　（c）　　　　　　（d）

图 5 - 21　加接导线引出接地端的加工方法

5.2.3　线把的扎制

电子产品的电气连接主要是依靠电路板和各种规格的导线来实现的。在一些中、大型的电子产品中，各部分连接导线多而复杂，为了简化装配结构，减少占用空间，便于安装、检测和维修等，常常在整机总装前，用线绳或线扎搭扣将导线分组扎制成各种不同形状的导线束，也就是线扎。采用线扎可使机内走线整齐有序，保证电路的工作稳定性。

1. 线扎的分类

根据线束的软硬程度，线扎可分为软线束和硬线束两种。软线束一般用于产品中各功能部件之间的连接，由多股导线、屏蔽线、套管及接线连接器等组成，一般无需捆扎，只要按导线功能进行分组，将功能相同的线用套管套在一起。硬线束多用于固定产品零、部件之间的连接，特别在机柜设备中使用较多。它是按产品需要将多根导线捆扎成固定形状的线束。

2. 线扎成型工艺

导线成型是布线工艺中的重要环节，在导线成型之前，要根据机壳内部各部件、整件所处的位置绘制布线图，这是布线的总体设想。有了"线扎"图，导线成型就可有条不紊地进行。在电子装置整机的装配工作中，应该用线绳或线扎搭扣等把导线扎束成型，制成各种不同形状的线扎。

线扎是按图制作好后，再安装到机器上的。为了便于制作线扎，设计者先要按 1∶1 的比例绘制线扎图，以便于在图纸上直接排线；线扎拐弯处的半径应比线束直径大两倍以上；导线的长短要合适，排列要整齐；线扎分支线到焊点应有 10～30 mm 的余量，不要拉得过紧，以免受振动时将焊片或导线拉断；导线走的路径要尽量短一些，并避开电场的影响；输入、输出的导线尽量不排在一个线扎内，以防止信号干扰，如果必须排在一起，则应使用屏蔽线，射频电缆不排在线扎内；靠近高温热源的线扎影响电路的正常工作，应采取隔热措施。

3. 常用的绑扎线束的方法

常用的绑扎线束方法有线绳捆绑法、专用线扎搭扣绑扎法、黏合剂结扎法和套管套装法等。

（1）线绳捆扎法

线绳捆扎法是指用线绳将多根导线捆绑在一起构成线束的方法。绑扎线束的线绳有棉线、亚麻线、尼龙线、尼龙丝等。线绳的绑扎方法如图 5 - 22 所示。

图 5 - 22（a）所示为起始线扣的结法，即先绕一圈，拉紧，再绕第二圈，第二圈与第一圈靠紧。图 5 - 22（b）所示为绕一圈后结扣的方法。图 5 - 22（c）所示为绕二圈后结扣。图 5 - 22（d）所示为终端线扣的绕法，即先绕一个中间线扣，再绕一圈固定扣。起始线扣与终端线扣绑扎完毕应涂上清漆，以防止松脱。线扎较粗或带分支线束的绑扎方法如图 5 - 22 所示。在分支拐弯处应多绕几圈线绳，以便加固。

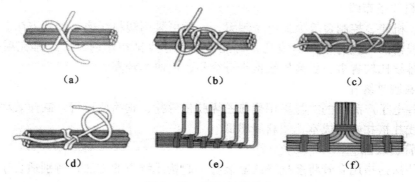

图 5 – 22　线绳捆扎方法

（2）黏合剂结扎

　　黏合剂结扎法是指用胶合剂将多根导线粘接在一起构成线束的方法，用于导线数量不多的小线束绑扎方法。导线很少，如只有几根至几十根，而且这些导线都是塑料做绝缘层时，可以采用四氢呋喃黏合剂粘合成线束。黏合时，可将一块平板玻璃放置在桌面上，再把待粘导线拉伸并列在玻璃上，然

图 5 – 23　黏合剂结扎方法

后用毛笔蘸四氢呋喃涂敷在这些塑料导线上，经过 2 ~ 3 min，待黏合剂凝固便可以获得一束平行塑料导线，如图 5 – 23 所示。如果用多种颜色的导线来黏合则更好。黏合剂粘接只能用于少量线束，比较经济，但换线不方便。而且在施工中要注意防护，因为四氢呋喃有挥发性，对人体有害。

（3）专用线扎搭扣绑扎

　　线扎搭扣绑扎是指用专用线扎搭扣将多根导线绑扎的方法。用线扎搭扣绑扎十分方便，线把也很美观，常为大、中型电子装置采用。用线扎搭扣绑扎导线时，可用专用工具拉紧，但不可拉得太紧，以防破坏搭扣。搭扣绑扎的方法是，先把塑料导线按线把图布线，在全部导线布完之后，可用一些短线头临时绑扎几处（如线把端头、转弯处），然后将线把整理成圆束，成束的导线应相互平行，不允许有交叉现象，整理一段，用搭扣绑扎一段，从头至尾，直至绑扎完毕。捆绑时，搭扣布置力求距离相等。搭扣拉紧后，要将多余的长度剪掉，如图 5 – 24 所示。

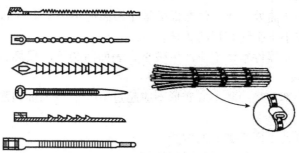

图 5 – 24　线扎搭扣绑扎方法

（4）塑料线槽布线

对机柜、机箱、控制台等大型电子装置，一般可采用塑料线槽布线的方法。线槽固定在机壳内部，线槽的两侧有很多出线孔，将准备好的导线排在槽内，导线排完后盖上线槽盖板。用线槽排线比较省事，更换导线也十分容易，但成本较高。

（5）塑料胶带绑扎

目前有些电子产品用的线扎采用聚氯乙烯胶带绑扎，它简便可行，制作效率比线绳绑扎高，效果比线扎搭扣好，成本比塑料线槽低。

（6）套管套装法

套管套装法是指用套管将多根导线套装在一起构成线束的方法，特别适合于裸屏蔽导线或需要增加线束绝缘性能和机械强度的场合。

5.3 元器件引线的成型

电子元器件种类繁多，外形不同，引出线也多种多样，所以印制板的组装方法也就有差异，必须根据产品结构的特点、装配密度及产品的使用方法和要求来决定。元器件装配到基板之前，一般都要进行加工处理，然后进行插装。良好的成型及插装工艺，不但能使机器性能稳定、防震、减少损坏等，而且还能达到机内整齐美观的效果。在安装前，根据安装位置的特点及技术方面的要求，要预先把元器件引线弯曲成一定的形状。

元器件引线成型是针对小型元器件的。

成型的目的是：使元器件在印制电路板上的装配排列整齐，并便于安装和焊接，提高装配质量和效率，增强电子设备的防震性和可靠性。

1. 元器件引线预加工处理

由于元器件引线的可焊性虽然在制造时就有这方面的技术要求，但因生产工艺的限制，加上包装、储存和运输等中间环节时间较长，在引线表面产生氧化膜，使引线的可焊性严重下降，因此元器件引线在成型前必须进行加工处理。

元器件引线预加工处理主要包括引线的校直、表面清洁及上锡 3 个步骤，要求引线处理后，不允许有伤痕，镀锡层均匀，表面光滑，无毛刺和残留物。

2. 引线成型的基本要求

引线成型工艺就是根据焊点之间的距离，做成需要的形状。目的是使它能迅速而准确地插入孔内，基本要求如下。

1）元件引线开始弯曲处，离元件端面的最小距离应不小于 2 mm。

2）弯曲半径不应小于引线直径的 2 倍。

3）引线成型后，元器件本体不应产生破裂，表面封装不应损坏，引线弯曲部分不允许出现模印、压痕和裂纹。

4）引线成型后，其直径的减小或变形不应超过 10%，其表面镀层剥落长度不应大于引线直径的 1/10。

5）元件标称值应处于便于查看的位置。

6）怕热元件要求引线增长，成型时应绕环。

7）引线成型后的元器件应放在专门容器中保存，元器件型号、规格和标志应向上。

8）引线成型尺寸应符合安装要求。

①小型电阻或外形类似电阻的元器件的成型形状及尺寸。引线成型基本要求如图 5 – 25 所示，弯曲点到元器件端面的最小距离 A 不应小于 2 mm，弯曲半径 R 应不小于 2 倍的引线直径，图 5 – 25 中，$A \geqslant 2$ mm，$R \geqslant 2d$（d 为引线直径），h 在垂直安装时不小于 2 mm，在水平安装时为 0 ~ 2 mm。

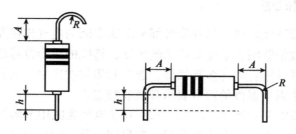

图 5 – 25   引线成型形状及尺寸

②半导体三极管和圆形外壳集成电路的引线成型要求如图 5 – 26 所示。

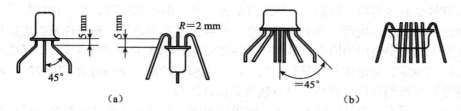

图 5 – 26   引线成型形状及尺寸

③扁平封装集成电路的引线成型要求如图 5 – 27（a）所示。图中 W 为带状引线厚度，$R = 2W$，带状引线弯曲点到引线根部的距离应不小于 1 mm。

④自动组装时元器件引线成型的形状如图 5 – 27（b）所示。

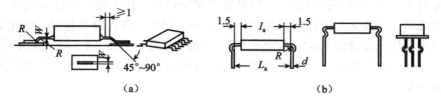

图 5 – 27   引线成型形状及尺寸

3. 成型方法

为保证引线成型的质量和一致性，应使用专用工具和成型模具。成型工序因生产方式不同而不同。在自动化程度高的工厂，成型工序是在流水线上自动完成的。在没有专用工具或加工少量元器件时，可采用手工成型，使用平口钳、尖嘴钳、镊子等一般工具。

5.4   电子工程识图

电子工程图是用规定的"电子工程语言"描述电路设计内容，表达工程设计思想，指导生产过程的工程图。识图是电子技术人员的一项基本功，若不会正确识图，就无法搞懂电子产品的工作原理，也不可能进行安装调试和维护修理。识图本身也是一种学习，通过识图可以获得知识，学习别人工作中的成功经验，积累实践知识，提高专业技术水平。识图技能在电子产品的开发、研制、设计和制作中起着重要的指导作用。

5.4.1 电子工程图概述

电子工程图主要描述元器件、部件和各部分电路之间的电气连接及相互关系，应力求简化。随着集成电路及微组装混合电路等技术的发展，传统的象形符号已不足以表达其结构与功能，象征符号被大量采用。而许多新元件、器件和组件的出现，又会用到新的名词、符号和代号。因此要及时掌握新器件的符号表示和性能特点。

电子工程图是以 GB/T 4728.1 ~ GB/T 4728.13《电气简图用图形符号》为标准绘制的电子产品的简化工程图，在电子行业广泛采用，在研制电路、设计产品、绘制电子工程图时要注意元器件图形、符号等要符合规范要求，使用国家规定的标准图形、符号、标志及代号。

1. 图形符号

图形符号是通过书写、绘制、印刷或其他方法产生的可视图形，是一种以简明、易懂的方式来传递一种信息，表示一个实物或概念，并可提供有关条件、相关性及动作信息的工业语言。电子工程图中使用的图形符号由国家标准 GB/T 4728.1 ~ GB/T 4728.13《电气简图用图形符号》的规定，标准图形符号可用电子或电工模板绘制，采用符合 GB 4728《电气简图用图形符号》标准构造的元件库也可直接得到标准图形。

在电子工程图中，符号所在的位置、线条的粗细、符的大小及符号之间的连线画成直线或斜线并不影响其含义，但表示符号本身的直线和斜线不能混淆。在元器件符号的端点加上"〇"不影响符号原义，但在逻辑电路的元件中，"〇"另有含义。在开关元件中，"〇"表示接点，一般不能省去。

2. 文字符号

在电路图中或在元器件符号旁，一般都标上文字符号，作为该元器件的代号，这种代号只是附加的说明，不是元器件图形符号的组成部分。同样，在计算机辅助设计电路软件中，也用文字符号标注元器件的名称。常见元器件的文字符号见表 5-4。第一组字母是国内常用的代号。在同一电路图中，不应出现同一元器件使用不同代号，或者一个代号表示一种以上元器件的现象。

3. 下脚标码

1）在同一电路图中，元器件序号，如 R1、R2、…、V1、V2、…。

2）电路由若干单元电路组成，一般前面缀以单位标号：

1R1、1R2、…，1V1、…，表示单元电路 1 中的元器件。

2R1、2R2、…，2V1、…，表示单元电路 2 中的元器件。

或者，对上述元器件采用 3 位标码表示它的序号及所在的单元电路，例如

R101、R102、…，BG101、BG102、…，表示单元电路 1 中的元器件。

R201、R202、…，BG201、BG202、…，表示单元电路 2 中的元器件。

3）一个元件有几个功能独立单元时，标码后再加附码，如 K1-a、K1-b、K1-c 等。

表 5 - 4　部分元器件文字符号

名　称	文字符号	名　称	文字符号
天线	TX、E、ANT	开关	K、S、DK
熔丝	BX、F、RD	插头	CT、T
二极管	D、CR	插座	CZ、J、Z
三极管	BG、T、Q	继电器	J、K
集成电路	IC、JC、U	传感器	MT
运算放大器	A、OP	线圈	Q、L
硅可控整流器	Q、SCR	接线排（柱）	JX
变压器	B、T	指示灯	ZD
石英晶体	SJT、Y、XTAL	按钮	AN
光电管、光电池		互感器	H

5.4.2　常见电子工程图

电子工程图可分为原理图和工艺图两大类，电子产品在装配中常用的工程图有系统图、流程图、原理图、印制板图和接线图等。

1. 系统图

系统图习惯称为方框图或框图，是一种用方框、少量图形符号和连线来表示电路构成概况的电路图样，它主要体现了电子产品的构成模块、各模块之间的连接关系、各模块在电性能方面所起作用的原理及信号的流程顺序。绘制方框图，一定要在方框内注明该方框所代表电路的内容或功能，方框之间的连线一般应用箭头表示信号流向。方框图也和其他图组合以表达一些特定内容。

如图 5-28 所示，超外差式调幅接收机采用超外差式接收原理，由输入电路、高放电路、变频电路（混频器和本振）、中频放大电路、检波电路、自动增益控制（AGC）电路、低频功率放大电路等组成。

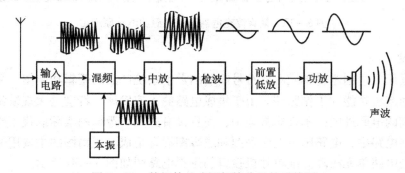

图 5 - 28　某超外差式调幅接收机的系统图

系统图识读方法：从左至右、自上而下地识读，或根据信号的流程方向进行识读，在识读的同时了解各方框部分的名称、符号、作用以及各部分的关联关系，从而掌握电子产品的总体构成和功能。

2. 电原理图

用来表示设备的电气工作原理，是采用国家标准规定的电气图形符号并按功能布局绘制的一种工程图，如图 5-29 所示。它使用各种图形符号，按照一定的规则，表达元器件之间的连接及电路各部分的功能。它不表达电路中各元器件的形状或尺寸，也不反映这些元器件的安装、固定情况，因而一些辅助元件如紧固件、接插件、焊片、支架等组成实际仪器不可少的东西在电路图中都不必画出。它是编制接线图、用于测试和分析寻找故障的依据。有时在比较复杂的电路中，常采取公认的省略方法简化图形，使画图、识图方便。

电原理图可以从以下几个方面识读：根据产品的功能框图，将电原理图分解成几个功能部分，结合信号走向，去理解、读懂局部单元电路的功能原理，最后把单元电路中各元器件的作用弄明白；每种产品中必然都有其共用电路部分。例如，从电原理图上很容易找到共用的电源电路，由于电子产品设计时习惯将供给某功能电路的电源单独供给，从电源的走向即可帮助确定功能电路的组成；从信号在电路中的流程，结合对信号通道的分析，即可判定信号经各级电路后的变化情况，从而加深理解电原理图；各种电子产品都有其特别的、专用的电子元器件，找到这些专门元器件就能大致判定电路的功能和作用。

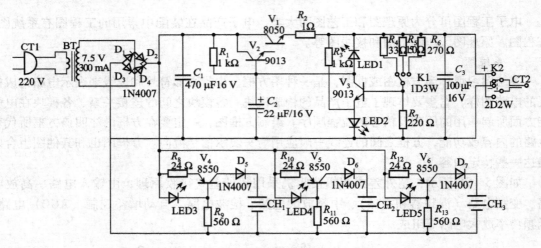

图 5-29 某直流充电器稳压电源的电路原理图

3. 逻辑图

逻辑图是用二进制逻辑单元图形符号绘制的数字系统产品的逻辑功能图，采用逻辑符号来表达产品的逻辑功能和工作原理。由于集成电路的飞速发展，特别是大规模集成电路的应用，绘制详细的电原理图，不仅非常烦琐，而且没有必要。逻辑图实际取代了数字电路中的原理图。数字电路中，电路图由电原理图和逻辑图混合组成。逻辑图的主要用途是编制接线图、分析检查电路单元故障。某单片机接口的逻辑电路图如图 5-30 所示。

绘制逻辑图要求层次清楚、布局均匀、便于识图。尤其是中、大规模集成电路组成的逻辑图，图形符号简单而连线很多，布局不当容易造成识图困难。因此应遵循以下基本规则。

1）符号统一。在同一张图内，同种电路不得出现两种符号。应当尽量采用符合国家标

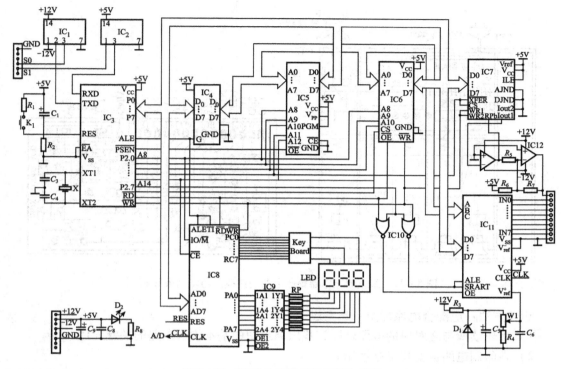

图 5 – 30　某单片机接口的逻辑电路图

准的符号，而且集成电路的管脚名称一般保留外文字母标注。

2）信号流的出入顺序，一般要从左到右、自下而上。

3）连线要成组排列。逻辑图中很多连线的规律性很强，应该将功能相同或关联的线排在一组，并与其他线保持适当距离，如计算机电路中的地址线、数据线等。

4）对于集成电路，管脚名称和管脚标号一般要标出。也可用另一张图详细表示该芯片的管脚排列及其功能。

4. 接线图

接线图是表示产品装接面上各元器件的相对位置关系和接线实际位置的略图，是电原理图具体实现的表示形式，是在电路图和逻辑图基础上绘制的，接线图可和电原理图或逻辑图一起用于指导电子产品的接线、检查、装配和维修工作。

5. 印制板装配图

印制电路板装配图是表示各种元器件和结构件等与印制板连接关系的图样，用于指导工人装配、焊接印制电路板。印制板装配图一般分成两类，即画出印制导线的和不画出印制导线的，如图 5 – 31 所示。画出印制导线的装配图一般适用于让初学者练习装配焊接；不画出印制导线的装配图只是将元件作为正面，画出元器件外形及位置，在装配生产线上指导工人进行插装、安排工序。这类电路图大多是以集成电路为主，电路元器件排列比较有规律，印制板上的安装孔也比较有规律，而且印制板上有丝印的元器件标记，对照安装图不会发生误解。

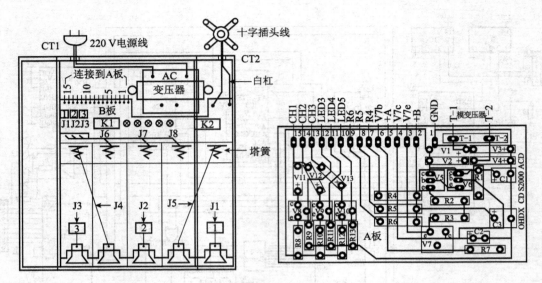

图 5-31 某直流充电器稳压电源的接线图与印制板 A 板图

识读方法：应配合电原理图一起完成。

1）首先读懂与之对应的电原理图，找出原理图中基本构成电路的关键元件。

2）在印制电路板上找出接地端。

3）根据印制板的读图方向，结合电路的关键元件在电路中的位置关系及与接地端的关系，逐步完成印制电路板组装图的识读。

识图就是对电路进行分析，识图能力体现了对知识的综合应用能力。读懂电子工程图，才有利于了解电子产品的结构和工作原理，有利于正确地生产、检测、调试电子产品，能够快速地进行维修。在分析电子电路时，首先将整个电路分成具有独立功能的几个部分，进而弄清每一部分电路的工作原理和主要功能，然后分析各部分电路之间的联系，从而得出整个电路所具有的功能和性能特点，必要时进行定量估算。为了得到更细致的分析，还可借助各种电子电路计算机辅助分析和设计软件。

第6章

电子产品组装与调试

6.1 电子产品组装

电子产品组装是将各种电子元器件、机电元件及结构件，按照设计要求，装连在规定位置上，组成具有一定功能的完整电子产品的过程。电子产品组装目的是以较合理的结构安排、最简化的工艺，实现整机的技术指标，快速、有效地制造稳定、可靠的产品。

6.1.1 组装工艺概述

电子产品的总装就是将构成整机的各零部件、插装件及单元功能整件（如各机电元件、印制电路板、底座及面板等），按照设计要求，进行装配、连接，组成一个具有一定功能的、完整的电子整机产品的过程，以便进行整机调整和测试。

1. 组装的内容

电子产品组装的主要内容包括电气装配和机械装配两大部分。电气装配部分包括元器件的布局，元器件、连接线安装前的加工处理，各种元器件的安装、焊接，单元装配，连接线的布置与固定等。机械装配部分包括机箱和面板的加工，各种电气元件固定支架的安装，各种机械连接和面板、控制器件的安装，以及面板上必要的图标、文字符号的喷涂等。

2. 组装的特点

电子产品组装在电气上是以印制电路板为支撑主体的电子元器件的电路连接，在结构上是以组成产品的钣金硬件和模型壳体，通过紧固件由内到外按一定顺序的安装。电子产品属于技术密集型产品，组装电子产品的主要特点如下。

1）组装工作是由多种基本技术构成的。

2）装配操作质量，在很多情况下，都难以进行定量分析，如焊接质量的好坏，通常以目测判断，刻度盘子、旋钮等的装配质量多以手感鉴定等。

3）进行装配工作的人员必须进行训练和挑选，不可随便上岗。不然的话，由于知识缺乏和技术水平不高，就可能生产出次品，一旦混进次品，就不可能百分之百地被检查出来，产品质量就没有保证。

3. 组装的方法

组装在生产过程中要占去大量的时间，因为对于给定的应用和生产条件，必须研究几种可能的方案，并在其中选取最佳方案。目前，电子设备的组装方法从组装原理上可以分为以下几种。

（1）功能法

功能法是将电子产品的一部分放在一个完整的结构部件内。该部件能完成变换或形成信号的局部任务，这种方法能得到在功能上和结构上都属完整的部件，从而便于生产、检验和维护。不同的功能部件有不同的结构外形、体积、安装尺寸和连接尺寸，很难做出统一的规定，这种方法将降低整个产品的组装密度。此法适用于以分立元件为主的产品组装。

（2）组件法

组件法是制造一些在外形尺寸和安装尺寸上都统一的部件，这时部件的功能完整性退居到次要地位。这种方法是针对为统一电气安装工作及提高安装密度而建立起来的，根据实际需要又可分为平面组件法和分层组件法。此法大多用于组装以集成器件为主的产品。

（3）功能组件法

功能组件法是兼顾功能法和组件法的特点，制造出既有功能完整性又有规范化的结构尺寸和组件。微型电路的发展，导致组装密度进一步增大，以及可能有更大的结构余量和功能余量。因此，对微型电路进行结构设计时，要同时遵从功能原理和组件原理。

6.1.2 电子产品的结构形式

电子产品不仅要有良好的电气性能，还要有可靠的总体结构和牢固的机箱外壳，才能经受各种环境因素的考验，长期安全地使用。因此，从整机结构的角度来说，对电子产品的一般要求是操作安全、使用方便、造型美观、结构轻巧、容易维修与互换。这些要求是在电子产品设计研制之初就应该明确，并遵循贯彻始终的原则。

把电子零部件和机械零部件通过一定的结构组织成一台整机，才可能有效地实现产品的功能。结构应该包括外部结构和内部结构两个部分。外部结构是指机柜、机箱、机架、底座、面板、外壳、底板、外部配件和包装等；内部结构是指零部件的布局、安装、相互连接等。要使产品的结构设计合理，必须对整机的原理方案、使用条件与环境因素、整机的功能与技术指标都非常熟悉。在此基础上，才能进行下一步的设计。

1. 电子产品结构的基本要求

电子产品的结构设计直接关系到产品的功能体现、可靠性、可维修性和实用美观性，并影响用户的心理状态。

（1）保证产品技术指标的实现

一切电子设备的性能具体体现于产品的技术指标，而技术指标主要依赖于电路设计和工艺实现。整机结构设计必须采取各种措施，保证指标的实现。

（2）良好的结构工艺性

产品的技术性能指标和生产工艺可靠性之间存在着矛盾，因此在整机设计时必须从生产实际出发，使所设计的零件、部件、组件具有良好的工艺性，便于加工，便于装配。

（3）体积小、重量轻

减小设备的体积和重量可以节约材料，减小占用空间，同时也有利于加工和运输。车载和机载设备重量轻，结构紧凑，可以减小惯性，降低动力消耗。

（4）便于设备的操纵使用与安装维修

在使用电子设备时，一般都需要通过各种旋钮、开关和指示装置来进行操纵控制。在产品整机结构设计时，要合理地安排操作控制部分，做到操作简便，合理可靠。同时还要求结构装卸方便，缩短维修时间以及考虑保证操作人员的安全等。

（5）造型美观协调

设备的选型是否美观、协调，直接影响使用者的心理。从某种意义上讲，它直接影响到产品的竞争能力。特别是对民用电子产品，造型的色彩是一个不可忽视的因素。

（6）贯彻执行标准化

标准化是国家的一项重要技术经济和管理措施，对于促进产品质量的提高，保证产品互换性和生产技术的协作配合及便于使用维修、降低成本和提高生产效率具有十分重大的意义。结构设计中心必须尽量减小特殊零部件的数量，增加通用件的数量。尽可能多地采用标准化、规格化的零部件和尺寸系列。

2. 电子产品的结构组成

电子产品的整机在结构上通常由组装好的印制电路板、接插件、底板和机箱外壳等几个部分构成。

1）印制电路板提供电路元件和器件之间的电气连接，作为电路中元器件的支撑件，起电气连接和绝缘基板的双重功效。

2）底板是安装、固定和支承各种元器件、机械零件及插入组件的基础结构，在电路连接上还起公共接地点的作用。对于简单的电子产品也可以省掉底板。

3）接插件是用于机器与机器之间、线路板与线路板之间、器件与电路板之间进行电气连接的元器件，是用于电气连接的常用器件。

4）机箱外壳将构成电子产品的所有部件进行封装，起到保护功能部件、安全可靠、体现产品功能、便于用户使用、防尘防潮、延长电子产品使用寿命等的作用。

3. 电子产品的结构布局

电子产品结构布局原则是：保证产品技术指标的实现；满足结构工艺要求；布线方便；利于通风散热和安全、检测和维修。具体要注意以下几点。

（1）电源部分

电源部分应放在设备的最下部。提供整机工作能量的电源通常都由体积和重量都较大的电源变压器、整流管、电解电容器和调整管等元器件组成，这些元器件的发热量也较大。因此，电源部分应放在设备的最下部。此外，电源中的高压部分和低压部分要保持一定距离；高压端子及高压导线要与机壳或机架绝缘，并远离其他导线和地线；高压 1 kV 以上的中等功率的电源，应安装门开关。电源的控制机构要和机壳相连，机壳要妥善接地。

（2）控制机构和指示仪表

控制机构和指示仪表应装在面板上，以便操作、监视和维修。

（3）易发生故障的元器件

易发生故障的元器件应安装在便于维护或更换的位置，如断电器、电解电容等。电子管要考虑便于插拔。对需要经常检测的测试点，布局时应考虑便于触及。

（4）大功率元器件

大功率元器件工作时产生较大的热量，布局时应放在整机中通风良好的位置，如大功率晶体管一般装在机箱后板外侧，并加装散热器。必要时还应装风扇、恒温装置等。

（5）高频电路

高频电路除按一般元器件布局外，还有下列特殊要求。

1）共用一个底座或在一块印制电路板上的高频电路和低频电路应采取隔离措施，屏蔽的结构方式采用分单元电路，各自屏蔽效果好，易调整。可采用密封镀银铜材料正方形或长方形屏蔽罩。电子管则应单独屏蔽。

2）未知屏蔽的线圈附近，最好不安装金属零件，因为它们会降低线圈的电感量和品质因数。必须安装时，应保持足够的距离。

3）高频高电位元器件及相应连接导线应安排在离机壳或屏蔽壁尽可能远的地方以减小分布电容；连接导线不长时应采用镀银硬裸铜线，这样位置不易变化，分布参数稳定，介质损耗较小。

4）高频组件和高频电路中的元器件尽量利用本身结构安装固定而不引入另外的加固零件，以免造成寄生耦合。

4. 电子产品的整机布线

（1）地线

电子设备若采用金属底座，最好是在底座下表面固定敷设几根粗铜线作为地线。因制电路板的地线，一般采用大面积布局在电路板的边缘，接地元器件可就近接地，或所有接地点在一点接地，如图6-1所示。高频地线通常采用扁铜条，以减小地线阻抗的影响。

图6-1 地线的布线

（2）线扎

线扎一般贴近设备底座或在机架上固定放置。高频电路的导线要先屏蔽后再扎入线扎；不同回路引出的高频线不应放入同一线扎或平行放置，可以垂直交叉。

（3）引线和连接线

元器件的引线或连接导线应尽可能短而直，但也不能拉得太紧，要留有一定余量便于调试和维修时操作。

高频电路的连接导线应尽量减小其直径和长度，尽可能不引入介电常数大、介质损耗大的绝缘材料。若导线必须平行放置时，应尽量增大其距离。

6.1.3 装配工艺流程

电子产品的装配是指将多个半成品按照技术文件的要求装配成完整产品的过程，也称为电子产品的总装，是电子产品生产中的最为重要的环节之一。

电子产品的总装包括机械和电气两大部分的工作。

（一）总装的连接方式

总装的连接方式可归纳为两类：一类是电气的连接，主要采用印制导线连接、导线、电缆以及其他电导体等方式进行连接；另一类是机械的连接，包括螺钉连接、柱销连接、夹紧连接、胶粘、铆钉连接等。

1. 电气连接

电子产品组装的电气连接，主要采用印制导线连接、导线、电缆以及其他电导体等方式进行连接。

（1）印制导线连接

印制导线连接法是元器件间通过印制板的焊接盘把元器件焊接（固定）在印制板上，利用印制导线进行连接。目前，电子产品的大部分元器件都是采用这种连接方式进行连接。但对体积过大、质量过重及有特殊要求的元器件，则不能采用这种方式，因为，印制板的支承力有限、面积有限。为了受振动、冲击的影响，保证连接质量，对较大的元器件，有必要考虑固定措施。

（2）导线、电缆连接

对于印制板外的元器件与元器件、元器件与印制板、印制板与印制板之间的电气连接，基本上都采用导线与电缆连接的方式。在印制板上的"飞线"和有特殊要求的信号线等也采用导线或电缆进行连接。导线、电缆的连接通常通过焊接、压接、接插件连接等方式进行连接。现在也有采用软印制线代替导线进行连接。

（3）其他连接方式

在多层印制板之间的连接是采用金属化孔进行连接。金属封装的大功率晶体管以及其他类似器件通过焊片用螺钉压接。大部分的地线是利用底板或机壳进行连接。

2. 机械连接

（1）胶接

用胶粘剂将零部件粘在一起的安装方法称为胶接。胶接属于不可拆卸连接，其优点是工艺简单，不需专用的工艺设备，生产效率高，成本低。它能取代机械紧固方法，从而减轻重量。在电子设备的装连中，胶接广泛用于小型元器件的固定和不便于螺纹装配、铆接装配零件的装配，以及防止螺纹松动和有气密性要求的场合。胶接质量的好坏，主要取决于胶粘剂的性能和工艺操作规程是否正确。

（2）螺纹连接

在电子设备的装配中，广泛采用可拆卸式螺纹连接。这种连接一般是用螺钉、螺栓、螺母等紧固件，把各种零部件或元器件连接起来。其优点是连接可靠，装拆方便，可方便地调整零部件的相对位置。其缺点是应力集中，安装薄板或易损件时容易产生形变或压裂。在振动或冲击严重的情况下，螺纹容易松动，装配时要采取防松动措施。

（二）装配级别与装配方式

1. 装配级别

按组装级别来分，整机装配按元件级、插件级、插箱板级和箱、柜级顺序进行，如图6-2所示。

1）元件级组装，是指电路元器件、集成电路的组装，是组装中的最低级别。其特点是结构不可分割。

2）插件级组装，是指组装和互连装有元器件的印制电路板或插件板等。

3）插箱板级组装，用于安装和互连插件或印制电路板部件。

4）箱、柜级组装，它主要通过电缆及连接器互连插件和插箱，并通过电源电缆送电构成独立的有一定功能的电子仪器、设备和系统。

在电子产品装配过程中，先进行元件级组装，再进行插件级组装、插箱板级组装，最后是箱、柜级组装。在较简单的电子产品装配中，可以把第三级和第四级组装合并完成。

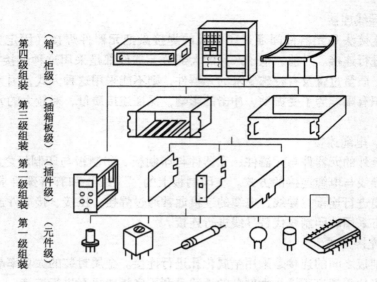

图 6-2　电子产品装配级别

2. 总装的装配方式

总装的装配方式，以整机结构来分，有整机装配和组合件装配两种。整机装配是指把零、部、整件通过各种连接方法安装在一起，组成一个不可分的整体，具有独立工作的功能，如收音机、电视机等。组合件装配中，整机是若干个组合件的组合体，每个组合件都具有一定的功能，而且随时可以拆卸，如大型控制台、插件式仪器、计算机等。

（三）装配顺序与装配要求

1. 装配顺序

整机联装的目的是利用合理的安装工艺，实现预定的各项技术指标。电子产品整机的总装有多道工序，这些工序的完成顺序是否合理，直接影响到产品的装配质量、生产效率及产品质量。整机安装的基本顺序是：先轻后重、先小后大、先铆后装、先装后焊、先里后外、先下后上、先平后高、易碎易损件后装，上道工序不得影响下道工序的安装。

整机的质量是与各组成部分的装配质量密切相关的，因此，在总装之前对所有装配件、紧固件等必须按技术要求进行检测，经检查合格的装配件在经清洁处理后才能使用。

2. 总装的基本要求

1）总装前，组成整机的有关零部件或组件必须经过调试、检验，不合格的零、部件或组件不允许投入总装线，检验合格的装配件必须保持清洁。

2）总装过程要根据整机的结构情况，应用合理的安装工艺，用经济、高效、先进的装配技术，使产品达到预期的效果，满足产品在功能、技术指标和经济指标等方面的要求。

3）严格遵守总装的顺序要求，注意前后工序的衔接。

4）总装过程中，不损伤元器件和零、部件，避免碰伤机壳、元器件和零部件的表面涂覆层，不破坏整机的绝缘性，保证安装件的方向、位置、极性的正确，保证产品的电性能稳定，并有足够的机械强度和稳定度。

5）小型机大批量生产的产品，其总装在流水线上安排的工位进行，保证产品的安装质量。

严格执行自检、互检与专职调试检验的"三检"原则。

（四）装配工艺流程

整机装配工艺过程根据产品的复杂程度、产量大小等方面的不同而有所区别。但总体来看，有装配准备、部件装配、整件调试、整机检验、包装入库等几个环节，如图6-3所示。

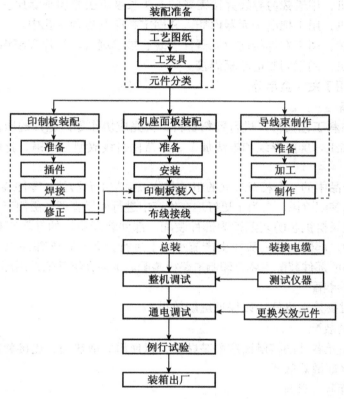

图6-3　电子产品装配工艺流程

1. 装配准备

装配准备主要是为部件装配和整件装配做材料、技术和生产组织等准备工作。

（1）技术资料的准备工作

其指工艺文件、必要的技术图样等准备，特别是新产品的生产技术资料，更应准备齐全。

（2）生产组织准备

根据工艺文件，确定工序步骤和装配方法，进行流水线作业安排、人员配备等。

（3）装配工具和设备准备

在电子产品的装配中常用的手工工具有以下3类。

1）适用于一般操作工序的必需工具，如电烙铁、剪刀、斜口钳、尖头钳、平口钳、剥线钳、镊子与旋具等。

2）用于修理的辅助工具，如电工钻、锉刀、电工钳、刮刀和金工锯等。

3）装配后进行自查的计量工具及仪表，如直尺、游标卡尺和万用表等。

在电子产品的装配中大批量生产的专用设备及其用途如下：

- 元件刮头机，用于刮去元器件引线及导线剥头表面的氧化物。
- 切线剥线机，用于裁剪导线并按需要的剥头长度剥去塑料绝缘层。
- 元件刮头机，用于刮去元器件引线及导线剥头表面的氧化物。
- 切线剥线机，用于裁剪导线并按需要的剥头长度剥去塑料绝缘层。
- 自动插件机，用于把电子元器件插入并固定在印制板预制孔中。
- 普通浸锡炉，用于在焊接前对元器件引线、导线剥头、焊片等浸锡处理。
- 波峰焊接机，用于印制电路板焊接。
- 烫印机，用于烫印金箔等。

（4）材料准备

按照产品的材料工艺文件，进行购料备料，再完成协作零部整件的质量抽检、元器件质检、导线和线扎加工、屏蔽导线和电缆加工、元器件引线成型与搪锡、打印标记等工作。

2. 部件装配

部件是电子产品中的一个相对独立的组成部分，由若干元器件、零件装配而成。部件装配是整机装配的中间装配阶段，是为了更好地在生产中进行质量管理，更便于在流水线上组织生产。例如，一台收录机机芯的装配即为部件装配。部件装配质量的好坏直接影响着整机的质量。在生产工厂中，部件装配一般在生产流水线上进行，有些特殊部件也可由专业生产厂提供，一般电子产品的部件装配主要是印制电路板装配。下面介绍其他常用部件的装配技术。

（1）屏蔽件的装配

屏蔽件装配时要接地良好，以保证屏蔽效果。

（2）散热件的装配

散热件和相关元器件的接触面应平整贴紧，以便增大散热面；连接紧固件要拧紧，使它们接触良好，以保证散热效果。

（3）机壳、面板的装配

产品的机壳、面板构成产品的主体骨架，既要安装部分零部件，同时也对产品的机内部件起保护作用，保证使用、运输和维护方便。既具有观赏价值的优美外观，又可以提高产品的竞争力。产品的机壳、面板的装配要求主要有下列几点。

1）经过喷涂、烫印等工艺后的机壳、面板装配过程中要注意保护，防止弄脏、划损。装配时工作台面上应放置塑料泡沫垫或橡胶软垫。

2）面板、机壳和其他部件的连接装配程序一般是先轻后重，先低后高。紧固螺钉时，用力要适度，既要牢固又不能用力过大，造成滑牙穿透，损坏部件。面板上装配的各种可动件应操作灵活、可靠。

3）面板、机壳、后盖上的铭牌、装饰板、控制指示和安全标记等应按要求端正牢固地装在指定位置。

3. 整机装联

整机是由检验合格的材料、零件和部件连接紧固所形成的具有独立结构或独立用途的产品。整机装配又叫整机装配或整机总装。一台收音机的整机装配，就是把装有元器件的印制电路板机芯，装有调谐器件、扬声器、各种开关和电位器的机壳、面板组装在一起的过程。整机装配后还需调试，经检验合格后才能最终成为产品。

整机装配通常有下列要求。

（1）操作人员

操作人员应熟悉装配工艺卡的内容要求，必要时应熟悉整机产品性能及结构。装配时应按要求戴好白纱手套按规程进行操作。

（2）装配环境

整机装配应在清洁整齐、明亮安静、温度和湿度适宜的生产环境中进行。

（3）装配准备

进入整机装配的零部件应经检验，确保为要求的型号品种规格的合格产品，或调试合格的单元功能板。若发现有不合要求的应及时更换或修理。

（4）装配原则

一般的装配原则如下。

1）装配时应确定零部件的位置、方向、极性，不要装错。安装原则一般是从里到外，从下到上，从小到大，从轻到重，前道工序应不影响后道工序，后道工序不改变前道工序。

2）安装的元器件、零部件应端正牢固。坚固后的螺钉头部应用红色胶粘剂固定，铆钉不应有偏斜、开裂、毛刺或松动现象。

3）操作时不能破坏零件的精度、镀覆层，保持表面光洁，保护好产品外观。

4）不能让焊锡、线头、螺钉或垫圈等异物落在整机中。

5）导线或线扎的放置要稳固和安全，并注意整齐、美观。水平导线或线扎尽量紧贴底放置。竖直方向的导线可沿边框四周敷设，导线转弯曲半径不宜太小。抽头、分叉、转弯、终端等部位或长线束中间每隔 20～30 cm 用线夹固定。

6）电源线或高压线一定要连接可靠，不可受力。要防止导线绝缘层被损伤以致产生短路或漏电现象。交流电源或高频引线可用塑料支柱支承架空布线，以减小干扰。

4. 调试与老化

调试工作包括调整和测试两个部分，调整主要是指对电路参数的调整，即对整机内可调元器件及与电气指标有关的调谐系统、机械传动部分进行调整，使之达到预定的性能要求。测试则是在调整的基础上，对整机的各项技术指标进行系统的测试，使电子产品各项技术指标符合规定的要求。

整机产品总装调试完毕后，通常要按一定的技术规定对整机实施较长时间的连续通电考验，即加电老化实验。加电老化的目的是通过老化发现并剔除早期失效的电子元器件，提高电子设备工作可靠性及使用寿命，同时稳定整机参数，保证调试质量。

5. 总装检验

装联的正确性检查主要是指对整机电气性能方面的检查。

检查的内容是：各装配件（印制板、电气连接线）是否安装正确，是否符合电原理图和接线图的要求，导电性能是否良好等。电子产品的安全性检查有两方面，即绝缘电阻和绝缘强度。

（1）绝缘电阻的检查

整机的绝缘电阻是指电路的导电部分与整机外壳之间的电阻值。一般使用兆欧表测量整机的绝缘电阻。整机的额定工作电压大于 100 V 时，选用 500 V 的兆欧表；整机的额定工作电压小于 100 V 时，选用 100 V 的兆欧表。

（2）绝缘强度的检查

整机的绝缘强度是指电路的导电部分与外壳之间所能承受的外加电压的大小。一般要求电子设备的耐压应大于电子设备最高工作电压的 2 倍以上。绝缘强度的检查点和外加实验电压的具体数值由电子产品的技术文件提供，应严格按照要求进行检查，避免损坏电子产品或出现人身事故。

6. 包装

包装是电子整机产品总装过程中保护和美化产品及促进销售的环节。电子整机产品的包装，通常着重于方便运输和储存两个方面。

7. 出厂

合格的电子整机产品经过合格的包装，就可以入库储存或直接出厂投向市场，从而完成整个总装过程。

6.1.4 印制电路板的组装

印制电路板在整机结构中由于具有许多独特的优点而被大量使用，因此在当前的电子产品组装中，是以印制电路板为中心而展开的，印制电路板的组装是电子产品整机组装的关键环节。

印制电路板的组装是根据设计文件和工艺文件要求，将电子元器件按一定规律插装在印制基板上，并用紧固件或锡焊等方式将其固定的装配过程。

印制电路板主要有两方面作用，就是实现电路元器件的电气连接和作为元器件的机械支承体组织元器件机械固定。通常将没有安装元器件的印制电路板叫作印制基板，印制基板的两侧分别叫作元件面和焊接面，元件面安装元件，元件的引出线通过通孔插装的方式通过基板插孔，在焊接面的焊盘处通过焊接实现电气连接和机械固定。

（一）印制电路板的组装基本要求

1. 元器件引线的成型要求

（1）预加工处理

元器件引线在成型前必须进行预加工处理，主要包括引线的校直、表面清洁及搪锡 3 个步骤。预加工处理的要求：引线处理后，不允许有伤痕，镀锡层均匀，表面光滑，无毛刺和焊剂残留物。

（2）引线成型的基本要求和成型方法

引线成型工艺就是根据焊点之间的距离，做成需要的形状，目的是使它能迅速而准确地插入孔内。

2. 元器件安装的技术要求

1）元器件的标志方向应按照图纸规定的要求，安装后能看清元件上的标志。

2）安装元件的极性不得装错，安装前应套上相应的套管。

3）安装高度应符合规定要求，同一规格的元器件应尽量安装在同一高度上。

4）安装顺序一般为先低后高，先轻后重，先易后难，先一般元件后特殊元件。

5）元器件在印制板上分布应尽量均匀，疏密一致，排列整齐美观。不允许斜排、立体交叉和重叠排列。元器件外壳和引线不得相碰，要保证 1 mm 左右的安全间隙。

6）元器件的引线直径与印制焊盘孔径应有 0.2～0.4 mm 的合理间隙。

7）一些特殊元器件的安装处理、MOS 集成电路的安装应在等电位工作台上进行，以免静电损坏器件。发热元件（如 2 W 以上的电阻）要与印制板面保持一定的距离，不允许贴面安装，较大元器件的安装应采取固定（绑扎、粘、支架固定等）措施。

（二）元器件在印制板上的安装方法

元器件在印制板上的安装方法有手工安装和机械安装两种，前者简单易行，但效率低，错装率高。后者安装速度快，误装率低，但设备成本高，引线成型要求严格。一般有以下几种安装形式。

1. 贴板安装

安装形式如图 6-4 所示，它适用于防震要求高的产品。元器件贴紧印制基板面，安装间隙小于 1 mm。当元器件为金属外壳，安装面又有印制导线时，应加垫绝缘衬垫或绝缘套管。

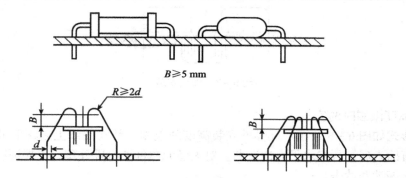

图 6-4　贴板安装

（1）悬空安装

其安装形式如图 6-5 所示，它适用于发热元件的安装。元器件距印制基板面要有一定的距离，安装距离一般为 3～8 mm。

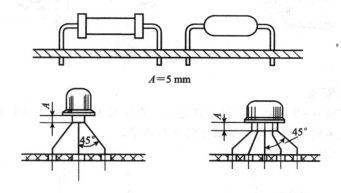

图 6-5　悬空安装

（2）垂直安装

其安装形式如图 6-6 所示，它适用于安装密度较高的场合。元器件垂直于印制基板面，但大质量细引线的元器件不宜采用这种形式。

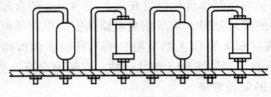

图6-6 垂直安装

（3）埋头安装

其安装形式如图6-7所示。这种方式可提高元器件防震能力，降低安装高度。由于元器件的壳体埋于印制基板的嵌入孔内，因此又称为嵌入式安装。

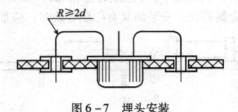

图6-7 埋头安装

（4）有高度限制时的安装

其安装形式如图6-8所示。元器件安装高度的限制一般在图纸上是标明的，通常处理的方法是垂直插入后，再朝水平方向弯曲。对大型元器件要特殊处理，以保证有足够的机械强度，经得起振动和冲击。

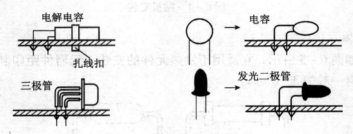

图6-8 有高度限制时的安装

（5）支架固定安装

其安装形式如图6-9所示。这种方式适用于重量较大的元件，如小型继电器、变压器、扼流圈等，一般用金属支架在印制基板上将元件固定。

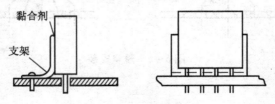

图6-9 支架固定安装

2. 元器件安装注意事项

1）元器件插好后，其引线的外形有弯头时，要根据要求处理好，所有弯脚的弯折方向都应与铜箔走线方向相同。

2）安装二极管时，除注意极性外，还要注意外壳封装，特别是在玻璃壳体易碎、引线弯曲时易爆裂的情况下。在安装时可将引线先绕1~2圈再装。

3）为了区别晶体管和电解电容等器件的正、负端，一般是在安装时加带有颜色的套管以示区别。

4）大功率三极管一般不宜装在印制板上，因为发热量大，易使印制板受热变形。

（三）印制电路板组装工艺流程

1. 手工装配工艺流程

1）在产品的样机试制阶段或小批量试生产时，印制板装配主要靠手工操作，即操作者把散装的元器件逐个装接到印制基板上。

其操作顺序是：待装元件→引线整形→插件→调整位置→剪切引线→固定位置→焊接→检验。

对于这种操作方式，每个操作者都要从头装到结束，效率低，而且容易出差错。

2）对于设计稳定，大批量生产的产品，印制板装配工作量大，宜采用流水线装配，如图6-10所示。这种方式可大大提高生产效率，减少差错，提高产品合格率。

流水操作是把一次复杂的工作分成若干道简单的工序，每个操作者在规定的时间内完成指定的工作量。

手工装配使用灵活、方便，广泛应用于各道工序或各种场合，但速度慢，易出差错，效率低，不适应现代化生产的需要。尤其是对于设计稳定、产量大和装配工作量大而元器件又无需选配的产品，宜采用自动装配方式。

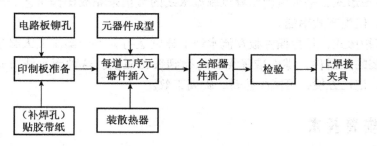

图6-10　手工装配工艺流程

2. 自动装配工艺流程

自动装配一般使用自动或半自动插件机和自动定位机等设备。自动装配和手工装配的过程基本上是一样的，通常都是在印制基板上逐一添装元器件，构成一个完整的印制线路板，所不同的是，自动装配要求限定元器件的供料形式，整个插装过程由自动装配机完成。

1）自动插装工艺过程。自动插装工艺过程框图如图6-11所示。经过处理的元器件装在专用的传输带上，间断地向前移动，保证每一次有一个元器件进到自动装配机的装插头的夹具里，插装机自动完成切断引线、引线成型、移至基板、插入、弯角等动作，并发出插装完成的信号，使所有装配回到原来位置，准备装配第二个元件。印制板靠传送带自动送到另一个装配工位，装配其他元器件，当元器件全部插装完毕，即自动进入波峰焊接的传送带。

印制电路板的自动传送、插装、焊接、检测等工序，都是用电子计算机进行程序控制。它首先根据印制板的尺寸大小、孔距、元器件尺寸和它在板上的相对位置等，确定可插装元器件和选定装配的最好途径，编写程序，然后再把这些程序送入编程机的存储器中，由计算机自动控制完成上述工艺流程。

2）自动装配对元器件的工艺要求。自动插装是在自动装配机上完成的，对元器件装配的一系列工艺措施都必须适合于自动装配的一些特殊要求，并不是所有的元器件都可以进行自动装配，在这里最重要的是采用标准元器件和尺寸。

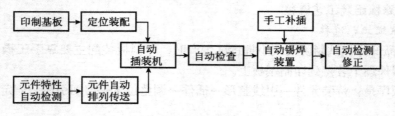

图 6-11　自动装配工艺流程

3. 生产流水线

（1）生产流水线与流水节拍

电子产品生产流水线就是把一部整机的装联、调试工作划分成若干简单操作，每一个装配工人完成指定操作。在流水操作时，每位操作者完成指定操作的时间应相等，这个时间称为流水的节拍。

（2）流水线的工作方式

1）自由节拍形式，是指由操作者控制流水线的节拍来完成操作工艺。这种方式的时间安排比较灵活，但生产效率低。

2）强制节拍形式，是指插件板在流水线上连续运行，每个操作工人必须在规定的时间内把所要求插装的元器件、零件准确无误地插到线路板上。这种流水线方式，工作内容简单，动作单纯，记忆方便，可减少差错，提高工效。

6.2　表面安装技术

6.2.1　表面安装技术概述

表面安装技术（Surface Mounting Technology，SMT），是伴随着无引脚元件或引脚极短的表面组装元器件（Surface Mounting Components，Surface Mounting Devices，SMC，SMD）的出现而发展起来的，是目前已经得到广泛应用的安装焊接技术。它打破了在印制电路板上要先进行钻孔再安装元器件、在焊接完成后还要将多余的引脚剪掉的传统工艺，直接将SMD元器件平卧在印制电路板的铜箔表面进行安装和焊接。现代电子技术大量采用表面安装技术，实现了电子设备的微型化，提高了生产效率，降低了生产成本。

1. 电子产品组装技术的发展

电子产品组装的目的就是以合理的结构安排、最简化的工艺实现整机的技术指标，快速有效地制造出稳定可靠的产品。电子科学与技术日新月异的发展加速了电子产品的现代化进程，不断涌现的高性能、高可靠性、集成化、微型化的电子产品，正在走进人们的视野，改变着人类的生活。电子元器件制造技术与电子产品的组装技术是实现电子产品智能化、集成化、微型化、人性化的关键，组装工艺技术的发展与电子技术的发展密切相关，每当新材料、新器件、新技术出现，都必然会促使组装工艺技术向前发展，电子产品的安装技术是现代发展最快的制造技术，从安装的工艺特点可将安装技术的发展过程分为五代，其发展进程见表 6 – 1。

表 6 – 1　组装技术的发展

年　代	技术缩写	代表元器件	安装基板	安装方法	焊接技术
第 1 代 50 ～ 60 年代		长引线元件 电子管	接线板 铆接端子	手工安装	手工烙铁焊
第 2 代 60 ～ 70 年代	THT	晶体管 轴向引线元件	单双面 PCB	手工、半自动插装	手工焊 浸焊
第 3 代 70 ～ 80 年代		单双列直插 IC 轴向引线元件	单面及多层 PCB	自动插装	波峰焊、浸焊 手工焊
第 4 代 80 ～ 90 年代	SMT	SMC、SMD 片式 封装 VSI、VLSI	高质量多层 PCB	自动贴片机	波峰焊 再流焊
第 5 代 90 年代至今	MPT	微型片式 封装器件	陶瓷硅片	自动安装	倒装焊 特种焊

由表可看出，第 2 代与第 3 代安装技术，元器件发展特征明显，而安装方法并没有根本改变，都是以长引线元器件穿过印刷板上通孔的安装方式，一般称为通孔安装（THT）。第 4 代表面安装技术则发生了根本性变革，从元器件到安装方式，从 PCB 板的设计到焊接方法都以全新的面貌出现，如图 6 – 12 所示，它使电子产品体积大大缩小，重量变轻，功能增强，产品的可靠性提高，极大地推动了信息产业高速发展。第 5 代安装技术是表面安装技术的进一步发展，从技术工艺上讲它仍属于"安装"范畴，但与我们通常所说的安装相去甚远，使用一般的工具、设备和工艺是无法完成的，目前正处于技术完善和在局部领域应用的阶段，但它代表了当前电子产品安装技术发展的方向。目前，电子产品组装技术的发展有以下几个特点。

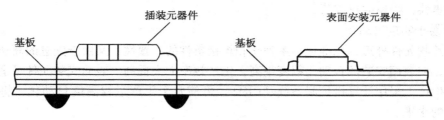

图 6 – 12　SMT 与 THT 安装

（1）与电子科学技术的发展关系密切

晶体管及集成电路的出现是组装工艺技术第一次大的飞跃，典型技术为通孔安装技术（THT），使电子产品体积缩小，可靠性提高。表面安装元件的出现使组装工艺发生了根本性变革，使安装方式、连接方法都达到了新的水平。电子产品体积进一步缩小，功能进一步提高，推动了信息产业的高速发展，其典型技术为表面安装技术（SMT）。到了20世纪90年代后期，在SMT进一步发展的基础上，进入了新的发展阶段，即微组装技术（MPT）阶段，可以说它完全摆脱了传统的安装模式，将这项技术推向一个新的境地。

（2）促进了专用工艺设备的发展

电子产品的小型化、高可靠性，大大促进了专用工艺设备的不断改进。采用小巧、精密和专用的工具、设备，如高精度的丝印设备，高精度细间隙安装机和更加严格的焊接工艺设备，使组装质量有了可靠的保证。

（3）检测技术的自动化

采用可焊性测试仪来对焊接质量的自动检测，它预先测定引线可焊水平，达到要求的元器件才能安装焊接。

（4）新技术的应用提高了产品质量

在组装过程中，新工艺、新技术、新材料不断被采用，例如焊接新材料的应用，表面防护处理采用的新工艺，新型连接导线的应用等，对提高连接可靠性，减轻重量和缩小体积都起到积极作用。

2. 表面安装技术的特点

表面安装技术是将电子元器件直接安装在印制电路板或其他基板导电表面的装接技术。在电子工业生产中，SMT实际是包括表面安装元件（SMC）、表面安装器件（SMD）、表面安装印制电路板（SMB）、普通混装印制电路板（PCB）、点黏合剂、涂焊锡膏、元器件安装设备、焊接以及测试等技术在内的一整套完整的工艺技术的统称，具有如下特点：

（1）实现微型化

在SMT元器件的电极上，有些焊端完全没有引线，有些只有非常短小的引线；相邻电极之间的距离比传统的双列直插式的集成电路的引线间距（2.54 mm）小很多，目前引脚中心间距最小的已经达到0.3 mm。在集成度相同的情况下，SMT元器件的体积比传统的THT元器件小60%～90%，重量也减少60%～90%。

（2）电气性能提高

表面组装元件降低了寄生引线和导体电感，同时提高了电容器、电阻器和其他元器件的特性。使传输延迟小，信号传输速度加快，同时消除了射频干扰，使电路的高频特性更好，工作速度更快，噪声明显降低。

（3）易于实现自动化

由于片状元件外形的标准化、系列化和焊接条件的一致性，又由于先进的高速贴片机的不断诞生，使表面安装的自动化程度很高，生产效率大大提高。表面安装元件更适合于自动化大规模生产，采用计算机控制系统（CIMS）可使整个生产过程高度自动化，将生产效率提高到新的水平。

（4）成本降低

表面安装元件使PCB的面积减小，成本降低；无引线和短引线也可使元器件的成本降低，在安装过程中省去了引线成型、打弯，剪线的工序；电路的频率特性提高，减少了调试费用；焊点的可靠性提高，降低了调试和维修成本。

3. 表面安装元器件

表面安装元器件具有尺寸小、重量轻、无引线或引线很短、形状简单、结构牢靠和标准化程度高等优点，能满足表面安装技术的各项要求而被广泛采用在小型、薄型、轻量、高密度、高机械强度、频率特性好、能自动化批量生产的电子整机和部件上。表面安装元器件的分类如下。

（1）按照元件的功能分类

表面组装元件可分为无源元件、有源器件和片式机电元件3大类。片式无源元件包括电阻器、电容器、电感器和复合元件（如电阻网络、滤波器、谐振器等）。片式有源元件包括二极管、晶体管、场效应管、晶体振荡器等分立器件和集成电路等。片式机电元件则包括开关、继电器、连接器和片式微电机等。

（2）按照元件的结构形式分类

按照元件的结构形式表面组装元件可分为矩形、圆柱形和异形3类。矩形片式元件包括薄片矩形元件（如片式薄厚膜电阻器、热敏电阻器、独石电阻器、叠层电阻器等）和扁平分装元件（如片式有机薄膜电容器、钽电解电容器、电阻网络复合元件等）。圆柱形片式元件又称金属电极无引脚端面型（Metal Electrode Face Bonding Type）元件，简称 MELF 型元件。它包括碳膜电阻器、金属膜电阻器、热敏电阻器、瓷介电阻器、电解电容器和二极管等。异形片式元件是指形状不规则的各种片式元件，如半固定电阻器、电位器、铝电解电容器、微调电容器、线绕电感器、晶体振荡器、滤波器、钮子开关、继电器和薄型微电机等。矩形片式元件适用于面焊，有利于电子产品的薄型化和轻量化。MELF 型元件可利用原有的生产传统元件的设备来制造，且可用铜、铁作为其电极材料，与采用银电极的矩形片式元件相比，生产成本相对较低。

（3）按有无引线和引线结构分类

表面组装元件按有无引线和引线结构可分为无引线和短引线两类。无引线片式元件以无源元件为主，短引线片式元件则以有源器件、集成电路和片式机电元件为主。引线结构有翼形和钩形两种。它们各有特点，翼形容易检查和更换，但引线容易损坏，所占面积也较大；钩形引线容易清洗，能够插入插座或进行焊接，所占面积较小，而且用贴装机也较方便，但不易检查焊接情况。

6.2.2 表面安装的工艺流程

合理的工艺流程是组装质量和效率的保障，表面组装方式确定之后，就可以根据需要和具体设备条件确定工艺流程。不同的组装方式有不同的工艺流程，同一组装方式也可以有不同的工艺流程，这主要取决于所用元器件的类型、组装质量要求、组装设备和组装生产线的条件，以及组装生产的实际条件等。

1. 表面安装的基本形式

表面组装技术发展迅速，但由于电子产品的多样性和复杂性，目前和未来相当一段时期内还不能完全取代通孔安装，实际产品中大部分是两种方式混合。

（1）完全表面安装

完全表面安装是指所需安装的元器件全部采用表面安装元器件，各种 SMC 和 SMD 均被贴装在印制板的表面，如图 6-13 所示。完全表面安装方式的特点：工艺简单，组装密度高，电路轻薄，但不适应大功率电路的安装。

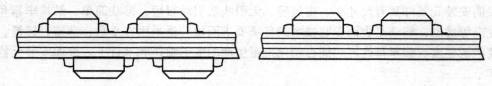

图 6 – 13　双面板及单面板完全安装

（2）混合安装

混合安装是指在同一块印制电路板上，既装有贴片元件 SMD，又装有通孔插装的传统元件 THC，如图 6 – 14 所示。混合安装方式的特点：PCB 板的成本低，组装密度高，适应各种电路的安装，但焊接工艺上略显复杂，要求先贴后插。目前，使用较多的安装方式还是混合安装法。

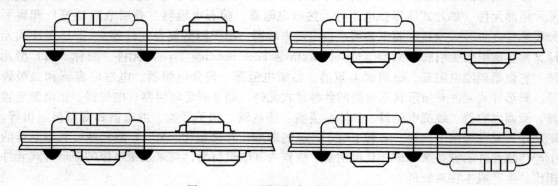

图 6 – 14　双面板及单面板混合安装

2. 表面安装的基本流程

表面安装有两类最基本的工艺流程，一类是"锡膏—再流焊"工艺，另一类是"贴片—波峰焊"工艺。但在实际生产中，将两种基本工艺流程进行混合与重复，则可以演变成多种工艺流程供电子产品组装之用。

（1）锡膏—再流焊工艺

该工艺流程的特点是简单、快捷，有利于产品体积的减小，工艺流程如图 6 – 15 所示。

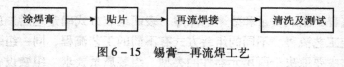

图 6 – 15　锡膏—再流焊工艺

1）涂焊膏。将焊膏涂到焊盘上。

2）贴片。把表面组装元器件贴装到印制电路板上，使它们的电极准确定位于各自的焊盘。

3）再流焊接。用再流焊设备进行焊接，在焊接过程中，焊膏熔化再次流动，充分浸润元器件和印制电路板的焊盘，焊锡熔液的表面张力使相邻焊盘之间的焊锡分离而不至于短路。

4）清洗及测试。再流焊接过程中，由于助焊剂的挥发，助焊剂不仅会残留在焊接点的附近，还会沾染电路基板的整个表面。通常采用超声波清洗机，把焊接后的电路板浸泡在无机溶液或去离子水中，用超声波冲击清洗。然后进行电路检验测试。

（2）贴片—波峰焊工艺

该工艺流程的特点是充分利用了双面板的空间，使得电子产品的体积进一步减小，且仍使用价格低廉的通孔元件。但设备要求增多，波峰焊过程中缺陷较多，难以实现高密度组装，工艺流程如图6-16所示。

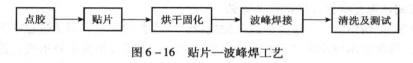

图6-16　贴片—波峰焊工艺

1）点胶。把贴装胶精确地涂到表面组装元器件的中心位置上，并避免污染元器件的焊盘。

2）贴片。把表面组装元器件贴装到印制电路板上，使它们的电极准确定位于各自的焊盘。

3）烘干固化。用加热的方法，使黏合剂固化，把表面组装元器件牢固地固定在印制电路板上。

4）波峰焊接。用波峰焊机进行焊接，在焊接过程中，表面组装元器件浸没在熔融的锡液中，这就要求元器件具有良好的耐热性能。

5）清洗及测试。对经过焊接的印制板进行清洗，去除残留的助焊剂残渣，避免对电路板的腐蚀，然后进行电路检验测试。

6.3　电子产品调试

调试是用测量仪器仪表和一定的操作方法对单元电路板和整机的各个可调元器件和零部件进行调整与测试，使之达到或超过标准所规定的功能技术指标和质量标准。调试既是保证并实现电子整机功能和质量的重要工序，又是发现电子整机产品设计工艺缺陷和不足的重要环节。

6.3.1　调试工艺概述

调试工作包括调整和测试两个部分。调整主要是指对电路参数的调整，即对整机内可调元器件及与电气指标有关的调谐系统、机械传动部分进行调整，使之达到预定的性能要求。测试则是在调整的基础上，对整机的各项技术指标进行系统的测试，使电子产品各项技术指标符合规定的要求。

1. 调试的含义与目的

调试分为初步调试和性能调试。初步调试的目的是发现产品装接过程中存在的错误，排除故障；对于较复杂的产品，要调整其内部的一些调节元件，使它的各部分电路均处于正常工作状态，使面板上所有的控制装置都能起到其应有的作用。性能调试是借助于电子测试仪器，调整对应的、相关的调节元件，使电子产品整机各项技术性能指标均符合规定的技术要求。电子产品的性能调整测试，必须在初步调整测试的基础上进行，具体说来，调试工作的内容有以下几点。

1）明确电子设备调试的目的和要求。

2）正确合理地选择和使用测试仪器和仪表。

3）按照调试工艺对电子设备进行调整和测试。

4）运用电路和元器件的基础理论，分析和排除调试中出现的故障。

5）对调试数据进行分析、处理。

6）写出调试工作报告，提出改进意见。

在电子产品的研制阶段，通过测试来发现设计中存在的问题。调试过程中往往需要调整元器件参数，当仅仅调整元器件参数无法满足要求时，就需要修改电路形式，甚至变更设计方案。经过反复调试、修改，才能确定设计方案。完成设计后，对于要进行批量生产的产品，一般要制定相应的调试工艺文件以供生产阶段使用。

在电子产品的生产阶段，除了简单的产品之外，应根据调试工艺文件进行调试。实践表明，新完成装接的产品，往往难以达到预期的效果。这是因为人们在设计时不可能周全地考虑到元件值的误差、器件参数的分散性、寄生参数等各种复杂的客观因素的影响，所以需要通过调试来消除这种影响。此外，电子产品装接过程中可能存在错误，要经过调试来发现错误并加以纠正。

2. 调试的内容与程序

（1）通电前的检查

通电前的检查，主要是发现和纠正比较明显的安装错误，避免盲目通电可能造成电路损坏。通常检查的项目有电路板各焊接点有无漏焊、桥接短路；连接导线有无接错、漏接、断线；元器件的型号是否有误、引脚之间有无短路现象。有极性元器件的极性或方向是否正确；是否存在严重的短路现象，电源线、地线是否接触可靠。

（2）通电调试

通电调试一般包括通电观察、静态调试和动态调试等几方面。先通电观察，然后进行静态调试，最后进行动态调试；对于较复杂的电路调试通常采用先分块调试，然后进行总调试的办法。有时还要进行静态和动态的反复交替调试，才能达到设计要求。

（3）整机调试

整机调试是在单元部件调试的基础上进行的。各单元部件的综合调试合格后，装配成整机或系统。整机调试的内容包括外观检查、结构调试、通电检查、电源调试、整机统调、整机技术指标综合测试及例行实验等。

3. 调试方案设计

调试方案是根据产品的技术要求和设计文件的规定及有关技术标准，制定的调试项目、技术指标要求、规则、方法和流程安排等总体规划和调试手段，是调试工艺文件的基础。

调试方案的制订，对于电子产品调试工作的顺利进行关系很大，它不仅影响调试质量的好坏，而且影响调试工作效率的提高。因此，事先制订一套完整的、合理的调试方案是非常必要的。

（1）调试方案的基本内容

1）确定调试项目及每个项目的调试步骤与要求。

2）确定调试的工艺流程，一般调试工艺流程的安排原则是先外后内，先调试结构部分后调试电气部分，先调试独立项目后调试存在相互影响的项目，先调试基本指标后调试对质量有重大影响的指标。调试的整个过程是循序渐进的过程。

3）合理安排调试工序之间的衔接，在工厂流水作业式的生产中对调试工序之间的衔接要求很高，衔接不好，整条生产线就会出现混乱，为了避免重复或调乱可调元件的现象，要求调试人员必须完成本工序规定的调试任务而不得调整与本工序无关的部分，调试完的还要有相关的标记，以协调好各个调试工序的进度。

4）调试手段的选择，要建造一个优良的调试环境，尽量减少环境对调试的影响。要根据每个调试工序及其调试内容特性配置合适的仪器，制订合理、合适、快捷的调试操作方法。

5）调试工艺文件编制，是用来规定产品生产过程中调试的工艺过程、调试的要求及操作方法等的工艺文件，是产品调试的唯一依据和质量保证，也是调试人员的工作手册和操作指导书。调试文件的编制包括调试工艺卡、操作规程、质量分析表等。

（2）制订调试方案的基本原则

1）根据产品的规格、等级及商品的主要走向，确定调试的项目及主要性能指标。

2）在深刻理解该产品的工作原理及性能指标的基础上，着重了解电路中影响产品性能的关键元器件及部件的作用、参数及允许变动的范围，这样不仅可以保证调试的重点，还可提高调试工作的效率。

3）调试样机时，要考虑到批量生产时的情况及要求，必须保证产品性能指标在规定范围内的一致性，否则会影响到产品的合格率及可靠性。

4）要考虑现有的设备及条件，使调试方法、步骤合理可行，使操作者安全、方便。

5）考虑好各个部件本身的调整及相互之间的配合，尤其是各个部分的配合，因为这往往影响到整机性能的实现。

6）尽量采用先进的工艺技术，以提高生产效率及产品质量。

7）在调试过程中，不要放过任何不正常现象，及时分析总结，采取新的措施予以改进提高，为新的调试工艺提供宝贵的经验与数据。

8）调试方案的制订，要求调试内容订得越具体越好；测试条件要写得仔细清楚；调试步骤应有条理性；测试数据尽量表格化，便于观察了解及综合分析；安全操作规程的内容要具体、明确。

4. 调试的准备工作

在电子产品调试之前，应做好调试之前的准备工作，如人员要求、场地布置、测试仪器仪表的合理选择、制订调试方案、对整机或单元部件进行外观检查等。

（1）对调试人员的要求

调试人员应理解产品工作原理、性能指标和技术条件；正确合理使用仪器，掌握仪器的性能指标和使用环境要求；熟悉产品的调试工艺文件，明确调试的内容、方法、步骤及注意事项。

（2）安全措施的准备

有些产品中的电路（或其中一部分电路）与供电电网没有隔离，调试该类产品时，最好使用隔离变压器，以防止人身触电，避免接入测试设备造成电源交叉短路。调试的电子产品含有对静电敏感的器件，则应采取静电防护措施。为了人身和仪器安全，电子仪器的电源线、插头、绝缘层应完好无损。对于需要安全接地的仪器，在开机前应检查仪器的接地是否良好。

（3）技术文件的准备

技术文件是调试工艺的依据，调试前应准备好调试用的文件、图纸、技术说明、调试工具、测试卡、记录本等相关技术文件。

（4）仪器仪表的准备

合理地选择测试仪器仪表的种类，检查测试仪器仪表是否正常工作以及精度是否满足要求，熟练掌握这些测试仪器仪表的性能及使用方法。

（5）被调试产品的准备

准备好需要测试的单元电路板、部件和产品整机，查看被测试件是否符合装配要求，是否有错焊、漏焊及短路问题。

（6）调试场地的准备

气候环境和电磁环境应符合产品及测试设备的要求。调试场地整齐干净，测试地面铺设绝缘胶垫，测试环境设置屏蔽措施，防止调试过程中的高频高压电磁场干扰。调试人员应按安全操作规程做好准备，调试用的图纸、文件、工具、备件等都应放在适当的位置上。

5. 调试工艺流程

电子整机因为各自的单元电路的种类和数量不同，所以在具体的测试程序上也不尽相同。通常调试的一般程序是接线通电、调试电源、调试电路、全参数测量、温度环境实验、整机参数复调，如图 6 – 17 所示。

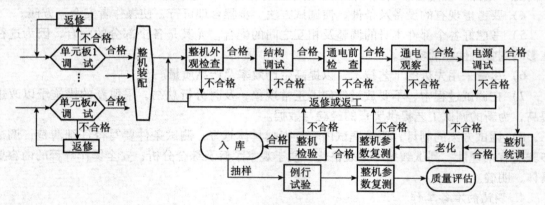

图 6 – 17　调试工艺流程

（1）整机外观检查

整机外观检查主要检查外观部件是否完整，拨动、调整是否灵活。以收音机为例，检查天线、电池夹子、波段开关、刻度盘、旋钮、开关等项目。

（2）结构调试

其主要检查内部结构装配的牢固性和可靠性。例如，电视机电路板与机座安装是否牢固，各部件之间的接插座有无虚接。

（3）通电检查

在通电前应检查电路板上的接插件是否正确、到位，检查电路中元器件及连线是否接错，注意晶体管管脚、二极管方向、电解电容极性是否正确，检查有无短路、虚焊、错焊、漏焊等情况，测量核实电源电压的数值和极性是否正确。只有这样才能提高调试效率，保障调试顺利进行，减少不必要的麻烦。

通电后应观察机内有无放电、打火、冒烟等现象，有无异常气味，各种调试仪器指示是否正常。如发现异常现象，应立即断电。

（4）电源调试

电源是各单元电路和整机正常工作的基础。在电源电路调试正常后，再进行其他项目的调试。通常电源部分是一个独立的单元电路，电源电路通电前应检查电源变换开关是否位于要求的挡位上，输入电压是否正确；是否装入符合要求的熔丝等。通电后，应注意有无放电、打火、冒烟现象，有无异常气味，电源变压器是否有超常温升。若有这些现象，应立即断电检查，待正常后才可进行电源调试。

电源电路调试的内容主要是测试各输出电压是否达到规定值、电压波形有无异常或质量指标是否符合设计要求等。通常先在空载状态下进行调试，目的是防止因电源未调好而引起负载部分的电路损坏。对于开关型稳压电源，应该加假负载进行检测和调整。待电源电路调试正常后，接通原电路检测其是否符合要求，当达到要求后，固定调节元件的位置。

（5）分级分板调试

电源电路调好后，可进行其他电路的调试，这些电路通常按单元电路的顺序，根据调试的需要及方便，由前到后或从后到前地依次插入各部件或印制电路板，分别进行调试，如电视机生产的调试可分为行扫描、场扫描、亮度通道、显像管及其附属电路、中放通道、高频通道、色度通道、伴音通道等电路调试。

（6）整机统调

各单元电路、部件调好后，把所有的部件及印制电路板全部插上，进行整机总装和调整，检查各部分连接有无影响，以及机械结构对电气性能的影响等。在调整过程中，应对各项参数分别进行测试，使测试结果符合技术文件规定的各项技术指标。整机调试完毕，应紧固各调整元件。

（7）整机性能指标的测试

已调好的整机为了达到原设计技术要求，必须经过严格的技术测定，如收音机的整机功耗、灵敏度、频率覆盖等技术指标的测定。不同类型的整机有不同的技术指标及相应的测试方法（按照国家对该类电子产品的规定处理）。

（8）环境实验

环境实验有温度、湿度、气压、振动、冲击和其他环境实验，应严格按技术文件规定执行。

（9）整机通电老化

大多数的电子产品在测试完成之后，均进行整机通电老化实验，目的是提高电子产品工作的可靠性。

（10）参数复调

经整机通电老化后，整机各项技术性能指标会有一定程度的变化，通常还需进行参数复调，使交付使用的产品具有最佳的技术状态。

（11）例行实验

例行实验包括环境实验和寿命实验，为了如实反映产品质量，达到例行实验的目的，例行实验的样品机应在检验合格的整机中随机抽取。

环境实验是评价分析环境因素对产品性能影响的实验，它通常是模拟产品在可能遇到的各种自然环境条件下进行的。环境实验是一种检验产品适应环境能力的方法。环境实验的项目是实际环境中抽象、概括出来的，因此，环境实验可以是模拟一种环境因素的单一实验，也可以是同时模拟多种环境因素的综合实验。

寿命实验是用来考察产品寿命规律的实验，它是产品最后阶段的实验。寿命实验是在实验条件下，模拟产品实际工作状态和储存状态，投入一定样品进行的实验。实验中要记录样品失效的时间，并对这些失效时间进行统计分析，以评估产品的可靠性、失效率、平均寿命等可靠性数量特征。

6.3.2 静态调试

静态指没有外加输入信号（或输入信号为零）时，电路的直流工作状态。静态调试包括静态测试与静态调整两部分，静态测试是指测试电路在静态工作时的直流电压和电流。静态调整通常是指调整电路在静态工作时的直流电压和电流。

静态调试内容有供电电源静态电压测试、测试单元电路静态工作总电流、三极管静态电压、电流测试、集成电路静态工作点的测试、数字电路静态逻辑电平的测量。

1. 静态调试的内容

（1）供电电源静态电压测试

电源电路输出的电压是用来供给各单元电路使用的。如果输出的电压不准，则各单元电路的静态工作点也不准。

1）空载时的测量，断开所有外接单元电路的供电而对输出电压的测量。

2）负载时的测量，在输出端接入负载时对输出电压的测量；标准输出电压应以接入负载时的测量为准，因为空载时的电压一般要高些。

电压测试的注意事项如下。

1）直流电压测试时，应注意电路中高电位端接表的正极，低电位端接表的负极；电压表的量程应略大于所测试的电压。

2）根据被测电路的特点和测试精度，选择测试仪表的内阻和精度。

3）使用万用表测量电压时，不得误用其他挡，特别是电流挡和欧姆挡，以免损坏仪表或造成测试错误。

4）一般情况下，称"某点电压"均指该点对电路公共参考点（地端）的电位。

（2）单元电路静态总电流测试

测量各单元电路的静态工作电流，就可知道单元电路工作状态。若电流偏大，则说明电路有短路或漏电；若电流偏小，则电路可能没有工作。常用的有直接测试法与间接测试法两种测试方法。直接测试法是将被测电路断开，将电流表或万用表串联在待测电流电路中进行电流测试的一种方法。该测试方法的特点是精度高，可以直接读数，但被测电路需要断开测试，易损伤元器件或线路板。间接测试法是采用先测量电压，然后换算成电流的办法来间接测试电流的一种方法。即当被测电流的电路上串有电阻器时，在测试精度要求不高的情况下，先测出电阻两端的电压，然后根据欧姆定律，换算成电流，这就是间接测试法。

直流电流测试的注意事项如下。

1）直接测试法测试电流时，必须断开电路将仪表串入电路；同时使电流从电流表的正极流入，负极流出。

2）合理选择电流表的量程（电流表的量程略大于测试电流）。

3）根据被测电路的特点和测试精度要求，选择测试仪表的内阻和精度。

（3）三极管静态电压、电流测试

测量三极管基极对地电压可判断三极管工作的状态（放大、饱和、截止），如果满足不了要求，可对偏置进行适当的调整。

测量三极管集电极静态电流可判别其工作状态，测量集电极静态电流有直接测试法与间接测试法两种方法。直接测试法是把集电极的铜箔断开，然后串入万用表，用电流挡测量其电流。间接测试法是通过测量三极管集电极或发射极电阻器上的电压，然后根据欧姆定律可计算出集电极静态电流。

（4）集成电路静态工作点的测试

集成电路引脚静态电压的测量，在排除外围元件损坏或插错、短路的情况下，集成电路各脚对地电压基本上反映了其内部工作状态是否正常。在进行集成电路供电脚静态电流的测量时，若其发热严重，说明其功耗偏大，是静态工作电流不正常的表现。

（5）数字电路静态逻辑电平的测量

数字电路一般只有两种电平。例如，TTL 与非门电路，0.8 V 以下为低电平，1.8 V 以上为高电平。电压在 0.8 ~ 1.8 V 时电路状态是不稳定的，不允许出现。不同数字电路高低电平界限有所不同，但相差不大。测量时，先在输入端输入高电平或低电平，然后再测量各输出端的电压，做好记录，再进行判断。

2. 电路静态调整方法

电路静态的调整是在测试的基础上进行的。调整前，对测试结果进行分析，找出静态调整的方法。

1）熟悉电路的结构组成（方框图）和工作原理（原理图），了解电路的功能、性能指标要求。

2）分析电路的直流通路，熟悉电路中各元器件的作用，特别是电路中的可调元件的作用和对电路参数的影响情况。

3）当发现测试结果有偏差时，要找出纠正偏差最有效、最便于调整且对电路其他参数影响最小的元器件对电路的静态工作点进行调试。

6.3.3　动态调试

动态是指电路的输入端接入适当频率和幅度的信号后，电路各有关点的状态随着输入信号变化而变化的情况。动态调试一般指在加入信号（或自身产生信号）后，测量三极管、集成电路等的动态工作电压，以及有关的波形、频率、相位、电路放大倍数等，并通过调整相应的可调元件，使其多项指标符合设计要求。

动态调试包括动态测试与动态调整两部分。动态测试以测试电路的信号波形和电路的频率特性为主，有时也测试电路相关点的交流电压值、动态范围等。动态调整就是调整电路的交流通路元件，使电路相关点的交流信号的波形、幅度、频率等参数达到设计要求。由于电路的静态工作点对其动态特性有较大的影响，所以，有时还需要对电路的静态工作点进行微调，以改善电路的动态性能。

动态调试是保证电路各项参数、性能、指标的重要步骤，其测试与调整的项目内容包括动态工作电压、波形的形状及其幅值和频率、动态输出功率、相位关系、频带、放大倍数和动态范围等。

1. 波形的测试与调整

波形测试可以将电压或电流的变化波形测量并直观地显示出来，由此观测到信号的变化幅度、周期、频率及是否失真等情况。

测试信号波形分为电压波形和电流波形两种方法。

（1）电压波形的测试

将示波器电压探头直接与被测试电压电路并联，即可在示波器荧光屏上观测波形。

（2）电流波形的测试

电流波形的测试分为直接测试法和间接测试法。

1）直接测试法。将示波器改装为电流表的形式。即并接分流电阻，将探头改装成电流探头。然后用电流探头将示波器串联到被测电路中即可观察到电流波形。

2）间接测试法。在被测回路串入一无感小电阻，将电流变换成电压，则在示波器中看到的电压波形反映的就是电流变化的规律。

波形的调整是指通过对电路相关参数的调整，使电路相关点的波形符合设计要求。电路的波形调整是在波形测试的基础上进行的。波形的调整，多采用调整反馈深度或耦合电容、旁路电容等来纠正波形的偏差。对于谐振电路和高频电路，一般进行频率特性的测试和调整，很少进行波形调整。

2. 频率特性的测试与调整

频率特性常指幅频特性，是指信号的幅度随频率的变化关系，即电路对不同频率的信号有不同的响应。频率特性的测试实际上就是幅频特性曲线的测试，常用的方法有点频测试法、扫频测试法和方波响应测试法。

（1）点频测试法

点频测试法是用一般的信号源（常用正弦波信号源），向被测电路提供所需的输入电压信号，用电子电压表监测被测电路的输入电压和输出电压。

（2）扫频测试法

扫频测试法是使用专用的频率特性测试仪（又叫扫频仪），直接测量并显示出被测电路的频率特性曲线的方法，高频电路一般采用扫频法进行测试。

（3）方波响应测试法

方波响应测试法是通过观察方波信号通过电路后的波形，来观测被测电路的频率响应。方波响应测试法可以更直观地观测被测电路的频率响应，因为方波信号形状规则，出现失真时易观测。

频率特性的调整是通过对电路参数的调整，使其频率特性曲线符合设计要求的过程。调整的思路和方法基本上与波形的调整相似。只是频率特性的调整是多频率点，同时要考虑高、中、低各频段信号的相互影响。调整时，应先粗调，后反复细调，使频率特性达到设计要求。

6.3.4　整机性能测试与调整

整机调试是把所有经过动、静态调试的各个部件组装在一起进行的有关测试。它的主要目的是使电子产品完全达到原设计的技术指标和要求。由于较多调试内容已在分块调试中完成了，整机调试只需检测整机技术指标是否达到原设计要求即可，若不能达到则再作适当调整。整机调试流程一般有以下几个步骤。

1. 整机外观的检查

其主要检查整机外观部件是否齐全，外观调节部件和活动部件是否灵活。

2. 整机内部结构的检查

其主要检查整机内部连线的分布是否合理、整齐，内部传动部件是否灵活、可靠，各单元电路板或其他部件与机座是否紧固，以及它们之间的连接线、接插件有没有漏插、错插、插紧等。

3. 单元电器性能指标复检

该步骤主要是针对各单元电路连接后产生的相互影响而设置的，其主要目的是复检各单元电路性能指标是否有改变，若有改变，则需调整有关元器件。

4. 整机技术指标的测试

对已调整好的整机必须进行严格的技术测定，以判断它是否达到原设计的技术要求，如收音机的整机功耗、灵敏度、频率覆盖等技术指标来测定。不同类型的整机有各自的技术指标，并规定了相应的测试方法（按照国家对该类型电子产品规定的方法）。

5. 整机老化和环境实验

通常，电子产品在装配、调试完后还要对小部分整机进行老化测试和环境实验，这样可以提早发现电子产品中一些潜伏的故障，特别是可以发现带有共性的故障，从而对同类型产品能够及早通过修改电路进行补救，有利于提高电子产品的耐用性和可靠性。

老化测试是对小部分电子产品进行长时间通电运行，并测量其无故障工作时间。分析总结这些电器的故障特点，找出它们的共性问题加以解决。

环境实验一般根据电子产品的工作环境而确定具体的实验内容，并按照国家规定的方法进行实验。环境实验一般只对小部分产品进行，常见环境实验内容和方法如下。

（1）对供电电源适应能力实验

如使用交流 220 V 供电的电子产品，一般要求输入交流电压在（220 ± 22）V 和频率在（50 ± 4）Hz 之内，电子产品仍能正常工作。

（2）温度实验

把电子产品放入温度实验箱内，进行额定使用的上、下限工作温度的实验。

（3）振动和冲击实验

把电子产品紧固在专门的振动台和冲击台上进行单一频率振动实验、可变频率振动实验和冲击实验。用木槌敲击电子产品也是冲击实验的一种。

（4）运输实验

把电子产品捆在载重汽车上奔走几十千米进行实验。

6.3.5　故障检修

电子产品出现故障是在所难免的，电子产品的种类很多，产生故障的原因错综复杂，故障的现象也多种多样，但是其检修还是有一定规律性的。只要具备一定的电路基础知识及检修知识，掌握必要的检修方法，熟知故障类型，在实践中加以研究和积累经验，一般就能判断故障原因，检修使之合格。

1. 电子产品出现故障的原因

1）焊接工艺不完善，虚焊造成焊点接触不良。

2）开关或接插件接触不良。

3）可调元件的调整端接触不良，造成开路或噪声增加。

4）由于空气潮湿，导致元器件受潮、发霉或绝缘性能下降甚至损坏。

5）元器件筛选检查不严格或由于使用不当、超负荷而失效。

6）连接导线接错、漏焊或由于机械损伤、化学腐蚀而断路。

7）由于排布不当，元器件相碰而短路；焊点连接导线时剥皮过多或因热后缩，与其他元器件或机壳相接触引起短路。

8）因为某些原因造成产品原先调谐好的电路严重失调。

9）电路设计不完善，允许元器件参数的变化范围过窄，以致元器件的参数稍有变化，电路就不能正常工作。

2. 故障检修一般步骤

故障检修分为故障查找和故障排除。通常是先查找、分析出故障的原因，判断故障发生的部位，然后排除故障，最后对已修复的整机的各项性能进行全面检验。

故障处理一般可分为以下 5 个步骤：先观察故障现象，然后进行测试分析，判断出故障位置，再进行故障的排除，最后进行电路功能与性能检验与总结等。

（1）观察故障现象

首先对被检查电路表面状况进行直接观察，从而发现问题找到故障点。直接观察按照不通电检查、通电检查的顺序进行。

对于新安装的电路，首先要在不通电情况下，检查电路是否有元器件用错、元器件引脚接错、元器件损坏、掉线、断线，有无接触不良等现象。对于不能正常工作的电路，应在不通电情况下观察被检修电路的表面，可能会发现变压器烧坏、电阻烧焦、晶体管断极、电容器漏油、元器件脱焊、接插件接触不良或断线等现象。

（2）分析故障原因

通过观察可能直接找出故障点，有些故障可直接排除，如焊接、装配故障。但需要指出的是，许多故障仅为表面现象，表面现象下面可能隐藏着更深层的原因，必须根据故障现象，结合电路原理对测试结果（现象）进行分析，才能找出故障的根本原因和真正的故障点。查找故障是一项技术性很强的工作，维修人员要熟悉该设备电路的工作原理及整机结构，查找要有科学的逻辑检查程序，按照程序逐次检查。一般程序是先外后内、先粗后细、先易后难、先常见故障后罕见现象。

（3）排除故障

排除故障不能只求将功能恢复，必须要求全部的性能都达到技术要求；更不能不加分析，不把故障的根源找出来，而盲目更换元器件，只排除表面的故障，没有彻底地排除故障。对于查明的简单故障，如虚焊、导线断头等，可直接处理，而对有些故障，必须拆卸部件才能进行修复，必须做好准备工作，如必要的标记或记录、必须用的工具和仪器等；否则拆卸后不能恢复或恢复出错，将造成新的故障。

（4）功能和性能检验

故障排除后，一定要对其各项功能和性能进行全部的检验。调试和检验的项目和要求与新装配出的产品相同，不能认为有些项目检修前已经调试和检验过了，不需重调再检。

（5）总结

故障检修结束后应及时进行总结，对检修资料进行整理归档，贵重仪器设备要填写档案。这样做可以积累经验，提高业务水平，给用户作为参考，推荐优质、适用的产品，还可将检修信息反馈回来，完善产品的设计与装配工艺，提高产品质量。

3. 故障检修的原则

（1）先分析后动手

首先要弄清故障发生时电子产品的使用状况及以前的维修状况，了解具体的故障现象及发生故障时的使用环境才能对症下药。将有关情况了解清楚，有助于准确地判断故障，避免盲目的拆动而使故障复杂化。

（2）先外部后内部

外部是指电子产品印制电路板上以外的元器件，如电子产品面板上的开关、旋钮等，内部指的是电子产品印制电路板及其上的元器件。检查应从外部元器件查起，将错位、松动、脱焊的情况及时修好，然后再检查机器内部的各个部分。

（3）先电源后电路

电源是电子产品及配件的心脏，如果电源不正常，就不可能保证其他部分的正常工作，也就无从检查别的故障。如果碰到不加电等与电源故障有关的故障，应首先考虑检测电源的正确性。

（4）先静态后动态

静态指没有外加输入信号（或输入信号为零）时，电路的直流工作状态，主要包括静态电流及静态电压。动态是指电路的输入端接入适当频率和幅度的信号后，电路各有关点的状态随着输入信号变化而变化的情况，动态是工作在静态基础上的，只有保证了静态才能讨论动态。

（5）先简单后复杂

电子产品产生故障的原因多种多样，往往是一种故障现象原因产生于几个不同方面，或者几种故障相互嵌套在一起，这就给检修工作带来很多障碍，此时就应该按照先简单后复杂的原则细心检查，逐步排除故障。

（6）先一般后疑难

一般是指电子产品的常见的或某一类产品通常都有的故障，应按一般规律检修。疑难是个别的、很少的、平时很少见的疑难故障。检修时应该先检修一般的常见故障，再解决个别的疑难故障。

4. 故障检修的常用方法

查找故障的方法有很多，这里介绍常用的几种。

（1）观察法

观察法就是仅凭人的感觉器官的直接感觉对故障原因进行判断的方法。例如，在打开机器外壳时，用这种方法可直接检查有无断线、脱焊、电阻烧坏、电解电容漏液、印制板铜箔断裂、印制导线短路、真空管灯丝不亮、机械损坏等。在安全的前提下可以用手触摸晶体管、变压器等，检查温升是否过高；可以嗅出有无电阻、变压器等烧焦的气味；可以听出是否有不正常的摩擦声、高压打火声、碰撞声等。也可通过轻轻敲击或扭动来判断虚焊、裂纹等故障。

（2）万用表法

万用表是查找判断故障最常用的仪表，方便实用，便于携带。它包括电压检查法、电流检查法和电阻检查法。

电压检查法是对有关电路的各点电压进行测量，将测量值与已知值（或经验值）相比较，通过判断确定故障原因。

电流检查法通过测量电路或器件的电流，将测得值与正常值进行比较，以判断故障发生的原因及部位。

电阻测量法是用万用表电阻挡测量元器件或电路两点间电阻，以判断故障产生的原因。这种方法还能有效地检查电路的"通"、"断"两种状态，如检查开关，铜箔电路的断裂、短路等都比较方便、准确。

（3）替代法

替代法是利用性能良好的备份器件、部件（或利用同类型正常机器的相同器件、部件）来替代仪器可能产生故障的部分，以确定产生故障的部位的一种方法。如果替代后工作正常了，说明故障就出在这部分。

（4）波形观测法

通过示波器观测被检查电路交流工作状态下各测量点的波形，以判断电路中各元器件是否损坏的方法，称为波形法。用这种方法需要将信号源的标准信号送入电路输入端，以观察各级波形的变化。

（5）短路法

使电路在某一点短路，观察在该点前后故障现象的有无，或故障电路影响的大小，从而判断故障的部位，这种方法通常称为短路法。这里必须注意：如果将要短接的两点之间存在直流电位差，就不能直接短路，必须用一只电容器跨接在这两点间，起交流短路作用。

（6）比较法

使用同型优质的产品，与被检修的机器作比较，找出故障的部位，这种方法叫比较法。检修时可将两者对应点进行比较，在比较中发现问题，找出故障所在。也可将有怀疑的器件、部件插到正常机器中去，如果工作依然正常，说明这部分没问题。

（7）分割法

当故障电路与其他电路所牵连线路较多，相互影响较大的情况下，可以逐步分割有关的线路，观察其故障现象的影响，以发现故障所在，这种方法叫分割测试法。这种方法对于检查短路、高压冲击这类有可能进一步烧坏元件的故障，是一种比较好的方法。

（8）信号寻迹法

注入某一频率的信号或利用电台节目、录音磁带及人体感应信号做信号源，加在被测机器的输入端，用示波器或其他信号寻迹器，依次逐级观察各级电路的输入和输出端电压的波形或幅度，以判断故障所在，这种方法叫信号寻迹法。

6.3.6　整机检验

检验就是指质量检查和验收。电子产品调试之后，要根据产品的设计技术要求和工艺要求进行必要的检验，检验合格后，电子产品才能出厂投入使用。产品的检验应执行自检、互检和专职检验相结合的三级检验制度。三级检验制度的流程为先自检、再互检、最后专职检验。

1. 检验的概念

电子产品的检验就是按整机技术要求规定的内容进行观察、测量、实验，并将得到的结果与规定的要求进行比较，以确定整机各项指标的合格情况。检验与测量、调试有着本质的不同。为了保证电子产品的质量，检验工作贯穿于整个生产过程中。

2. 检验的依据

目前电子产品的检验，主要是依据国际标准、国家标准、行业标准、企业标准等公认的质量标准进行比较，然后做出产品是否合格的判定。

3. 检验的分类

（1）按检验的阶段分类

按检验的阶段分类，可分为采购检验、过程检验、整机检验。

1）采购检验。电子产品制作厂家对购进的原材料、元器件、零部件及外协件等物料在入库前进行的检验称为采购检验，采购检验采用全检的方式进行。

2）过程检验。过程检验是指对生产过程中的各道工序，或对半成品及成品进行的检验。过程检验采用"自检、互检和专职检验"相结合的方式进行。

3）整机检验。整机检验是指产品经过总装、调试合格之后，检查产品是否达到预定功能要求和技术指标。整机检验采取多级、多重复检的方式进行。

（2）按检验过程分类

按检验过程分类，可分为全检和抽检。

1）全检。全检是指对所有产品100%进行逐个检验。全检的主要优点是能够最大限度地减少产品的不合格率。过程检验和整机入库前的检验一般采取全检的检验方式。

2）抽检。抽检是根据预先制定的抽样方案，从交验批中抽出部分样品进行检验，从而得出该产品是否合格的结论。采购检验和整机出库时的检验一般采取抽检的检验方式。

（3）按检验的特点分类

按检验的特点分类，可分为外观检验、性能检验和例行实验等。

1）外观检验。它是指用视查法对整机的外观、包装、附件等进行检验的过程。

2）性能检验。这是按产品技术指标和国家或行业有关标准，对整机的电气性能、安全性能和力学性能等方面进行测试检查，根据测试检查的结果确定产品是合格品还是不合格品。

3）例行实验。这是指对定型的产品或连续批量生产的产品定期进行实验，以确定生产企业能否生产持续、稳定的电子产品。

第 7 章

电子基本单元电路

电子系统电路是由若干个基本单元电路所组成的。要想读懂整机电路、板块电路和系统电路，必须读懂各系统的基本单元电路图。基本单元电路是整机的电路单元，也是组成电子系统电路的基本单元。随着集成电路技术水平的提高，可将几个甚至几十个基本单元电路集成在一块集成电路中。目前，在整机电路图上，分立件单元电路越来越少，使分析整机内单元电路的任务越来越少了，也容易了。但熟悉并掌握各种基本单元电路的功能与原理，对于设计电子系统电路而言是十分必要的。

7.1 模拟基本单元电路

7.1.1 整流电路

利用二极管的单向导电性，将大小和方向都随时间变化的工频交流电变换成单方向的脉动直流电的过程，称为整流。整流电路是把交流电能转换为直流电能的电路。整流电路是电源电路的核心电路，是电子电路中最重要的电路之一。

1. 单相半波整流电路

单相是指输入整流电路的交流电是单相交流电，如图 7-1 所示，变压器的次级绕组与负载相接，中间串联一个整流二极管，就是半波整流。这个电路利用了二极管的单向导电性，只有二极管正向导通的半个周期内有电流流过负载，另半个周期二极管反向截止，负载中没有电流流过。

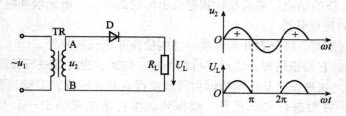

图 7-1 单相半波整流电路及波形

可以看出，半波整流是牺牲了一半交流电能而换取的整流效果，电流利用率很低。计算表明，半波整流电压的平均值是变压器次级交流电压峰值在这半个周期内的平均值，即负载上的直流电压 $U_L = 0.45u_2$。

该电路的优点是电路简单、调整方便。其缺点是输出电压脉动大，整流变压器二次绕组中含有直流分量，使铁芯磁化易饱和，也易引起电网波形畸变。因此，常用在高电压、小电流、对波形要求不高的场合，如电镀、蓄电池充电等，而在一般无线电装置中很少采用。

2. 单相全波整流电路

（1）变压器中心抽头全波整流电路

把上述半波整流电路的结构作一些调整，可以得到一种能充分利用电能的全波整流电路。这种全波整流电路，可以看做是由两个半波整流电路组合成的。变压器次级线圈中心需要引出一个抽头，把次级线圈分成两个对称的绕组，从而引出大小相等但极性相反的两个电压 u_{2a}、u_{2b}，构成 u_{2a}、D_1、R_L 与 u_{2b}、D_2、R_L 两个通电回路，整流原理见图 7－2。

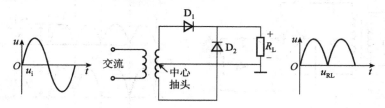

图 7－2　变压器中心抽头全波整流原理

在 $0 \sim \pi$ 周期内，u_{2a} 对 D_1 为正向电压，D_1 导通，在 R_L 上得到与标注方向一致的电压；u_{2b} 对 D_2 为反向电压，D_2 不导通。在 $\pi \sim 2\pi$ 时间内，u_{2b} 对 D_2 为正向电压，D_2 导通，在 R_L 上得到的仍然是与标注方向一致的电压；u_{2a} 对 D_1 为反向电压，D_1 不导通。

两个整流元件 D_1、D_2 轮流导电，使负载电阻 R_L 在正、负两个半周作用期间，都有同一方向的电流通过，因此称为全波整流。全波整流不仅利用了正半周，而且还巧妙地利用了负半周，大大地提高了整流效率。可以计算得出 $U_L = 0.9 u_2$，比半波整流大一倍。

但是这种全波整滤电路需要变压器有一个使两端对称的次级中心抽头，这给制作带来很多的麻烦。另外，在这种电路中每只整流二极管承受的最大反向电压，是变压器次级电压最大值的 2 倍，因此需用能承受较高电压的二极管。

（2）桥式全波整流电路

桥式整流电路是使用最多的一种整流电路。这种电路是利用 4 只二极管连接成桥式结构形成的全波整流电路。其具有变压器中心抽头全波整流电路的优点，并且同时在一定程度上克服了它的缺点。

如图 7－3 所示，桥式整流电路可简化成左下图形式。桥式整流电路的工作原理如下：u_2 为正半周时，对 D_1、D_3 加正向电压，D_1、D_3 导通，对 D_2、D_4 加反向电压，D_2、D_4 截止，电路中构成 u_2、D_1、R_L、D_3 通电回路，在 R_L 上形成与标注方向一致的半波整流电压；u_2 为负半周时，对 D_1、D_3 加反向电压，D_1、D_3 截止，对 D_2、D_4 加正向电压，D_2、D_4 导通，电路中构成 u_2、D_2、R_L、D_4 通电回路，同样在 R_L 形成与标注方向一致的另外半波的整流电压。最终在一个周期内 R_L 上得到了全波整流电压，其波形和变压器中心抽头全波整流电路波形是一样的。从电路中可以看出，桥式电路中每只二极管承受的反向电压等于变压器次级电压的最大值，比全波整流电路小一半，从一定程度上降低了对二极管耐压性能的要求。

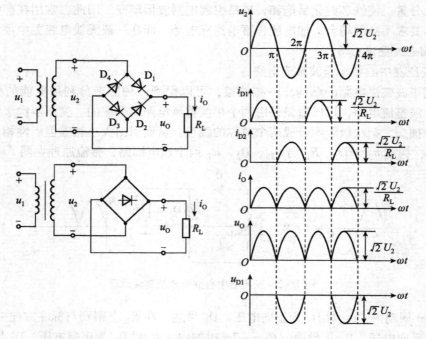

图 7 – 3　桥式全波整流电路图、简化图及波形图

需要指出的是，二极管作为整流元件，要根据整流方式和负载大小进行选择。选择不当会烧毁元器件或造成浪费。在高电压或大电流的情况下，如果没有承受高电压或整定大电流的整流元件，可以把二极管并联起来使用。

理论上，两只二极管并联，每只二极管分担电路总电流的一半，3 只二极管并联，每只二极管分担电路总电流的 1/3。但在实际并联使用时，由于各二极管特性不完全一致，常常不能均分通过的电流，使个别二极管因负担过重而烧毁。因此二极管并联使用时，需在每个二极管支路中串联阻值相同的小电阻器，使各并联二极管流过的电流接近一致。而均流电阻 R 一般选用零点几欧至几十欧的电阻器，且电流越大，R 应选得越小。

7.1.2　滤波电路

交流电经过整流电路整流之后，成为方向单一、电流强度不断变化的脉动直流电。这种脉动直流电一般是不能直接用来给无线电装置供电的，因此要把脉动直流电变成波形平滑的直流，这便是滤波。实质上，滤波电路的功能就是把整流电路输出电压中的脉动成分尽可能地减小，保留其直流成分，使输出电压纹波系数降低，波形变得比较平滑，变成接近恒稳的直流电。

滤波电路按元件组成，可分为无源滤波电路和有源滤波电路。无源滤波电路的滤波电路元件仅由无源元件（电阻、电容、电感）组成，无源滤波电路结构简单，易于设计，但它的通带放大倍数和截止频率都随负载而变化，因而不适用于信号处理要求高的场合，通常用在功率电路中，如直流电源整流后的滤波。有源滤波电路又称电子滤波电路，它不仅由无源元件，还由有源元件（二极管、三极管、集成运放）组成。有源滤波电路的负载不影响滤波特性，因此常用于信号处理要求高的场合。有源滤波电路一般由 RC 网络和集成运放组成，必须工作在合适的直流电源下，电路的组成和设计也较复杂，因此有源滤波电路不适用于高电压、大电流的场合，只适用于信号处理。本节以无源滤波器中的电容滤波电路、电感滤波电路和复式滤波电路作为介绍的重点。

1. 电容滤波电路

电容滤波电路是使用最多、最简单的滤波电路，它利用电容的充电和放电来使脉动的直流电变成平稳的直流电。

图 7 – 4 是单相桥式全波整流—电容滤波电路和滤波后输出电压波形，可以看出，t_0 时刻滤波电容和负载电阻接入桥式整流电路后，首先整流电路对电容 C 充电直至 $u_2 = u_o$，电容电压达到 u_2 最大值，充电停止。在接下来的周期中，由于 u_2 逐渐减小，使得整流电路二极管反向截止，停止对电容的充电，同时电容通过负载电阻 R_L 支路放电，输出电压 u_o 逐渐下降。直至变压器次级电压重新超过输出电压，电容再次开始充电，如此反复。

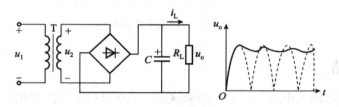

图 7 – 4　桥式全波整流—电容滤波电路及波形

2. 电感滤波电路

在大电流的情况下，由于负载电阻 R_L 很小。若采用电容滤波电路，则电容容量势必很大，而且整流二极管的冲击电流也非常大，在此情况下应采用电感滤波。如图 7 – 5 所示，由于电感线圈的电感量要足够大，所以一般需要采用有铁芯的线圈。

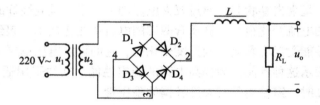

图 7 – 5　桥式全波整流—电感滤波电路

当流过电感的电流变化时，电感线圈中产生的感生电动势将阻止电流的变化。当通过电感线圈的电流增大时，电感线圈产生的自感电动势与电流方向相反，阻止电流的增加，同时将一部分电能转化成磁场能储存于电感中；当通过电感线圈的电流减小时，自感电动势与电流方向相同，阻止电流的减小，同时释放出存储的能量，以补偿电流的减小。因此，经电感滤波后，负载电流及电压的脉动减小，波形变得平滑。

在电感线圈不变的情况下，负载电阻越小，输出电压的交流分量越小。只有在 $R_L \gg \omega L$ 时才能获得较好的滤波效果。L 越大，滤波效果越好。

另外，由于滤波电感电动势的作用，可以使二极管的导通角接近 π，减小了二极管的冲击电流，平滑了流过二极管的电流，从而延长了整流二极管的寿命。

3. 复式滤波电路

把电容接在负载并联支路，把电感或电阻接在串联支路，可以组成复式滤波器，达到更佳的滤波效果。这种电路的形状很像字母 π，所以又叫 π 型滤波器。

图 7－6 是由电感与电容组成的 LC 滤波器，其滤波效能很高，几乎没有直流电压损失，适用于负载电流较大、要求纹波很小的场合。但是，这种滤波器由于电感体积和重量大，比较笨重，成本也较高，一般情况下使用得不多。

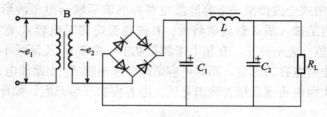

图 7－6　一种复式滤波电路

7.1.3　稳压电路

稳压电路是指在输入电压、负载、环境温度、电路参数等发生变化时仍能保持输出电压恒定的电路。这种电路能提供稳定的直流电源，广为各种电子设备所采用。

交流电经过整流可以变成直流电，但是它的电压是不稳定的，因为供电电压的变化或用电电流的变化，都能引起电源电压的波动。要获得稳定不变的直流电源，还必须再增加稳压电路。

稳压电路最基本的组成元件是稳压管。一般二极管都是正向导通，反向截止；加在二极管上的反向电压，如果超过二极管的承受能力，二极管就要击穿损毁。稳压管就是当反向电压加到一定程度时，呈现击穿状态、通过较大电流却不损毁、重复性好的二极管。当稳压管工作时，尽管流过的电流变化很大，稳压管两端的电压却变化极小，起到了稳压作用。

稳压管的稳定性能受温度影响，当温度变化时，它的稳定电压也要发生变化，常用稳定电压的温度系数来表示这种性能。为提高电路的稳定性能，往往采用适当的温度补偿措施。在稳定性能要求很高时，需使用具有温度补偿的稳压管。

1. 硅稳压管稳压电路

由硅稳压管组成的简单稳压电路如图 7－7 所示，硅稳压管 DZ 与负载 R_L 并联，R 为限流电阻。

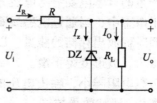

图 7－7　硅稳压管稳压电路

当输入电压升高时，整流电路的输出电压 U_i 也随之升高，引起负载电压 U_o 升高。由于稳压管 DZ 与负载 R_L 并联，U_o 只要有很少一点儿增长，就会使流过稳压管的电流急剧增加，使得 I_R 也增大，限流电阻 R 上的电压降增大，从而抵消了 U_i 的升高，保持负载电压 U_o 基本不变；反之，若电网电压降低，引起 U_i 下降，造成 U_o 也下降，则稳压管中的电流急剧减小，使得 I_R 减小，R 上的压降也减小，从而抵消了 U_i 的下降，保持负载电压 U_o 基本不变。当 U_i 不变而负载电流增加时，则 R 上的压降增加，造成负载电压 U_o 下降。U_o 只要下降一点点，稳压管中的电流就迅速减小，使 R 上的压降再减小下来，从而保持 R 上的压降基本不变，使负载电压 U_o 得以稳定。

可以看出，稳压管起着电流的自动调节作用，而限流电阻起着电压调整作用。稳压管的动态电阻越小，限流电阻越大，输出电压的稳定性越好。

2. 串联型稳压电路

串联型稳压电路是比较常用的一种电路，如图 7 - 8 所示。VT 在电路中是调整元件，当供电或用电发生变化，电路输出电压波动欲起的时候，它可以及时地加以调节，使输出电压保持基本稳定，因此它被称为调整管。因为在电路中作为调整元件的三极管是与负载相串联的，所以这种电路叫串联型稳压电路。

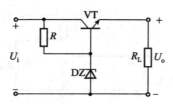

图 7 - 8　串联型稳压电路

稳压管 DZ 为调整管提供基准电压，使调整管基极电位不变。R 是 DZ 的保护电阻，限制通过 DZ 的电流，起保护稳压管的作用。VT 和 DZ 配合以保证电路输出稳定的电压。

电路稳压过程原理如下：如果输入电压 U_i 增大使输出电压 U_o 增大时，由于基极电压 $U_b = U_z$，调整管基射间电压 $U_{be} = U_b - U_o$ 将减小，基极电流 I_b 也随之减小，管压降 U_{ce} 随之增大，抵消了 U_o 增大的部分，使 U_o 基本稳定。如果负载电流 I_L 增大使输出电压 U_o 减小时，$U_{be} = U_b - U_L$ 将增大，使基极电流 I_b 增大、U_{ce} 减小，使 U_o 维持稳定。

7.1.4　放大电路

放大电路是用于增加电信号幅度或功率的电子电路。应用放大电路实现放大的装置称为放大器，它的核心是电子有源器件，如电子管、晶体管等。为了实现放大，必须给放大器提供能量，常用的能源是直流电源，但有的放大器也利用高频电源作为泵浦源。放大电路放大的本质是能量的控制和转换，在输入信号的作用下，通过放大电路将直流电源的能量转换成负载所获得的能量，使负载从电源获得的能量大于信号源所提供的能量。三极管基本放大电路包括共发射极放大电路、共集电极放大电路和共基极放大电路。基于运放的放大电路有同相放大器、反相放大器和差动放大器。

1. 三极管基本放大电路

放大电路的目的是把微弱的电信号不失真地放大到负载所需要的数值，因此既要求放大电路有一定的放大能力，又不能产生失真。首先要给电路中的晶体管（非线性器件）施加合适的直流偏置，使其工作在放大状态（线性状态），其次要保证信号源、放大器和负载之间的信号传递通道畅通。对于晶体管而言，直流偏置原则指的是晶体管的发射结正偏，集电结反偏。此外，还要求信号源和负载接入放大电路时，不能影响晶体管的直流偏置，且在交流信号的频率范围内，耦合电路应能使信号无阻碍地传输。

（1）共发射极放大电路

共发射极放大电路是放大电路中应用最广泛的三极管接法，三极管发射极是输入信号和输出信号的公共端，故称共射极放大电路，共射极放大电路又称反相放大电路。共射极放大电路不但能对电流放大，还可对电压放大，放大范围从几十到一百多，输出电压与输入电压反相，输入阻抗不高，适用于低频和多级放大电路的中间级。

图 7-9 是共发射极放大电路。C_1 是输入电容，C_2 是输出电容，两电容起耦合作用，保证信号源和负载不影响放大电路的直流偏置。三极管是放大器件，V_{CC} 是偏置直流源，R_b 是基极偏置电阻，R_c 是集电极负载电阻，用于保证三极管工作在放大状态。U_i 是输入电压，U_o 是输出电压。图 7-9 所示的放大电路电压放大倍数计算为：

$$A_u = U_o / U_i = -\beta \ (R_c // R_L) \ / r_{be}$$

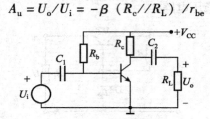

图 7-9 共发射极放大电路

（2）共集电极放大电路

共集电极放大电路输入信号从基极输入，发射极输出。共集电极放大电路只有电流放大作用，无电压放大作用，输入电压极性和输出电压极性相位相同，输入电阻大而输出电阻小，带负载能力大，常用于放大电流的输入级和输出级。

共集电极放大电路如图 7-10 所示，U_s 为外加信号源，R_s 为信号源内阻，C_1、C_2 为耦合电容，R_b 为基极偏置电阻，R_e 为发射极电阻，V_{CC} 提供三极管偏置电压，R_L 为负载电阻。共集电极放大电路电压增益可根据对放大电路的动态分析求出：$A_u = U_o / U_i = I_e \cdot \ (R_e // R_L) \ / \ [U_{be} + I_e \cdot \ (R_e // R_L)] \leqslant 1$，由于 U_{be} 很小，因此 A_u 接近于 1，即输出输入电压基本相等，因此共集电极放大电路又被称为射极（电压）跟随器。

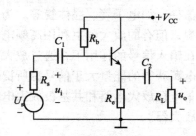

图 7-10 共集电极放大电路

（3）共基极放大电路

共基极放大电路如图 7 - 11 所示，输入信号由三极管的发射极与基极两端输入，由三极管集电极与基极两端获得输出信号，基极是共同接地端，所以称为共基极放大电路。共基极放大电路输入信号与输出信号同相，电压增益高，电流增益低（≤1），功率增益高，适用于高频电路。由于共基极放大电路的输入阻抗很小，会使输入信号严重衰减，不适合作为电压放大器。但它的频宽很大，因此通常用来做宽频或高频放大器。在某些场合，共基极放大电路也可以作为电流缓冲器使用。经分析可知，共基极放大电路电压增益与共发射极放大电路相同。

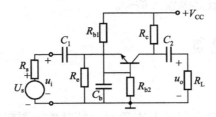

图 7 - 11　共基极放大电路

2. 运算放大电路

集成运算放大电路是一种具有高放大倍数、高输入阻抗、低输出电阻的直接耦合放大电路。由于该电路最初是用于数的运算，所以称为运算放大器。虽运算放大器的用途早已不限于运算，但仍沿用此名称。把整个运算放大电路集成起来，称为集成运算放大器，简称集成运放。理想运放线性应用的分析依据是虚短和虚断的概念。虚短指 $u_+ \approx u_-$，虚断指 $i_+ \approx i_- \approx 0$。

（1）同相放大器

同相放大器的接法如图 7 - 12 所示，一般会使 $R_2 = R_1 // R_f$，这样有利于消除同相输入端与反相输入端输入偏置电流不平衡带来的误差。根据运放分析方法可知：$i_2 = 0$，$u_o = i_1 (R_1 + R_f)$，$u_i = i_1 R_1$。推导出 $A_u = u_o / u_i = 1 + R_f / R_1$。因此，可以看出同相放大器的输入输出同相，且放大倍数 $A_u \geq 1$。

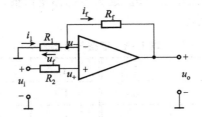

图 7 - 12　同相放大器

（2）反相放大器

反相放大器的接法如图 7 - 13 所示，一般使 $R_2 = R_1 // R_f$，这样有利于消除同相输入端与反相输入端输入偏置电流不平衡带来的误差。同理可以推导：$i_1 = i_f$，$u_o = i_1 R_1 + i_f R_f - u_i$，$u_i = -i_1 R_1 \Rightarrow A_u = -R_f / R_1$。

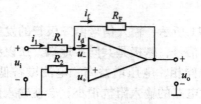

图 7-13 反相放大器

将同相放大器和反相放大器结合起来，就构成了基于运放的差动放大器。差动放大器只对差模输入信号运算，不反映共模输入信号。

7.2 数字基本单元电路

7.2.1 逻辑门电路

门电路中的门是数字集成电路的基本单元，是对数字逻辑信号进行运算的实际硬件电路。用以实现基本逻辑运算和复合逻辑运算的单元电路，统称为门电路。通常有下列 3 种门电路：与门、或门、非门（反相器）。从逻辑关系看，门电路的输入端或输出端只有两种状态，无信号以"0"表示，有信号以"1"表示。也可以用电平来表示门电路的状态，常用的电平标准有 TTL 电平和 CMOS 电平。

TTL 电平规定输入小于 1.2 V 或输出小于 0.8 V 为低电平，输入大于 2 V 或输出大于 2.4 V 为高电平。CMOS 电平则规定输入小于 $0.3\ V_{CC}$ 或输出小于 $0.1\ V_{CC}$ 为低电平，输入大于 $0.7\ V_{CC}$ 或输出大于 $0.9\ V_{CC}$ 为高电平。

因此，门电路的状态可以规定低电平为"0"，高电平为"1"，这种规定方法称为正逻辑；反之，如果规定高电平为"0"，低电平为"1"则称为负逻辑。本书中全部采用正逻辑。

1. 与门

与门是执行与运算的基本门电路，具有多个输入端，只有一个输出端，当所有输入端全部输入 1 时，输出才为 1，否则输出为 0。逻辑与也称逻辑乘，它可以用表达式 $F = A \cdot B$ 表示。逻辑与状态如表 7-1 所示。

表 7-1 逻辑与状态表

A	B	C	F	A	B	C	F
0	0	0	0	1	0	0	0
0	0	1	0	1	0	1	0
0	1	0	0	1	1	0	0
0	1	1	0	1	1	1	1

二极管与门具体电路结构见图 7-14（a）。可以分析得出 3 个二极管的输入端 A、B、C 只有全部输入高电平，输出端 F 才为高电平。图 7-14（b）是与的逻辑符号，可以用于表示变量间的逻辑关系。图 7-14（c）是与门的电路符号。

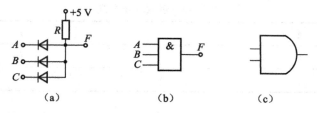

图 7-14　二极管与门电路、逻辑符号、电路符号

(a) 二极管与门电路；(b) 逻辑符号；(c) 电路符号

2. 或门

或门是执行"或"运算的基本门电路，同样具有多个输入端和一个输出端。当任意一个输入端输入 1 时，输出就为 1，当所有输入端为 0 时，输出才为 0。或运算也称逻辑加，逻辑或的表达示为 $F = A + B$。逻辑或状态如表 7-2 所示。

表 7-2　逻辑或状态表

A	B	C	F	A	B	C	F
0	0	0	0	1	0	0	1
0	0	1	1	1	0	1	1
0	1	0	1	1	1	0	1
0	1	1	1	1	1	1	1

二极管或门电路结构见图 7-15（a）。通过分析可知该电路输入端有任一输入高电平，输出端 F 就是高电平。图 7-15（b）是或门的逻辑符号，图 7-15（c）是或门的电路符号。

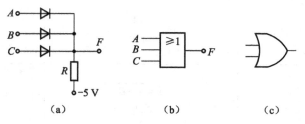

图 7-15　二极管或门电路、逻辑符号、电路符号

(a) 二极管或门电路；(b) 逻辑符号；(c) 电路符号

3. 非门

非门又称反相器，是逻辑电路的重要基本单元，非门有输入和输出两个端，电路符号见图 7-16，其输出端的圆圈代表反相的意思，当其输入端为高电平时输出端为低电平，当其输入端为低电平时输出端为高电平，也就是说，输入端和输出端的电平状态总是反相的。逻辑非的表达式为 $F = \bar{A}$。逻辑非输入输出如表 7-3 所示。

表 7－3　逻辑非状态表

A	F
1	0
0	1

三极管非门电路结构见图 7－16。当 A 端输入低电平时，三极管处于截止状态，F 处输出电压为高电平。当 A 端输入高电平时，三极管处于饱和状态，三极管导通，F 处输出电压为低电平。

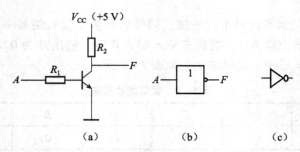

图 7－16　三极管非门电路、逻辑符号、电路符号
（a）三极管非门电路；（b）逻辑符号；（c）电路符号

除了与、或、非门外，还有许多常见的门，这些门都可由与、或、非组合而成，表 7－4 所示为常用门列表。

表 7－4　常用门

逻辑符号	逻辑功能	状态表
A — |&|o— Y B	$Y = \overline{AB}$ 与非	A　B　|　Y 0　0　|　1 0　1　|　1 1　0　|　1 1　1　|　0
A — |≥1|o— Y B	$Y = \overline{A + B}$ 或非	A　B　|　Y 0　0　|　1 0　1　|　0 1　0　|　0 1　1　|　0
A — |=1|— Y B	$Y = A \oplus B$ 异或	A　B　|　Y 0　0　|　0 0　1　|　1 1　0　|　1 1　1　|　0

7.2.2　触发器

触发器是一种具有记忆功能、能存储数字信息的基本逻辑电路，由逻辑门加反馈线构成，在数字电路和计算机电路中具有重要应用。

触发器有 3 个基本特性：有两个稳态，可分别表示二进制数码 0 和 1，无外触发时可维持稳态；两个稳态可相互转换，已转换的稳定状态可长期保持下来，常用作二进制存储单元；有两个相反输出端，分别用 Q 和 $\overline{Q}$ 表示。按逻辑功能划分，触发器可分为 RS 触发器、D 触发器、JK 触发器和 T 触发器等。

1. RS 触发器

RS 触发器是构成其他各种功能触发器的基本组成部分，故又称为基本 RS 触发器。基本 RS 触发器主要是由两个与非门构成。其电路结构与符号如图 7 - 17 所示。

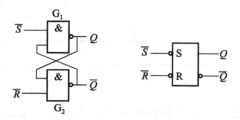

图 7 - 17　基本 RS 触发器

G_1 和 G_2 两个与非门既可以是 TTL 门，也可以是 CMOS 门。Q 和 $\overline{Q}$ 是触发器两个输出端。当 $Q = 0$，$\overline{Q} = 1$ 时，称触发器状态为 0；当 $Q = 1$，$\overline{Q} = 0$ 时，称触发器状态为 1。触发器有两个输入端，输入信号为 $\overline{R}$ 和 $\overline{S}$。$\overline{R}$ 为复位端，当 $\overline{R}$ 输入低电平时，Q 输出 0，$\overline{Q}$ 输出 1。$\overline{S}$ 为置位端，当 $\overline{S}$ 输入低电平时，Q 输出 1，$\overline{Q}$ 输出 0。RS 触发器符号中的小圆圈表示输入是低电平有效。

表 7 - 5　基本 RS 触发器的真值表

$\overline{S}$	$\overline{R}$	Q	功能
0	0	不定	禁止
0	1	0	复位
1	0	1	置位
1	1	保持	保持上一状态

2. D 触发器

D 触发器是在时钟信号作用下，根据输入 D 的状态改变输出结果的触发器，它是为了解决 RS 触发器输入有效而输出"不定"设计的。本质上 D 触发器就是输入端始终处于互补状态的 RS 触发器。图 7 - 18 所示为 D 触发器电路结构，它由 4 个与非门和一个非门组成，其中虚线框内门电路组成 RS 触发器。

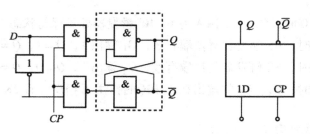

图 7 - 18　D 触发器

当时钟脉冲 $CP = 0$ 时，D 端输入无效，使 RS 触发器输入均为 1，D 触发器处于保持状态。当 $CP=1$ 时，D 端输入可控制 D 触发器输出。$D=0$ 时，RS 触发器复位端有效，Q 输出 0。$D=1$ 时，RS 触发器置位端有效，Q 输出 1。D 触发器真值表如表 7-6 所示。

表 7-6 D 触发器真值表 （$CP=1$）

D	Q	Q_{next}	功能
0	0	0	复位
0	1	0	
1	0	1	置位
1	1	1	

3. JK 触发器

JK 触发器具有置 0、置 1、保持和翻转功能，是各类集成触发器中功能最齐全的触发器。在实际应用中，它不仅有很强的通用性，而且能灵活地转换其他类型的触发器，如由 JK 触发器可构成 D 触发器和 T 触发器。

JK 触发器内部电路结构如图 7-19 所示，它由 4 个与非门组成。G_1、G_2 构成 RS 触发器，G_3、G_4 用作输入控制。JK 触发器的工作原理如下。

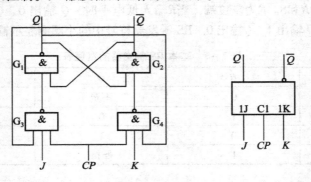

图 7-19 JK 触发器

设初始状态时 $Q=0$ 和 $\overline{Q}=1$。

$CP=0$ 时，G_3、G_4 在 CP 的作用下输出为 1，使 RS 触发器处于保持状态。

$CP=1$ 时，G_3、G_4 打开，J、K 端输入信号可控制触发器输出，进入信号接收准备状态。

当 J、K 同时为 0 时，G_3、G_4 输入为 1，RS 触发器处于保持状态。

当 $J=1$，$K=0$ 时，RS 触发器置位端有效，G_1 输出 1，$Q=1$，$\overline{Q}=0$。

当 $J=0$，$K=1$ 时，RS 触发器复位端有效，G_2 输出 1，$Q=0$，$\overline{Q}=1$。

当 $J=1$，$K=1$ 时，G_3、G_4 的输出在 Q 和 $\overline{Q}$ 的作用下相反，且 JK 触发器输出与上一状态相反（翻转）。

JK 触发器真值表如表 7-7 所示。

表 7 - 7　JK 触发器真值表（$CP=1$）

J	K	Q	Q_{next}	功能
0	0	0	0	保持
0	0	1	1	
1	0	0	1	置位
1	0	1	1	
0	1	0	0	复位
0	1	1	0	
1	1	0	1	翻转
1	1	1	0	

4. T 触发器

T 触发器是指在时钟脉冲的有效作用时期内新输出状态取决于输出原来状态 Q 和输入端 T 状态的触发器。根据输入信号 T 取值的不同，T 触发器具有保持和翻转功能，T 触发器可以由 JK 触发器两输入端相连形成 T 端构成。T 触发器真值表见表 7 - 8。

表 7 - 8　T 触发器真值表

T	Q	Q_{next}	功能
0	0	0	保持
0	1	1	
1	0	1	翻转
1	1	0	

T′触发器除时钟脉冲输入端外，再无外部信号输入端，而是在 CP 有效信号作用下将触发器自身的输出直接反向。T′触发器只有翻转功能，其真值表如表 7 - 9 所示。

表 7 - 9　T′触发器真值表

Q	Q_{next}	功能
0	1	翻转
1	0	

7.2.3　555 定时器

555 定时器是一种多用途的模拟和数字功能相结合的中规模集成器件，可以用于构成施密特触发器、单稳态触发器和多谐振荡器，广泛用于信号的产生、变换、控制与检测。一般用双极型工艺制作的称为 555，用 CMOS 工艺制作的称为 7555，除单定时器外，还有对应的双定时器 556/7556。555 定时器的电源电压范围宽，可在 4.5～16 V 范围工作，7555 可在 3～18 V 范围工作，输出驱动电流约为 200 mA，因此其输出可与 TTL、CMOS 或者模拟电路电平兼容，可以直接驱动与这个电流数值相当的负载，如继电器、扬声器、发光二极管、微电机等。

图 7-20 是 555 定时器的内部电路框图和外引脚排列。555 定时器的 1 脚是接地端 GND，2 脚是低触发端 $\overline{TR}$，3 脚是输出端 OUT，4 脚是清除端 $\overline{R}_d$，5 脚是电压控制端 CO，6 脚是高触发端 TH，7 脚是放电端 DIS，8 脚是电源端 V_{CC}。

从内部电路框图中可以看出，555 定时器内部包括两个电压比较器 C_1 和 C_2、一个 RS 触发器，3 个 $5 k\Omega$ 的等值电阻由 V_{CC} 串联至 GND 构成分压器，晶体管 VT 是放电管，为外电路的元件提供放电通路。门电路 G_3 是输出缓冲，可以提高负载能力并隔离负载对 555 定时器的影响。555 定时器工作的原理是通过两个比较器的输出电压控制 RS 触发器和放电管工作状态。555 定时器功能见表 7-10。

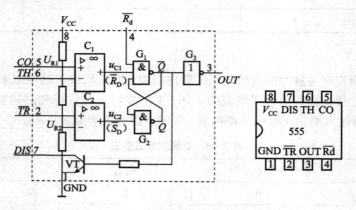

图 7-20　555 定时器内部电路框图和外引脚排列

表 7-10　555 定时器功能表

R_d	U_{TH}	U_{TR}	OUT	放电管	功能
0	×	×	0	导通	直接清零
1	$< \frac{3}{2} V_{CC}$	$> \frac{1}{3} V_{CC}$	保持	保持	保持上一状态
1	$> \frac{3}{2} V_{CC}$	$> \frac{1}{3} V_{CC}$	0	截止	清零（复位）
1	$< \frac{3}{2} V_{CC}$	$< \frac{1}{3} V_{CC}$	1	导通	置1（置位）

当电压控制端 CO 不外加控制电压 U_{CO} 时，分压器分别使高电平比较器 C_1 同相比较端和低电平比较器 C_2 的反相输入端的参考电压为 $\frac{2}{3} V_{CC}$ 和 $\frac{1}{3} V_{CC}$，使得 555 施密特触发器的正向阈值和负向阈值分别为 $\frac{2}{3} V_{CC}$ 和 $\frac{1}{3} V_{CC}$。C_1 和 C_2 的输出端控制 RS 触发器状态和放电管开关状态。当 6 脚输入信号 $U_{TH} > \frac{2}{3} V_{CC}$ 时，触发器复位，555 的 3 脚输出低电平，放电管导通；当 2 脚输入 $U_{TR} < \frac{1}{3} V_{CC}$ 时，触发器置位，555 的 3 脚输出高电平，放电管截止。

当电压控制端 CO 外加控制电压 U_{CO} 时，比较器的参考电压将发生变化，相应电路的阈值、触发电平也将随之改变，并进而影响电路的定时参数。因此，不外加控制电压时，CO 端一般通过一个小电容接地，以阻止旁路高频干扰。

1. 555 施密特触发器

施密特触发器最重要的特点是能够把变化缓慢的输入信号整形成边沿陡峭的矩形脉冲，因此施密特触发器主要用于对输入波形的整形。同时，施密特触发器还可利用其回差电压（正向阈值和负向阈值电压之差）来提高电路的抗干扰能力。

由 555 定时器构成的典型施密特触发器如图 7-21 所示，555 施密特触发器是靠输入信号去控制电路状态的翻转。所以，555 施密特触发器输入信号的高电压必须大于 TH 参考电压，低电压必须小于 TR 参考电压；否则不能对其整形。可以看出，555 施密特触发器不但可用于信号整形，还可以用作脉冲鉴幅。

当电压控制端 CO 接直流电压 U_I 时，电路的正向阈值和负向阈值分别变为 U_I 和 $\frac{1}{2}U_I$，因此 U_I 越大，回差电压越大，555 施密特触发器的抗干扰能力越强，但灵敏度相应降低。

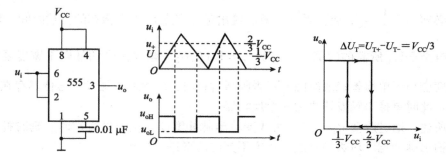

图 7-21　555 施密特触发器电路、输入输出波形、电压阈值特性

2. 555 单稳态触发器

触发器有两个稳定的状态，即 0 和 1，所以触发器也被称为双稳态电路。与双稳态电路不同，单稳态触发器只有一个稳定的状态，这个稳定状态要么是 0 要么是 1。单稳态触发器的工作特点是：在没有受到外界触发脉冲作用的情况下，单稳态触发器保持在稳态；在受到外界触发脉冲作用的情况下，单稳态触发器翻转，进入"暂稳态"，假设稳态为 0 则暂稳态为 1；经过一段时间，单稳态触发器从暂稳态返回稳态。单稳态触发器在暂稳态停留的时间仅仅取决于电路本身的参数。单稳态触发器在数字电路中有着广泛的应用，可被用来进行定时、延时、整形等。

由 555 定时器构成的单稳态触发器如图 7-22 所示。当单稳态触发器输入触发脉冲信号时，V_{CC} 通过 R_1 给电容 C_1 充电，由于 U_{C1} 由小于 $\frac{1}{3}V_{CC}$ 开始充电，因此使 C_2 电压比较器输出 0，OUT 输出 1，导电管截止，当 $U_{C1} > \frac{1}{3}V_{CC}$ 且 $U_{C2} < \frac{2}{3}V_{CC}$ 时电路输出 OUT 保持 1 状态，同时 V_{CC} 通过 R_2 对 C_2 充电，电路进入暂稳态。当电容上的电压 U_{C2} 上升到 $\frac{2}{3}V_{CC}$ 时，C_1 电压比输器输出 0，OUT 输出 0，三极管导通接地，电容 C_2 放电至两端电压为零，电路进入稳

态。如果继续有触发脉冲输入，就会重复上面的过程。

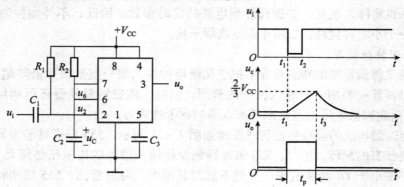

图 7-22 555 单稳态触发器的结构、输入输出波形

需要注意的是，触发脉冲信号的逻辑电平，在无触发时是高电平，且须大于 $\frac{2}{3}V_{CC}$，触发低电平必须小于 $\frac{1}{3}V_{CC}$，否则触发无效。输出脉冲宽度 t_p 为暂稳态的持续时间，即电容 C_2 的电压充电至 $\frac{2}{3}V_{CC}$ 所需的时间，可计算 $t_p = 1.1R_2C_2$。触发信号的低电平宽度要窄，其低电平的宽度应小于单稳暂稳的时间 t_p；否则当暂稳时间结束时，触发信号依然存在，输出与输入反相。此时单稳态触发器成为一个反相器。

综上所述，通过改变 R_2C_2 值，可改变输出脉冲宽度，从而进行定时、延时控制，或利用一定的输出脉冲宽度对边沿不陡、幅度不齐的波形进行整形。

3. 555 多谐振荡器

多谐振荡器是一种能产生矩形波的自激振荡器，也称矩形波发生器。多谐振荡器没有稳态，只有两个暂稳态。在工作时，电路的状态在这两个暂稳态之间自动地交替变换，由此产生矩形波脉冲信号，常用作脉冲信号源及时序电路中的时钟信号。

由 555 定时器构成的多谐振荡器如图 7-23 所示。电路不需要外接触发信号，利用电源通过 R_1、R_2 向 C 充电，以及 C 通过 R_2 和放电管放电，使电路产生振荡。电容 C 在 $\frac{1}{3}V_{CC}$ 和 $\frac{2}{3}V_{CC}$ 之间充电和放电，从而在输出端得到一系列的矩形波。

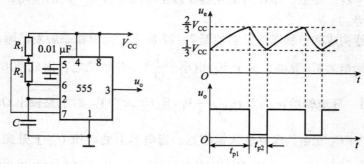

图 7-23 555 多谐振荡器结构、输出波形

输出信号的时间参数是：$t_{p1} = 0.7(R_1 + R_2)C$，$t_{p2} = 0.7R_2C$。其中，t_{p1} 为电容 C 由 $\frac{1}{3}V_{CC}$ 充电到 $\frac{2}{3}V_{CC}$ 所需的时间，t_{p2} 为电容 C 由 $\frac{2}{3}V_{CC}$ 放电至 $\frac{1}{3}V_{CC}$ 所需的时间。555 多谐振荡器电路要求 R_1 与 R_2 均应不小于 1 kΩ，但两者之和应不大于 3.3 MΩ。

外部元件的稳定性决定了多谐振荡器的稳定性，555 定时器配以少量的元件即可获得较高精度的振荡频率和具有较强的功率输出能力。因此，这种形式的多谐振荡器应用很广。

7.2.4　数码管

数码管是一种半导体发光器件，其基本单元是发光二极管。数码管按段数分为 7 段数码管和 8 段数码管，8 段数码管比 7 段数码管多一个发光二极管单元（多一个小数点）；按显示数字位数，可分为 1 位、2 位、4 位、8 位等数码管；按发光二极管单元连接方式，分为共阳极数码管和共阴极数码管。

图 7 – 24（a）是一个 2 位 8 段数码管，图 7 – 24（b）是一位数码管对应的 8 个段位定义，A ~ DP 分别对应图中段位，按一定规则点亮即可获得所需数字，如点亮 A、C、D、E、F、G，则数码管显示 6。

共阳极数码管是指将所有发光二极管的阳极接到一起形成公共阳极（COM）的数码管，共阳极数码管在应用时应将公共极 COM 接到 +5V，当某一字段发光二极管的阴极为低电平时，相应字段就点亮，当某一字段的阴极为高电平时，相应字段就不亮。共阴极数码管是指将所有发光二极管的阴极接到一起形成公共阴极（COM）的数码管，共阴极数码管在应用时应将公共极 COM 接到地线 GND 上，当某一字段发光二极管的阳极为高电平时，相应字段就点亮，当某一字段的阳极为低电平时，相应字段就不亮。图 7 – 25 所示为 1 位共阳极数码管和 1 位共阴极数码管内部结构图，A ~ DP 为数码管对应点亮段位，1 ~ 10 代表的是数码管正向由左上角起顺时针数管脚位置，其中 3、8 两脚相通，为公共端 COM。

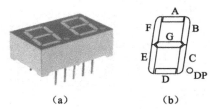

图 7 – 24　数码管定义

(a) 2 位 8 段数码管；(b) 8 个段位的定义

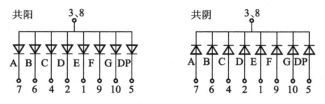

图 7 – 25　共阳极、共阴极数码管内部结构

2 位数码管同样具有 10 个管脚，其中 8 个用于段选，2 个用于位选。4 位数码管具有 12 个管脚，8 个用于段选，4 个用于位选。共阳极数码管位选管脚高电平有效，共阴极数码管位选管脚低电平有效。通过这样的方法可动态点亮 2 位及以上数码管。

使用数码管时，如电源电压过高，则需在段选管脚串联限流电阻以避免数码管烧毁。限流电阻的计算方法为：

$$限流电阻 = \frac{电源电压 - LED\ 正向稳压电压}{要求的工作电流}$$

LED 的正向稳压电压以 LED 参数为准，要求的工作电流必须小于 LED 参数中正向测试电流（一般大于 5 mA）。

例如，共阴极数码管驱动电路使用电源电压 V_{CC} 为 5 V，LED 正向稳压电压为 3.3 V，LED 的正向测试电流为 20 mA，数码管段选脚限流电阻选多大合适？

解：由于工作电流必须小于正向测试电流，因此不妨选择 10 mA 作为工作电流，有

$$R = \frac{V_{CC} - U_F}{I} = \frac{5\ V - 3.3\ V}{10\ mA} = 170\ \Omega$$

因此，数码管段选脚串联的电阻应为 170 Ω 左右。

第8章

印制电路板的设计和制作

8.1 印制电路板基础

印制电路板（Printed Circuit Board，PCB，简称印制板或线路板）是由绝缘基板、连接导线和装配焊接电子元器件的焊盘组成的，具有导线和绝缘底板的双重作用。它可以实现电路中各个元器件的电气连接，代替复杂的布线，减少传统方式下的工作量，简化电子产品的装配、焊接、调试工作；缩小整机体积，降低产品成本，提高电子设备的质量和可靠性；印制电路板具有良好的产品一致性，它可以采用标准化设计，有利于在生产过程中实现机械化和自动化；使整块经过装配调试的印制电路板作为一个备件，便于整机产品的互换与维修。由于具有以上优点，印制电路板已经极其广泛地应用在电子产品的生产制造中。

印制电路板是实现电子整机产品功能的主要部件之一，其设计是整机工艺设计中的重要一环。印制电路板的设计质量，不仅关系到电路在装配、焊接、调试过程中的操作是否方便，而且直接影响整机的技术指标和使用、维修性能。

制造印制电路板的主要材料是覆铜板。覆铜板就是经过粘接、热挤压工艺，使一定厚度的铜箔牢固地附着在绝缘基板上。所用基板材料及厚度不同，铜箔与黏合剂也各有差异，制造出来的覆铜板在性能上就有很大差别。板材通常按增强材料类别和黏合剂类别或板材特性分类。常用的增强材料有纸、玻璃布、玻璃毡等。黏合剂有酚醛、环氧树脂、聚四氟乙烯等。在设计选用时，应根据产品的电气特性和机械特性及使用环境，选用不同种类的覆铜板。

8.1.1 印制电路板的类型和特点

印制电路板简称 PCB 板，也叫作印刷线路板。它由绝缘底板、连接导线和装配焊接电子元器件的焊盘组成。印制电路板是通过一定的制作工艺，在绝缘度非常高的基材上覆盖一层导电性能良好的铜薄膜构成覆铜板，然后根据具体的 PCB 图的要求，在覆铜板上蚀刻出 PCB 图上的导线，并钻出印制板安装定位孔及焊盘和过孔。

印制电路板的基板一般由绝缘、隔热、不容易弯曲的材质所制成。在表面可以看到的细小线路材料是铜箔，原本铜箔是覆盖在整个板子上的，而在印制板的制造过程中部分铜箔被腐蚀刻掉，留下来的铜箔就变成网格状的细小线路，如图 8 - 1 所示。这些线路就被称为导线。

图 8 - 1　印制电路板的结构

印制电路板是由基板、金属导线和连接不同层导线、焊接元器件的焊盘组成。它的主要作用是支承电子元器件之间的信号连通。

1. 印制电路板的功能

印制电路板在电子设备中的功能如下。

1）提供集成电路等各种电子元器件的固定、组装和机械支承的载体。

2）实现集成电路等各种电子元器件之间的电器连接或电绝缘。提供所要求的电气特性，如特性阻抗等。

3）为自动锡焊提供阻焊图形。元器件安装、检查、维修提供识别字符图形。

2. 印制电路板的种类

印制电路板的种类很多，一般情况下可按印制电路的分布和机械特性划分。

（1）按印制电路的分布分类

1）单面印制板。单面印制板是在绝缘基板的一面覆铜，另一面没有覆铜的电路板。单面板只能在覆铜的一面布线，另一面放置元器件。它具有不需打孔、成本低的优点，但因其只能单面布线，使实际的设计工作往往比双面板或多层板困难得多。它适用于电性能要求不高的收音机、电视机、仪器仪表等。

2）双面印制板。双面印制板是在绝缘基板的顶层和底层两面都有覆铜，中间为绝缘层。双面板两面都可以布线，一般需要有金属化孔连通。双面板可用于比较复杂的电路，但设计工作并不一定比单面板困难，因此被广泛采用，是现在最常见的一种印制电路板。它适用于电性能要求较高的通信设备、计算机和电子仪器等产品。由于双面印制电路的布线密度高，因此在某种程度上可减小设备的体积。

3）多层印制板。多层印制板是指具有 3 层或 3 层以上导电图形和绝缘材料层压合而成的印制板，包含了多个工作层面。它在双面板的基础上增加了内部电源层、内部接地层及多个中间布线层。当电路更加复杂，双面板已经无法实现理想的布线时，采用多层板就可以很好地解决这一困扰。因此，随着电子技术的发展，电路的集成度越来越高，其引脚越来越多，在有限的板面上无法容纳所有的导线，多层板的应用会越来越广泛。

（2）按机械特性划分

1）刚性印制板。刚性板具有一定的机械强度，用它装成的部件具有一定的抗弯能力，在使用时处于平展状态。主要在一般电子设备中使用。酚醛树脂、环氧树脂、聚四氟乙烯等覆铜板都属刚性板，如图 8-2 所示。

图 8-2　刚性印制板

2）柔性印制板。柔性板也叫挠性板，是以软质绝缘材料（聚酰亚胺）为基材而制成的，铜箔与普通印制板相同，使用黏合力强、耐折叠的黏合剂压制在基材上，如图 8-3 所示。表面用涂有黏合剂的薄膜覆盖，可防止电路和外界接触引起短路和绝缘性下降，并能起到加固作用。使用时可以弯曲，一般用于特殊场合。

3）刚柔性印制板。利用柔性基材，并在不同区域与刚性基材结合制成的印制板，如图 8-4 所示。

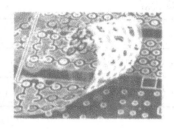

图 8-3　柔性印制板

图 8-4　刚柔性印制板

3. 印制电路板的特点

PCB 板中，放置元器件的这一面称为元件面；放置导线的这一面称为印制面或称焊接面。对于双面印制板，元器件和焊接面可能是在同一面的。

1）PCB 板可以实现电路中各个元器件的电气连接，代替复杂的布线，减少接线工作量和连接时间，降低线路的差错率，简化电子产品的装配、焊接、调试工作，降低产品成本，提高劳动生产率。

2）布线密度高，缩小了整机体积，有利于电子产品的小型化。

3）印制电路板具有良好的产品一致性，它可以采用标准化设计，有利于提高电子产品的质量和可靠性，也有利于在生产过程中实现机械化和自动化。

4）可以使整块经过装配调试的印制电路板作为一个备件，便于电子整机产品的互换与维修。

8.1.2　覆铜板

1. 覆铜板的结构

覆铜板是把一定厚度的铜箔通过黏结剂热压在一定厚度的绝缘基板上构成。它通常分为单面板和双面板两种。

（1）铜箔

当金属箔用于印制线路板时，必须具有较高的电导率、良好的焊接性能和延展性能以及与绝缘基板牢固的附着力等。

铜在所有金属中是比较符合要求的。铝虽然价格便宜，且易贴附到绝缘基板上，但焊接非常困难，故不能采用。纯镍或铜镍合金，虽然焊接性能较好，但电气性能较差（特别是导电性和电阻方面）。镍、铁、铝材料虽焊接性能和附着力均好（镍帮助焊接，铁起热转换作用，铝为接合层），但成本太高，腐蚀困难。因此，也不能采用。

铜箔的厚度要适中。铜箔越厚，抗剥能力越强，即越可靠。但给铜箔的腐蚀和打眼造成一定困难。部分国家关于铜箔厚度的规定见表 8-1。

表 8-1 铜箔厚度的规定

名　称	铜箔厚度/mm
中　国	$0.05^{+0.017}_{-0.012}$
国际电工委员会 IEC	$0.035^{+0.010}_{-0.005}$，$0.05^{+0.018}_{-0.003}$
苏联	0.05
美国军用 MIL-P-13949C	0.035，0.070，0.105，0.114，0.175
英　国	0.025，0.035，0.070，0.100

（2）黏结剂

黏结剂采用聚乙烯醇缩醛胶（如 JSF-4 胶），用乙醇做溶剂。该胶用聚乙烯醇缩丁醛加入酒精和酚醛树脂组成。黏接力强，冲击性能好，能耐大气腐蚀，但耐热性不高，适用于粘接各种材料，如金属、玻璃、塑料等。

在制作环氧酚醛覆铜板时，铜箔一面涂上 JSF-4 胶，然后同绝缘基板一起加热加压成型。

在制作酚醛纸质覆铜板时，铜箔两面都不涂胶，而在铜箔和基板材料间放一张浸渍了 JSF-4 胶的玻璃丝布（半固化），然后再一起加热加压，铜箔和酚醛板材即可粘接在一起。

（3）绝缘基板

绝缘基板由两部分组成，一部分是高分子合成树脂，它是基板的主要成分，决定电气性能。另一部分是增强材料，主要用于提高力学性能。

增强材料主要分为布质（编织物）增强材料和纸质增强材料。纸质增强材料包括牛皮纸、亚硫酸盐纸、α 纤维素纸和棉花（废布）纸。

合成树脂主要分为热固性合成树脂和热塑性树脂两种。

热固性合成树脂包括酚醛树脂、环氧树脂、三氯氰胺树脂和有机硅树脂。酚醛树脂纸质绝缘基板价格低廉，力学性能和电气性能均可，主要用于民用设备。缺点是易吸水，吸水后电气性能降低，工作温度不超过 100 ℃，在恶劣环境中不适宜采用。环氧树脂绝缘基板对各种材料有良好的粘接性，硬化收缩小，能耐化学药品、溶剂和油类，电气绝缘性能好，是印制电路绝缘基板中的优质材料，一般用于军品或高可靠性场合。三氯氰胺绝缘基板抗热性能、电气性能均较好，但较脆。国外常用来作平面印制电路板的材料。表面很硬，耐磨性很好，介质损耗小，适用于军工或特殊电子仪器。有机硅树脂绝缘基板抗热性能特别好，介质损耗小，但铜箔和基板的附着力不大。

热塑性树脂包括聚乙烯、线链型聚酯树脂和氟树脂。

2. 覆铜板的种类

根据国标 GB 4723—1984《印制电路用覆铜箔酚醛纸层压板》规定，覆铜板的型号及特性见表 8-2。

表 8 - 2　覆铜板型号及特性

型　号	特　性	型　号	特　性
CPFCP - 01	高电性能，热冲孔性	CPFCP - 05	高电性能，自熄性，热冲孔性
CPFCP - 02	高电性能，冷冲孔性	CPFCP - 06	高电性能，自熄性，冷冲孔性
CPFCP - 03	经济型，一般电性能，热冲孔性	CPFCP - 07	一般电性能，自熄性，热冲孔性
CPFCP - 04	经济型，一般电性能，冷冲孔性	CPFCP - 08	一般电性能，自熄性，冷冲孔性

常见的覆铜板有以下几种。

（1）酚醛纸基覆铜箔层压板

酚醛纸基覆铜箔层压板是由绝缘浸渍纸或棉纤维浸以酚醛树脂，两面为无碱玻璃布，在其一面或两面覆以电解紫铜箔，经热压而成的板状纸品。此种层压板的缺点是机械强度低、易吸水和耐高温性能差（一般不超过 100 ℃），但由于价格低廉，广泛用于低档民用电器产品中。

（2）环氧纸基覆铜箔层压板

环氧纸基覆铜箔层压板与酚醛纸基覆铜箔层压板不同的是，它所使用的黏结剂为环氧树脂，性能优于酚醛纸基覆铜板。由于环氧树脂的接合能力强，电绝缘性能好，又耐化学溶剂和油类腐蚀，机械强度、耐高温和潮湿性较好。因此，广泛应用于工作环境较好的仪器、仪表及中档民用电器中。

（3）环氧玻璃布覆铜箔层压板

环氧玻璃布覆铜箔层压板是由玻璃布浸以双氰胺固化剂的环氧树脂，并覆以电解紫铜，经热压而成的。这种覆铜板基板的透明度好，耐高温和潮湿性优于环氧纸基覆铜板，具有较好的冲剪、钻孔等机械加工性能，被用于电子工业、军用设备、计算机等高档电器中。

（4）聚四氟乙烯玻璃布覆铜箔层压板

聚四氟乙烯玻璃布覆铜箔层压板具有优良的介电性能和化学稳定性，介电常数低，介质损耗低，是一种耐高温、高绝缘的新型材料，应用于微波、高频、家用电器、航空航天、导弹、雷达等产品中。

（5）聚酰亚胺柔性覆铜板

聚酰亚胺柔性覆铜板基材是软性塑料（聚酰、聚酰亚胺、聚四氟乙烯薄膜等），厚度为 0.25 ~ 1 mm。在其一面或两面覆以导电层以形成印制电路系统。使用时将其弯成合适形状，用于内部空间紧凑的场合，如硬盘的磁头电路和电子相机的控制电路。

3. 覆铜板的性能参数

覆铜板质量的优劣直接影响印制板的质量。衡量覆铜板质量的主要非电技术标准有以下几项。

（1）抗剥强度

抗剥强度是指单位宽度的铜箔剥离基板所需的最小力，用这个指标来衡量铜箔与基板之间的结合强度。此项指标主要取决于黏结剂的性能及制造工艺。

（2）翘曲度

衡量覆铜板相对于平面的不平度指标，取决于基板材料和厚度。

（3）抗弯强度

抗弯强度表示材料能承受弯曲、冲击、振动的能力。这项指标取决于覆铜板的基板材料和厚度，在确定印制板厚度时应考虑这项指标。

（4）耐浸焊性

耐浸焊性是指覆铜板置入一定温度的熔融焊锡中停留一段时间（一般为 10 s）后所承受的铜箔抗剥能力。一般要求铜板不起泡、不分层。如果浸焊性能差，印制板在经过多次焊接时，可能使焊盘及导线脱落。此项指标对电路板的质量影响很大，主要取决于板材和黏结剂。

（5）耐热性能

耐热性能是指材料能够长期工作，而不引起性能降低所承受的最高温度。

（6）吸水性

吸水性主要用来考虑潮湿环境对敷铜板电气性能的影响。

（7）翘曲度

翘曲度用来衡量板材的翘曲程度，双面印制电路板的翘曲度比单面的好，厚的比薄的好。

（8）介电常数

当双面板的两面各印制出一定面积的铜箔时，利用中间的绝缘基板作为介质就组成了一个电容器。介电常数不同，电容量不同。

（9）损耗因素

损耗因素表示绝缘板材作为印制电容器的介质时，或者在覆铜板上所印制线圈时，在绝缘介质上的功率损耗。一般用介质损耗角正切 $\tan\delta$ 表示。

（10）表面电阻和体积电阻

表面电阻与体积电阻用于衡量绝缘基板的绝缘性能。随着温度、湿度的升高，材料的绝缘电阻降低。国标 GB 4723—1984《不锈钢热轧厚钢板》给出了不同型号覆铜板的电气性能，见表 8 – 3。

表 8 – 3 不同型号覆铜板的电性能

序号	参　数		单位	指标							
				CPFCP – 01	CPFCP – 02	CPFCP – 03	CPFCP – 04	CPFCP – 05	CPFCP – 06	CPFCP – 07	CPFCP – 08
1	铜箔电阻（最大值）	铜箔 305 g/m²	MΩ	3.5	3.5	3.5	3.5	3.5	3.5	3.5	3.5
		铜箔 610 g/m²	MΩ	1.75	1.75	1.75	1.75	1.75	1.75	1.75	1.75
2	表面电阻（最小值）	恒定湿、温度处理后	MΩ	10 000	10 000	10 000	10 000	10 000	10 000	1 000	1 000
		1 000 ℃时	MΩ	100	100	100	100	100	100	30	30
3	体积电阻率最小	恒定湿、温度处理后	MΩ·m	1 000	1 000	50	50	1 000	1 000	500	500
		1 000 ℃时	MΩ·m	100	100	10	10	100	100	15	15
4	介电常数（恒定湿、温度处理后）			5.5	5.5			5.5	5.5	5.5	5.5
5	损耗角正切（恒定湿、温度处理后）			0.05	0.05			0.05	0.05	0.07	0.07
6	表面腐蚀			在间隙间无可见腐蚀产物				在间隙间无可见腐蚀产物			
7	边缘腐蚀	正极		不劣于 A/B				不劣于 A/B			
		负极		不劣于 1.6 级				不劣于 1.6 级			

4. 覆铜板的厚度

根据国标 GB 4723—1984 规定，覆铜板的厚度见表 8 – 4 所示。

表 8 - 4　覆铜板标称厚度及单点偏差　　　　　　　　　　mm

标称厚度	单点偏差	标称厚度	单点偏差	标称厚度	单点偏差
0.2	在考虑中	1.2	±0.12	3.2	±0.20
0.5	±0.07	1.6	±0.14	6.4	±0.30
0.8	±0.09	2.0	±0.15	0.7	±0.09
1.0	±0.11	2.4	±0.18	1.5	±0.12

8.1.3　印制电路板对外连接方式

　　印制电路板只是整机的一个组成部分，必然在印制电路板之间、印制电路板与板外元器件、印制电路板与设备面板之间，都需要电气连接。

　　1. 导线连接

　　导线连接是一种操作简单、价格低廉且可靠性较高的连接方式，不需要任何接插件，只要用导线将印制板上的对外连接点与板外的元器件或其他部件直接焊牢即可，如收音机中的喇叭、电池盒等。这种方式的优点是成本低，可靠性高，可以避免因接触不良而造成的故障；缺点是维修不够方便。这种方式一般适用于对外引线较少的场合，如收录机、电视机、小型仪器等。采用导线焊接方式应该注意以下几点。

　　1）线路板的对外焊点尽可能引到整板的边缘，并按照统一尺寸排列，以利于焊接与维修，如图 8 - 5 所示。

　　2）为提高导线连接的机械强度，避免因导线受到拉扯将焊盘或印制线条拽掉，应该在印制板上焊点的附近钻孔，让导线从线路板的焊接面穿过通孔，再从元件面插入焊盘孔进行焊接，如图 8 - 6 所示。

　　3）将导线排列或捆扎整齐，通过线卡或其他紧固件将线与板固定，避免导线因移动而折断，如图 8 - 7 所示。

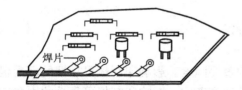

图 8 - 5　焊接式对外引线　　　　　　图 8 - 6　线路板对外引线焊接方式

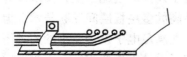

图 8 - 7　引线与线路板固定

2. 插接件连接

在比较复杂的电子仪器设备中，为了安装调试方便，经常采用接插件连接方式，如计算机扩展槽与功能板的连接等。在一台大型设备中，常常有十几块甚至几十块印制电路板。当整机发生故障时，维修人员不必检查到元器件级（即检查导致故障的原因，追根溯源直至具体的元器件。这项工作需要一定的经验并花费相当多的时间），只要判断是哪一块板不正常即可立即对其进行更换，以便在最短的时间内排除故障，缩短停机时间，这对于提高设备的利用率十分有效。典型的有印制板插座和常用插接件，有很多种插接件可以用于印制电路板的对外连接，如插针式接插件、带状电缆接插件已经得到广泛应用，如图 8 - 8 所示。这种连接方式的优点是可保证批量产品的质量，调试、维修方便。缺点是因为接触点多，所以可靠性比较差。

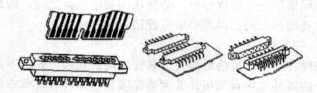

图 8 - 8　常见的插接件

8.2　印制电路板的设计

印制电路板的设计是根据设计人员的意图，将电原理图转换成印制电路板图，并确定加工技术要求的过程。印制电路板设计通常有两种方法：一种是人工设计；另一种是计算机辅助设计。无论采用哪种方式，都必须符合电原理图的电气连接和电气、力学性能要求。

8.2.1　印制电路板设计的要求与内容

1. 印制电路板的设计

在设计印制电路板之前，首先应作下列考虑。

（1）可靠性

印制板的可靠性是影响电子设备可靠性的重要因素。影响印制板可靠性的因素很多，其中有基材方面的，也有工艺方面的。从设计的角度考虑，影响印制板可靠性的因素首先是印制板的形式，即所设计的印制板是单面板，还是双面板，抑或多层板。单面板和双面板能够很好地满足电性能的要求，可靠性较高，这是长期使用这些印制板所证明了的。但是，由于电子设备不断向小型化发展，为了提高电子元件的装配密度，要求设计能够满足这些要求的多层印制板。虽然已经研究出一些可靠性高的多层板层间互联技术，但是，不容忽视的是随着层数的增多，可靠性将会降低。因此，在满足电子设备要求的前提下，尽量将多层板的层数设计得最少。这样做的结果，势必增加了设计工作的难度，因为在较少层数上布设密度较高的连接导线没有在较多层数上布线那样方便，但是，从可靠性考虑，这样做是必要的。

（2）工艺性

设计者应当考虑所设计的印制板的制造工艺应尽可能简单。一般说来，制造层数少而密度高的印制板比制造层数较多而密度较低的印制板要困难得多。一般在金属化孔互连工艺比较成熟的情况下，宁可设计层数较多、导线和间距较宽的印制板，而不要设计层数较少、布线密度很高的印制板。

（3）经济性

印制板的经济性与其制造工艺方法直接相关，复杂的工艺必然增加制造费用，所以在设计印制板时，宜考虑和通用的制造工艺方法相适应。

采用标准化的印制板尺寸和结构，不仅可以减少工、模、夹具的费用，而且可以使工艺简化。例如，现有的加工机器是否可以加工所设计的印制板尺寸，是否可以利用已有的冲模等。根据对印制板电性能和力学性能的要求，选用合适等级的基板材料，是降低成本的因素之一。在某些特殊场合，运用巧妙的设计技术。例如，挠性印制电路和挠性与刚性印制电路相结合的设计，不仅可以节省材料，而且可以使装联技术简化，减少电子设备的体积和重量。

2. 印制电路板设计的内容

印制电路板的设计包括电路设计和封装设计（即印制导线设计）两部分。

PCB 板设计的主要内容包括：

1）熟悉并掌握原理图中每个元器件外形尺寸、封装形式、引线方式、管脚排列顺序、各管脚功能及其形状等，由此确定元件安装位置和散热、加固等其他安装要求。

2）查找线路中的电磁干扰源，以及易受外界干扰的敏感器件，确定排除干扰的措施。

3）根据电气性能和力学性能，布设导线和组件，确定元器件的安装方式、位置和尺寸，确定印制导线的宽度、间距和焊盘的直径、孔距等。

4）确定印制电路板的尺寸、形状、材料、种类以及外部连接和安装方法。

对于主要由分立元件组成的不太复杂电路，可采用单面板设计；对于集成电路较多的较复杂电路，可采用双面板进行设计。

8.2.2　印制板的抗干扰设计

干扰现象在整机调试和工作中经常出现，产生的原因是多方面的，除外界因素造成干扰外，印制板布局布线不合理、元器件安装位置不当、屏蔽设计不完备等都可能造成干扰。

1. 地线干扰的产生及抑制

任何电路都存在一个自身的接地点（不一定是真正的大地），电路中接地点在电位的概念中表示零电位，其他电位均相对于这一点而言。但是在印制电路中，印制板上的地线并不能保证是绝对零电位，而往往存在一定数值，虽然电位可能很小，但是由于电路的放大作用，这小小的电位就可能产生影响电路性能的干扰。

为克服地线干扰，在印制电路设计中，应尽量避免不同回路电流同时流经某一段共用地线，特别是在高频电路和大电流电路中，更要注意地线的接法。在印制电路的地线设计中，首先要处理好各级的内部接地，同级电路的几个接地点要尽量集中（称一点接地），以避免其他回路的交流信号窜入本级，或本级中的交流信号窜到其他回路中。在处理好同级电路接地后，在设计整个印制板上的地线时，防止各级电流干扰的主要方法有以下几种。

（1）正确选择接地方式

在高增益、高灵敏度电路中，可采用一点接地法来消除地线干扰，如图 8-9 所示。例如，一块印制板上有几个电路（或几级电路）时，各电子电路（各级）地线应分别设置（并联分路），并分别通过各处地线汇集到电路板的总接地点上。这只是理论上的接法，在实际设计时，印制电路的地线一般设计在印制板的边缘，并较一般印制导线宽，各级电路采取就近并联接地。

图 8-9　一点接地方式

（2）数字电路地线与模拟电路地线分开

在一块印制板上，如同时有模拟电路和数字电路，两种电路的地线应完全分开，供电也要完全分开，以抑制它们相互干扰。

（3）尽量加粗接地线

若接地线很细，接地点电位则随电流的变化而变化，致使电子设备的定时信号电平不稳，抗噪声性能变坏。因此，应将接地线尽量加粗，使它能通过 3 倍于印制电路板的允许电流。

（4）大面积覆盖接地

在高频电路中，设计时应尽量扩大印制板上的地线面积，以减少地线中的感抗，从而削弱在地线上产生的高频信号，同时，大面积接地还可对电场干扰起到屏蔽作用。

2. 电源干扰及抑制

任何电子设备（电子产品）都需电源供电，并且绝大多数直流电源是由交流电通过变压、整流、滤波、稳压后供电的。供电电源的质量会直接影响整机的技术指标。而供电质量除了电源电路原理设计是否合理外，电源电路的工艺布线和印制板设计不合理都会产生干扰，这里主要包含交流电源的干扰和直流电源电路产生的电场对其他电路造成的干扰。所以，印制电路布线时，交、直流回路不能彼此相连，电源线不要平行大环形走线；电源线与信号线不要靠得太近，并避免平行。必要时，可以将供电电源的输出端和用电器之间加滤波器。

3. 电磁场干扰与抑制

印制板的特点是使元器件安装紧凑，连接密集，但是如果设计不当，这一特点也会给整机带来麻烦，如分布参数造成干扰、元器件的磁场干扰等。电磁干扰除了外界因素（如空间电磁波）造成以外，印制板布线不合理、元器件安装位置不恰当等，都可能引起干扰。这些干扰因素如果在排版设计中事先予以重视，则完全可以避免。电磁场干扰的产生主要有以下几种。

（1）元器件间的电磁干扰

电子器件中的扬声器、电磁铁、继电器线包、永磁式仪表等含有永磁场和恒定磁场或脉动磁场。变压器、继电器会产生交变磁场。这些器件工作时不仅对周围器件产生电磁干扰，对印制板的导线也会产生影响。在印制板设计时可视不同情况区别对待。有的可加大空间距离，远离强磁场减少干扰；有的可调整器件间的相互位置改变磁力线的方向；有的可对干扰源进行磁屏蔽；增加地线、加装屏蔽罩等措施都是行之有效的。

（2）印制导线间的寄生耦合

两条相距很近的平行导线，它们之间的分布参数可以等效为相互耦合的电感和电容，当其中一条导线中流过信号时，另一条导线内也会产生感应信号，感应信号的大小与原始信号的频率及功率有关。感应信号就是干扰源。为了抑制这种干扰，排版时要分析原理图，区别强弱信号线，使弱信号线尽量短，并避免与其他信号线平行靠近，不同回路的信号线要尽量避免相互平行，双面板上的两面印制线要相互垂直，尽量做到不平行布设。这些措施可以减小分布参数造成的干扰。对某些信号线密集平行，无法摆脱较强信号干扰的情况下，可采用屏蔽线将弱信号屏蔽以抑制干扰。使用高频电缆直接输送信号时，电缆的屏蔽层应一端接地。为了减少印制导线之间寄生电容所造成的干扰，可通过对印制线屏蔽进行抑制。

4. 热干扰及其抑制

电子产品，特别是长期连续工作的产品，热干扰是不可避免的问题。电子设备如示波器、大功率电源、发射机、计算机、交换机等都配有排风降温设备，对其环境温度要求较严格，要求温度和湿度有一定的范围。这是为了保护机器中的温度敏感器件能正常工作。

在印制板的设计中，印制板上的温度敏感性器件如锗材料的半导体器件要给予特殊考虑，避免温升造成工作点的漂移影响机器的正常工作。对热源器件如大功率管、大功率电阻，设置在通风好、易散热的位置。散热器的选用留有余地，热敏感器件远离发热器件等。印制板设计师应对整机结构中的热传导、热辐射及散热设施的布局及走向都要加以考虑，使印制板设计与整机构思相吻合。

8.2.3 元器件排列设计

元器件布局、排列是指：按照电子产品电原理图，将各元器件、连接导线等有机地连接起来，并保证电子产品可靠、稳定地工作。

1. 元器件布局的原则

1）应保证电路性能指标的实现。

2）应有利于布线，方便于布线。

3）应满足结构工艺的要求。

4）应有利于设备的装配、调试和维修。

5）应根据电子产品的工作环境等因素来合理布局。

2. 元器件排列的方法及要求

（1）按电路组成顺序成直线排列的方法

这种方法一般按电原理图组成的顺序按级成直线布置。这种直线排列的优点如下。

1）电路结构清楚，便于布设、检查，也便于各级电路的屏蔽或隔离。

2）输出级与输入级相去甚远，使级间寄生反馈减小。

3）前后级之间衔接较好，可使连接线最短，减小电路的分布参数。

（2）按电路性能及特点的排列方法

从信号频率的高低、电路的对称性要求、电位的高低、干扰源的位置等多方面综合考虑，进行元器件位置的排列。

（3）按元器件的特点及特殊要求合理排列

敏感组件的排列，要注意远离敏感区。磁场较强的组件（变压器及某些电感器件），应采取屏蔽措施放置。高压元器件或导线，在排列时要注意和其他元器件保持适当的距离，防止击穿与打火。需要散热的元器件，要装在散热器上以有利于通风散热，并远离热敏感元器件。

（4）从结构工艺上考虑元器件的排列方法

印制电路板是元器件的支承主体，元器件的排列应该从结构工艺上考虑，使元器件的排列要尽量对称、重量平衡、重心尽量靠近板子的中心或下部，且排列整齐、结实可靠。

3. 元器件的安装方式

一般元器件在印制板上的安装固定方式有卧式和立式两种，如图8－10所示。卧式安装是指元器件的轴线方向与印制板平行；立式则与印制板面垂直，两种方式特性各异。

（1）立式安装

立式安装占用面积小，单位容纳元器件数量多，适合要求元器件排列紧凑、密集的产品，如半导体收音机和小型便携式仪器。如果元器件过大、过重则不宜采用立式安装；否则，整机的机械强度将变差，抗振动能力减弱，元器件容易倒伏造成相互碰接，降低电路的可靠性。

（2）卧式安装

元器件卧式安装具有机械稳定性好、排列整齐等优点。卧式安装由于元器件跨距大，两焊点间走线方便，因此对印制导线的布设十分有利。对于较大元器件，装焊时应采取固定措施。

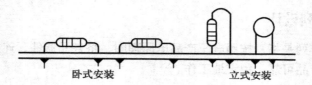

卧式安装　　　　　　　立式安装

图8－10　一般元器件的安装固定方式

4. 元器件的排列格式

元器件的排列格式分为不规则和规则两种，如图8－11所示。这两种方式在印制板上可单独使用，也可同时使用。

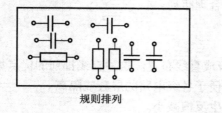
规则排列

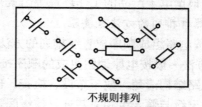
不规则排列

图8－11　元器件的排列格式

（1）不规则排列

元器件不规则排列也称随机排列，即元器件轴线方向彼此不一致，排列顺序无一定规则，如图 8 - 11 所示。用这种方式排列元器件，看起来杂乱无章，但由于元器件不受位置与方向的限制，因而印制导线布设方便，可以减少和缩短元器件的连接，这对于减少印制板的分布参数、抑制干扰特别对高频电路极为有利，这种排列方式常在立式安装中采用，特别适合于高频电路。

（2）规则排列

元器件轴线方向排列一致，并与板的四边垂直或平行，如图 8 - 11 所示。用这种方式排列元器件，可使印制板元器件排列规范、整齐、美观，方便装焊、调试，易于生产和维修。但由于元器件排列要受一定方向和位置的限制，因而印制板上的导线布设可能复杂一些，印制导线也会相应增加。这种排列方式常用于板面较大、元器件种类相对较少而数量较多的低频电路中。元器件卧式安装时一般均以规则排列为主，被多数非高频电路所采用。

5. 一般元器件的布局原则

在印制板的排版设计中，元器件布设是至关重要的，它决定了板面的整齐美观程度和印制导线的长短与数量，对整机的可靠性也有一定的影响。布设元器件应该遵循以下几条原则。

1）元器件在整个版面布局排列应均匀、整齐、美观。

2）板面布局要合理，周边应留有空间，以方便安装。位于印制电路板边上的元器件，距离印制板的边缘应该至少大于 2 mm。

3）一般元器件应该布设在印制板的一面，并且每个元器件的引出脚要单独占用一个焊盘。

4）元器件的布设不能上下交叉。相邻的两个元器件之间，要保持一定间距。间距不得过小，避免相互碰接。如果相邻元器件的电位差较高，则应当保持安全距离。

5）元器件的安装高度要尽量低，以提高其稳定性和抗振性。

6）根据印制板在整机中的安装位置及状态确定元器件的轴线方向，以提高元件在电路板上的稳定性。

7）元件两端焊盘的跨距应稍大于元件体的轴向尺寸，管脚引线不要从根部弯折，应留有一定距离（至少 2 mm），以免损坏元件。

8）对称电路应注意元件的对称性，尽可能使其分布参数一致。

8.2.4 印制板的布线设计

1. 印制导线

印制导线的宽度主要由铜箔与绝缘基板之间的黏附强度和流过导体的电流强度来决定。图 8 - 12 给出了避免采用和优先选用的印制导线形状。

（1）印制导线的形状

印制导线是印制电路板上连接元器件电流流通的导线，其布设应遵循以下原则。

1）印制导线以短为佳，能走捷径，绝不绕远。

2）走向以平滑自然为佳，避免急拐弯和尖角。

3）公共地线应尽量增大铜箔面积。

4）根据安装需要，可设置多种工艺线。其目的只是为增加抗剥强度，不担负导电作用。

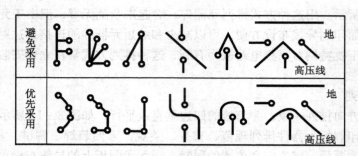

图 8 - 12 印制导线的形状

（2）印制导线的宽度

一般情况下，印制导线应尽可能宽一些，这有利于承受电流和方便制造。表 8 - 5 所示为 0.05 mm 厚的导线宽度与允许的载流量、电阻的关系。

表 8 - 5 印制导线设计参考数据

线宽/mm	0.5	1.0	1.5	2.0
允许载流量	0.8	1.0	1.3	1.9
$R/(\Omega \cdot m^{-1})$	0.7	0.41	0.31	0.25

在决定印制导线宽度时，除需要考虑载流量外，还应注意它在电路板上的剥离强度以及与连接焊盘的协调性，线宽 $b = (1/3 \sim 2/3)D$，D 为焊盘的直径。一般的导线宽度可在 0.3 ~ 2.0 mm 之间，建议优先采用 0.5 mm、1.0 mm、1.5 mm 和 2.0 mm，其中 0.5 mm 主要用于小型设备。

印制导线具有电阻，通过电流时将产生热量和电压降。印制导线的电阻在一般情况下不予考虑，但当作为公共地线时，为避免地线电位差而引起寄生要适当考虑。印制电路的电源线和接地线的载流量较大，因此，设计时要适当加宽，一般取 1.5 ~ 2.0 mm。当要求印制导线的电阻和电感小时，可采用较宽的信号线；当要求分布电容小时，可采用较窄的信号线。

（3）印制导线的间距

一般情况下，建议导线间距等于导线宽度，但不小于 1 mm；否则浸焊就有困难。对小型设备，最小导线间距不小于 0.4 mm。导线间距与焊接工艺有关，采用浸焊或波峰焊时，间距要大一些，手工焊间距可小一些。

在高压电路中，相邻导线间存在着高电位梯度，必须考虑其影响。印制导线间的击穿将导致基板表面炭化、腐蚀或破裂。在高频电路中，导线间距离将影响分布电容的大小，从而影响着电路的损耗和稳定性。因此，导线间距的选择要根据基板材料、工作环境、分布电容大小等因素来确定。最小导线间距还同印制板的加工方法有关，选择时要综合考虑。

（4）布线原则

印制导线的形状除要考虑机械因素、电气因素外，还要考虑美观大方，所以在设计印制导线的图形时，应遵循以下原则。

1）同一印制板的导线宽度（除电源线和地线外）最好一致。

2）印制导线应走向平直，不应有急剧的弯曲和出现尖角，所有弯曲与过渡部分均用圆弧连接。

3）印制导线应尽可能避免有分支，如必须有分支，分支处应圆滑。

4）印制导线应避免长距离平行，对双面布设的印制线不能平行，应交叉布设。

5）如果印制板面需要有大面积的铜箔。例如，电路中的接地部分，则整个区域应镂空成栅状，这样在浸焊时能迅速加热，并保证涂锡均匀。此外，还能防止板受热变形，防止铜箔翘起和剥落。

6）当导线宽度超过 3 mm 时，最好在导线中间开槽成两根并联线。

7）印制导线由于自身可能承受附加的机械应力，以及局部高电压引起的放电现象，因此，尽可能避免出现尖角或锐角拐弯，一般优先选用和避免采用印制导线形状。

2. 焊盘的设计

元器件在印制板上的固定，是靠引线焊接在焊盘上实现的。过孔的作用是连接不同层面的电气连线。

（1）焊盘的尺寸

焊盘的尺寸与引线孔、最小孔环宽度等因素有关。为保证焊盘与基板连接的可靠性，应尽量增大焊盘的尺寸，但同时还要考虑布线密度。

引线孔钻在焊盘的中心，孔径应比所焊接元件引线的直径略大一些。元器件引线孔的直径优先采用 0.5 mm、0.8 mm 和 1.2 mm 等尺寸。焊盘圆环宽度在 0.5 ~ 1.0 mm 的范围内选用。一般对于双列直插式集成电路的焊盘直径尺寸为 1.5 ~ 1.6 mm，相邻的焊盘之间可穿过 0.3 ~ 0.4 mm 宽的印制导线。一般焊盘的环宽不小于 0.3 mm，焊盘直径不小于 1.3 mm。实际焊盘的大小选用见表 8 - 6。

表 8 - 6　引线孔径与相应焊盘直径

焊盘直径/mm	2	2.5	3.0	3.5	4.0
引线孔径/mm	0.5	0.8/1.0	1.2	1.5	2.0

（2）焊盘的形状

根据不同的要求选择不同形状的焊盘。常见的焊盘形状有圆形、方形、椭圆形、岛形和异形等，如图 8 - 13 所示。

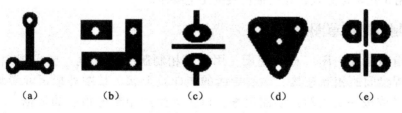

（a）　　　　　（b）　　　　　（c）　　　　　（d）　　　　　（e）

图 8 - 13　常见焊盘形状

（a）圆形焊盘；（b）方形焊盘；（c）椭圆形焊盘；（d）岛形焊盘；（e）异形焊盘

圆形焊盘，如图 8 - 13（a）所示，焊盘与引线孔是同心圆，设计时，如板面允许，应尽可能增大连接盘的尺寸，以方便加工制造和增强抗剥能力。外径一般为 2 ~ 3 倍孔径，孔径大于引线 0.2 ~ 0.3 mm。

方形焊盘，如图 8 - 13 （b） 所示，当印制板上元器件体积大、数量少且印制线路简单时，多采用方形焊盘。这种形式的焊盘设计制作简单，精度要求低，容易制作，手工制作常采用这种方式。

椭圆焊盘，如图 8 - 13 （c） 所示，这种焊盘既有足够的面积以增强抗剥能力，又在一个方向上尺寸较小，利于中间走线，常用于双列直插式器件。

岛形焊盘，如图 8 - 13 （d） 所示，焊盘与焊盘之间的连线合为一体，犹如水上小岛，故称为岛形焊盘。岛形焊盘常用于元器件的不规则排列，特别是当元器件采用立式安装时更为普遍。这种焊盘适合于元器件密集固定的情况，这样可大量减少印制导线的长度与数量，在一定程度上能抑制分布参数对电路造成的影响。此外，焊盘与印制导线合为一体后，铜箔的面积加大，可增加印制导线的抗剥强度。

其他形式的焊盘都是为了使印制导线从相邻焊盘间经过而将圆形焊盘变形所制，使用时要根据实际情况灵活运用。

（3） 过孔的选择

孔径尽量小到 0.2 mm 以下为好，这样可以提高金属化过孔两面焊盘的连接质量。

3. 孔的设计

印制电路板上孔的种类主要有引线孔、过孔、安装孔和定位孔。

（1） 引线孔

引线孔即焊盘孔，有金属化和非金属化之分。引线孔有电气连接和机械固定双重作用。引线孔过小，元器件引脚安装困难，焊锡不能润湿金属孔；引线孔过大，容易形成气泡等焊接缺陷。

（2） 过孔

过孔也称连接孔。过孔均为金属化孔，主要用于不同层间的电气连接。一般电路过孔直径可取 0.6 ~ 0.8 mm，高密度板可减少到 0.4 mm，甚至用盲孔方式，即过孔完全用金属填充。孔的最小极限受制板技术和设备条件的制约。

（3） 安装孔

安装孔用于大型元器件和印制板的固定，安装孔的位置应便于装配。

（4） 定位孔

定位孔主要用于印制板的加工和测试定位，可用安装孔代替，也常用于印制板的安装定位，一般采用 3 孔定位方式，孔径根据装配工艺确定。

8.2.5　印制电路板草图设计

草图是指制作黑白图（亦称墨图，用于照相制版）的依据，要求图中的焊盘位置、焊盘间距、焊盘间的相互连接、印制导线的走向及形状、整图外形尺寸等均应按印制板的实际尺寸（或按一定比例）绘制出来，以作为生产印制电路板的依据。它是在坐标纸上绘制的。通常在原理图中为了便于电路分析及更好地反映各单元电路之间的关系，元器件用电路符号表示，在此不考虑元器件的尺寸形状、引脚的排列顺序，只为便于电路原理的理解。这样做会有很多线交叉，这些交叉线若没有节点则为非电气连接点，允许在电路原理图中出现。但是在印制电路板上，非电气连接的导线交叉是不允许的。在设计印制电路草图时，不必考虑原理图中电路符号的位置，为使印制导线不交叉，可采用跨接导线（飞线）。

1. 草图设计原则

1）元器件在印制电路板上的分布应尽量均匀，密度一致，排列应整齐美观，一般应做到横平竖直排列，不允许斜排，不允许立体交叉和重叠排列。

2）不论单面印制电路板还是双面印制电路板，所有元器件都应布置在同一面，特殊情况下的个别元器件可布置在焊接面。

3）安全间隙一般不应小于 0.5 mm，元器件的电压每增加 200 V 时，间隙增加 1 mm，对易于受干扰的元器件加装金属屏蔽罩时，应注意屏蔽罩不得与元器件或引线相碰。

4）在特殊情况下，元器件需要并排贴紧排列时，必须保证元器件外壳彼此绝缘良好。

5）对于面积大的印制电路板，应采取边框加固或用加强筋加固的措施。

6）元器件在印制电路板上的安装高度要合理。对发热元器件、易热损坏的元器件或双面印制电路板元器件，元器件的外壳应与印制电路板有一定的距离，不允许紧贴印制电路板安装，在此安装之前，元器件的引线应弯曲成型后定位。此外，元器件可紧贴印制电路板安装，尤其是同一种元器件的安装高度应一致。

2. 草图设计的步骤

印制电路板草图设计通常先绘制单线不交叉图，在图中将具有一定直径的焊盘和一定宽度的直线分别用一个点和一根单线条表示。在单线不交叉图基本完成后，即可绘制正式的排版草图，此图要求板面尺寸、焊盘的尺寸与位置、印制导线宽度、连接与布设、板上各孔的尺寸位置等均需与实际板面相同并明确标注出来。同时应在图中注明印制板的各项技术要求，图的比例可根据印制电路板上图形的密度和精度要求而定，可以采用 1:1、2:1、4:1 等比例绘制。草图绘制的步骤如下。

1）按草图尺寸选取网格纸或坐标纸，在纸上按草图尺寸画出板面外形尺寸；并在边框尺寸下面留出一定空间，用于标准技术要求的说明，如图 8-14（a）所示。

2）在单线不交叉图上均匀、整齐地排列元器件，并用铅笔画出各元器件的外形轮廓，元器件的外形轮廓应与实物相对应，如图 8-14（b）所示。

3）确定并标出各焊盘位置，有精度要求的焊盘要严格按尺寸标出，布置焊盘位置时，不要考虑焊盘的间距是否整齐一致，而要根据元器件的大小和形状确定，以保证元器件在装配后分布均匀，排列整齐，疏密适中，如图 8-14（c）所示。

4）为简便起见，勾画印制导线时，只需要用细线标明导线走向及路径即可，不需按导线的实际宽度画出，但应考虑导线间距离，如图 8-14（d）所示。

5）将铅笔绘制的单线不交叉图反复核对无误后，再用铅笔重描焊点和印制导线，元器件用细实线表示，如图 8-14（e）所示。

6）标注焊盘尺寸及线宽，注明印制板的技术要求，如图 8-14（f）所示。

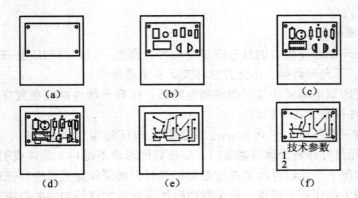

图 8 – 14　草图绘制过程

（a）画出版面轮廓及孔；（b）元器件布局；（c）确定焊盘位置；

（d）勾画印制导线；（e）整理印制线；（f）标明尺寸及技术参数

3. 双面板草图的设计与绘制

双面板图的绘制与单面板图差异不大，绘制时一定要标注清楚元器件面，以便印制图形符号及产品标记。导线焊盘分布在正反两面。在绘制时应注意以下几点。

1）元器件应布设在板的一面（TOP 面），主要印制导线应布设在元件面（BOT 面），两面印制导线避免平行布设，应尽量相互垂直，以减少干扰。

2）两面印制导线最好分布在两面，如在一面绘制，则用双色区别，并注明对应层的颜色。

3）印制板两面的对应焊盘和需要连接印制导线的通孔要严格地一一对应。可采用扎针穿孔法将一面的焊盘中心引到另一面。

4）在绘制元器件面的导线时，应注意避免元器件外壳和屏蔽罩可能产生短路的地方。

4. 制版底图绘制

制版底图绘制也称为黑白图绘制，它是依据预先设计的布线草图绘制而成的，是为生产提供照相使用的黑白底图。印制电路版面设计完成后，在投产制造时必须将黑白图转换成符合生产要求的 1:1 原版底片。

（1）手工绘图

手工绘图就是用墨汁在白铜板纸上绘制照相底图，其方法简单、绘制灵活。在新产品研制或小批量试制中，常采用这种方法。

（2）手工贴图

手工贴图是利用不干胶带和干式转移胶粘盘直接在覆铜板上粘贴焊盘和导线的，也可以在透明或半透明的胶片上直接贴制 1:1 黑白图。

（3）计算机绘图

利用计算机辅助电路设计软件设计印制版图，然后采用打印机或绘图机绘制黑白图。

（4）光绘

光绘就是使用计算机和光绘机，直接绘制出原版底片。

5. 制版工艺图

制作一块标准的印制板，根据不同的加工工序，应提供不同的制版工艺图。

（1）机械加工图

机械加工图是供制造工具、模具、加工孔及外形（包括钳工装配）用的图纸。图上应注明印制板的尺寸、孔位和孔径及形位公差、使用材料、工艺要求等。

（2）线路图

为了同其他印制板制作工艺图相区别，一般将导电图形和印制元件组成的图称为线路图。

（3）字符标记图

为了装配和维修方便，常将元器件标记、图形或字符印制到板上，其原图称为字符标记图，因为常采用丝印方法，所以也称丝印图。

（4）阻焊图

采用机器焊接印制电路板时，为了防止焊锡在非焊盘区桥接，而在印制板焊点以外的区域印制一层阻止锡焊的涂层（绝缘耐锡焊涂料）或干膜，这种印制底图称为阻焊图。阻焊图与印制板上全部焊点形状对应，略大于焊盘。阻焊图可手工绘制，采用 CAD 时可自动生成标准阻焊图。

8.3　印制电路板的制作

印制电路板的制造工艺技术发展很快，不同类型和不同要求的印制电路板可采取不同工艺，制作工艺基本上可以分为减成法和加成法两种。减成法工艺，就是在敷满铜箔的基板上按照设计要求，采用机械的或化学的方法除去不需要的铜箔部分来获得导电图形的方法。如丝网漏印法、光化学法、胶印法、图形电镀法等。加成法工艺，就是在没有覆铜箔的层压板基材上采用某种方法敷设所需的导电图形，如丝网电镀法、粘贴法等。在生产工艺中用得较多的方法是减成法。印制电路板的制作过程分为底图胶片制版、图形转移、腐刻、印制电路板的机械加工与质量检验等。

1. 绘制照相底图

当电路图设计完成后，就要绘制照相底图，绘制照相底图是印制板生产厂家的第一道工序，可由设计者采用手绘或计算机辅助设计（CAD）完成，是制作印制板的依据。

（1）绘制照相底图的要求

1）底图尺寸一般应与布线草图相同。对于高精度和高密度的印制电路板底图，可适当扩大比例，以保证精度要求。

2）焊盘大小、位置、间距、插头尺寸、印制导线宽度、元器件安装尺寸等均应按草图所标尺寸绘制。

3）版面清洁，焊盘、导线应光滑、无毛刺。

4）焊盘之间、导线之间、焊盘与导线之间的最小距离不应小于草图中注明的安全距离。

5）注明印制电路板的技术要求。

（2）绘制照相底图的步骤

1）确定图纸比例，画出底图边框线。

2）按比例确定焊盘中心孔，确保孔位及孔心距尺寸。

3）绘制焊盘，注意内、外径尺寸应按比例画。

4）绘制印制导线。

5）绘制或剪贴文字符号。

（3）绘制照相底图的方法

1）手工绘图。用墨汁在白铜板纸上绘制照相底图。其优点是方法简单、绘制灵活。缺点是导线宽度不均匀，图形位置偏大，效率低。常用于新产品研制或小批量试制。

2）贴图。利用专制的图形符号和胶带，在贴图纸或聚酯薄膜上，依据布线草图贴出印制电路板的照相底图。贴图需在透射式灯光台上进行，并用专制的贴图材料，如贴图纸（印有浅蓝色标准网格线的绘图纸或网格聚酯薄膜）、贴图胶带（分红、蓝、黑3种）、贴图符号（如焊盘）和贴图字符等。贴图法速度快、修改灵活、线条连续、轮廓清晰光滑、易于保证质量，尤其是印制导线贴制比绘制更为方便，故应用较广。

2. 底图胶片制版

底图胶片（原版底片）确定了印制电路板上要配置的图形。获得底图胶片有两种基本途径：一种是利用计算机辅助设计系统和激光绘图机直接绘制出来；另一种是先绘制黑白底图，再经过照相制版得到。

（1）CAD 光绘法

这种方法是应用 CAD 软件对印制板进行布线后，把获得的数据文件来驱动光学绘图机，使感光胶片曝光，经过暗室操作制成原版底图胶片。

（2）照相制版法

照相制版法是先进行黑白底图的绘制，再将绘制好的印制板黑白底图，通过照相进行制版的方法。

3. 图形转移

把照相底版制好后，将底版上的电路图形转移到覆铜板上，称为图形转移。具体方法有丝网漏印法、光化学法（直接感光法和光敏干膜法）等。

（1）丝网漏印法

丝网漏印法是指将所需要的印制电路图形制在丝网上，然后用油墨通过丝网模版将印制电路图形漏印在铜箔板上，形成耐腐蚀的保护层，经烘干、修版后，实现图形转移，如图 8 – 15 所示。

图 8 – 15　丝网漏印法

（2）光化学法

目前，在大批量的印制板生产中，大多采用光化学法即直接乳剂制版法制作图形。

4. 蚀刻钻孔

蚀刻在生产线上也称烂板。它是利用化学方法去掉板上不需要的铜箔，留下组成图形的焊盘、印制导线与符号等。

蚀刻的流程是：预蚀刻→蚀刻→水洗→浸酸处理→水洗→干燥→去抗氧膜→热水洗→冷水洗→干燥。

印制电路板常用的蚀刻方式有浸入式、泡沫式、喷淋式、泼溅式等 4 种。

钻孔是对印制板上的焊盘孔、安装孔、定位孔进行机械加工，可在蚀刻前或蚀刻后进行。除用台钻打孔以外，现在普遍采用程控钻床钻孔。

5. 金属化孔

金属化孔是利用化学镀技术，即氧化 – 还原反应，把铜沉积在两面导线或焊盘的孔壁上，使原来非金属化的孔壁金属化。金属化后的孔称为金属化孔。这是解决双面板两面导线或焊盘连通的必要措施。

金属化孔首先在孔壁上沉积一层催化剂金属（如钯），作为化学镀铜沉淀的结晶核心。然后浸入化学镀铜溶液中，化学镀铜可使印制电路板表面和孔壁上产生一层很薄的铜，这层铜不仅薄，而且附着力差，一擦即掉，故只能起到导电作用。化学镀铜后进行电镀铜，使孔壁的铜层加厚，并附着牢固。

金属化孔的方法很多，常用的有板面电镀法、图形电镀法、反镀漆膜法、堵孔法和漆膜法等。

6. 金属涂敷

金属涂敷是为了提高印制电路的导电性、可焊性、耐磨性、装饰性，延长印制板的使用寿命，提高电气的可靠性，而在印制电路板的铜箔上涂敷一层金属膜。

常用的金属涂敷的方法有电镀法和化学镀法两种。

（1）电镀法。镀层致密、牢固、厚度均匀可控，但设备复杂，成本较高。多用于要求高的印制电路板和镀层，如插头部分镀金等。

（2）化学镀法。设备简单、操作方便、成本低，但镀层厚度有限、牢固性差。只适用于改善可焊性的表面涂敷，如板面镀银等。

7. 涂助焊剂与阻焊剂

印制电路板经表面金属涂敷后，根据不同需要可进行助焊和阻焊处理。

在镀银表面喷涂助焊剂（如酒精、松香水），既可保护银层不氧化，又可提高银层可焊性。

在高密度铅锡合金板上，为了使板面得到保护，并确保焊接的准确性，可在板面上加阻焊剂（膜），使焊盘裸露，其他部位均在阻焊层下。阻焊印料分热固化型和光固化型两种，色泽为深绿色或浅绿色。

8.4　印制电路板的计算机辅助设计

随着科学技术日新月异的发展，现代电子工业取得了长足的进步，大规模、超大规模集成电路的使用使印制电路板（Print Circuit Board，PCB）走向更加精密和复杂。传统的采用手工方式设计和制作印制电路板已显得越来越难以适应形势了。

解决这一问题的办法是使用电子线路 CAD 软件。这些软件有一些共同的特征：它们都能够协助用户完成电子产品线路的设计工作。比较完善的电子线路 CAD 软件至少具有自动布线的功能，更完善的还应有自动布局、逻辑检测、逻辑模拟等功能。Protel 就是这类软件中的杰出代表，本章就以 Protel 为例，讲解设计和制作印制电路板的方法。

8.4.1 电路原理图的设计

电路原理图设计是整个印制电路板设计的基础，它决定了后面工作的进展。通常，设计一个电路原理图的工作包括设置电路图图纸的尺寸及版面、在图纸上放置元器件、进行布局布线、对各元器件及布线进行调整、保存文档并打印输出。

电路原理图设计的一般流程如下：

1) 启动 Protel 99 SE 电路原理图编辑器。

2) 设置电路图图纸尺寸及版面。进行设计绘制原理图前必须根据实际电路的复杂程度来设置图纸的尺寸。设置图纸的过程实际是一个建立工作平面的过程，用户可以设置图纸的尺寸、方向、网格大小及标题栏等。

3) 在图纸上放置需要的元器件。这个阶段，就是用户根据实际电路的需要，从元器件库里取出所需元器件放置到工作平面上的过程。用户可以根据元器件之间走线等联系，对元器件在工作平面上的位置进行调整、修改，并对元器件的编号、封装进行定义和设定，为下一步工作打好基础。

4) 对所放置的元器件进行布局布线。该过程实际就是一个画图的过程。用户利用 Protel 99 SE 提供的各种工具、指令进行布局布线，将工作平面上的元器件用有电气意义的导线、符号连接起来，构成一个完整的电路原理图。

5) 对各元器件及布线进行调整。在这一阶段，用户利用 Protel 99 SE 所提供的各种强大功能对所绘制的原理图作进一步的调整和修改，以保证原理图的美观和正确。这包括对各元器件进行调整，对导线进行删除、移动等，更改图形尺寸、属性及排列等。

6) 保存文档并打印输出。这个阶段是对设计完的电路原理图进行存盘、打印输出的操作。这个过程实际是对设计的图形文件输出的管理过程，是一个设置打印参数和打印输出的过程。

8.4.2 产生网络表

1. 产生 ERC 表

Protel 99 SE 在产生网络表（Netlist）之前，可以利用软件来测试用户设计的电路原理图，执行电气规则的测试工作，以便能够找出人为的疏忽。执行完测试后，能生成错误报告并且在原理图中有错误的地方做好标记，以便用户分析和修改错误。高级原理图（Advanced Schematic）功能提供了一个最基本的测试功能，即电气规则检查（Electrical Rule Check, ERC）。

电气规则检查可检查电路图中是否有电气特性不一致的情况。例如，某个输出引脚连接到另一个输出引脚就会造成信号冲突，未连接完整的网络标签会造成信号断线，重复的流水序号会使高级原理图规则检查时无法区分出不同的元器件等。以上这些都是不合理的电气冲突现象，ERC 会按照用户的设置及问题的严重性分别以错误（Error）或警告（Warning）信息来提醒用户注意。

2. 网络表

在高级原理图（Advanced Schematic）功能所产生的各种报告中，以网络表最为重要。绘制电路原理图的主要的目的就是将设计的电路转换出一个有效的网络表，以供其他后续处理程序（如 PCB 程序或仿真程序）使用。由于 Protel 系统的高度集成性，用户可以在不离开绘图页编辑程序的情况下，直接下命令产生当前绘图页或整个项目的网络表。

在由绘图页产生网络表时，使用的是逻辑的连通性原则，而非物理的连通性原则。也就是说，只要是通过网络标签所连接的网络就被视为有效的连接，而并不需要真正地由连线（Wire）将网络各端点实际地连接在一起。

网络表有很多种格式，通常为 ASCII 码文本文件。网络表的内容主要为电路绘图页中各元器件的数据（流水序号、元器件类型与包装信息）及元器件间网络连接的数据。某些网络表格式可以在一行中包括这两种数据，但是 Protel 中大部分的网络表格式都是将这两种数据分为不同的部分，分别记录在网络表中。有些网络表中还可包含诸如元器件文本（Component Text）字符串或网络文本框（Net Text Fields）等额外的信息，某些仿真程序或 PCB 程序需要这些信息。

由于网络表是纯文本文件，所以用户可以利用一般的文本编辑程序自行建立或是修改已存在的网络表。当用手工方式编辑网络表时，在保存文件时必须以纯文本格式来保存。

8.4.3　印制电路的设计

1. 印制电路的布局规则

1）电压差较大和频率较高的走线不能靠得太近。

2）电路在一个平面内尽可能有同样的梯度，即线路平行设计，避免线路交叉。双面板设计可使两面的走线方向垂直。

3）设计时最好对版面进行分区，把实现不同功能的电路放在不同的区中。这些功能区需要进行连接时最好不要走交叉线，可使用跳线。

4）同种元器件要采用相同的标准（跨距、封装形式、标注等）。

5）排列元器件最好在模数（一个网格的宽度）为 1.25 mm 或 2.5 mm 的网格纸上进行，使元器件的中心对应网格线的交点。

6）元器件的下面可以走线，但不要有交叉点出现。

在设计印制电路时，导线的宽度要根据导线中电流的大小来设定。用于传输信号的导线宽度应小于 1.5 mm，电源线的宽度应大于 3.0 mm，地线应比电源线更宽一些。导线间距由导线间的绝缘电阻和击穿电压决定。如绝缘电阻超过 20 MΩ 时，线距为 1.5 mm，工作电压可达 300 V；线距为 1.0 mm，工作电压可达 220 V。

2. 绘制规则

这里主要介绍导电图形图的绘制规则，并对助焊图和字符图作一简单介绍。

导电图形图是印制电路板上的导电材料所构成的图形结构，包括导线、焊盘、焊点、金属化孔（过滤孔）等，一般用黑白稿，仅绘制焊盘和导线条。因其不用尺寸标注，故在模数为 1.27 mm 或 2.54 mm 的网格纸上绘制。

（1）焊盘和焊点的绘制

焊点在不同的电路中有不同的形状，其中，岛形焊点用于高频电路，圆形和方形焊点用于 30 MHz 以下的电路。

圆形焊点的最小径距和元器件引线孔孔径的关系如表 8 - 7 所示。

表 8 - 7　圆形焊点的最小径距和元器件引线孔孔径的关系

引线孔孔径/mm	0.5	0.6	0.8	1.0	1.2	1.6	2.0
圆形焊点的最小径距/mm	1.5	1.5	2	2.5	3.0	3.5	4.0

焊盘也有多种形状，有圆形、椭圆形等。图 8 - 16 所示为椭圆形焊盘，先确定直径为 0.4 ~ 0.5 mm 的圆（整个印制电路要统一，这是加工定位孔），按焊盘外径画同心圆，再用直线对称截取一定的宽度（本例是 1.5 mm）。

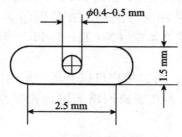

图 8 - 16　椭圆形焊盘

（2）导线的绘制

1）印制导线和焊盘连接时要平滑过渡。

2）一般在印制电路的外围绘制公共地线，导线的宽度可适当加大。除功率线和地线外，其他印制导线的宽度尽量一致。

3）分立元器件的导线宽度为 1.5 ~ 3.0 mm，集成电路的连接线宽度在 1 mm 以下。对于大电流导线的宽度可查阅有关参考资料。

4）在画导线时，先按预定的宽度画双轮廓线，再把内部涂黑，特别要注意导线与焊盘连接处的光滑过渡，因为这会影响印制电路板的各种性能。

（3）各种孔的绘制

1）元器件引线孔。元器件引线直径和元器件引线孔孔径的配合关系如表 8 - 8 所示。

表 8 - 8　元器件引线直径和元器件引线孔孔径的配合关系

元器件引线直径 d/mm	元器件引线孔孔径 D/mm
<0.5	0.8
0.5 ~ 0.6	0.9
0.6 ~ 0.7	1.0
0.7 ~ 0.9	1.2
0.9 ~ 1.1	1.4, 1.6

为使焊盘具有一定的抗剥离强度，焊盘应按图 8 – 17 所要求的绘制。一般在导电图形图上根据焊盘外径来标注元器件引线孔直径，标注时在导电图形图的下方画一相同尺寸的焊盘，在其旁边标出代号、数量和孔径。例如，B12ϕ1.5 的含义为 B 类孔有 12 个，孔径为 1.5 mm。

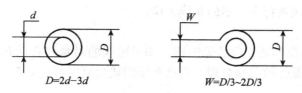

图 8 – 17　圆形焊盘的绘制

2）安装孔。当在印制电路板上要安装大型元器件的时候需要在印制电路板上留下固定孔，固定孔和元器件用于固定的脚的形状一致。标注时在导电图形图的下方画一同样形状的安装孔，标上代号、数量和开孔的尺寸。

助焊图用来表明在印制电路板上的助焊剂的分布状况。因为目前电子元器件的生产和装配有许多已经实现了机械化和自动化，焊接多采用像波峰焊之类的技术。例如，在一个现代化的生产车间内，机械手自动地在印制电路板上把元器件安放到指定的位置，然后把整个电路板移到一个很大的焊接槽内，焊接槽内是液态的焊料，接下去便是用一个大功率的风机对电路板进行冷却和剥去多余的焊料，这就是波峰焊的一个过程。这一方面要求在印制电路板上涂一层阻焊层，用来隔离各焊盘，并保护印制电路板表面免受氧化；另一方面又要求焊接的过程尽可能短，以免电子元器件受热过度，这就需要在焊盘上涂上助焊剂。助焊图只对焊盘起作用，因此助焊图只有焊盘和过孔点，没有导线条。

字符图是标记符号图的简称，用来表明印制电路板上元器件的安装位置。字符图由文字和元件符号构成。生产印制电路板的时候，把它印刷在印制电路板元器件面上。

3. 印制电路设计流程

印制电路板设计的前期工作，主要是完成电路原理图的绘制和生成网络表。当然，有时也可以不进行原理图的绘制，而直接进入印制电路设计阶段。

印制电路设计的一般步骤如下。

（1）规划印制电路板

在绘制印制电路之前，用户要对印制电路板有一个初步的规划。例如，印制电路板采用多大的物理尺寸，采用几层结构，是单面板、双面板还是多层板，各元器件采用何种封装形式及其安装位置等。这是一项极其重要的工作，要确定印制电路设计的框架。

（2）设置参数

参数的设置是印制电路设计非常重要的步骤。设置参数主要是设置元器件的布置参数、板层参数、布线参数等。一般来说，有些参数采用默认值即可，有些参数在使用过 Protel 99 SE 以后，即第一次设置后，以后几乎无需修改。

（3）装入网络表及元器件封装

网络表是印制电路自动布线的灵魂，也是电路原理图设计系统与印制电路设计系统的接口。因此这一步也是非常重要的环节。只有将网络表装入之后，才可能完成对印制电路的自动布线。对于每个装入的元器件必须有相应的外形封装，才能保证印制电路布线的顺利进行。

（4）元器件的布局

用户可以让 Protel 99 SE 自动布局。规划好电路并装入网络表后，用户可以让程序自动装入元器件，并自动将元器件布置在电路边框内。Protel 99 SE 也可以让用户手工布局。元器件的布局合理，才能进行下一步的布线工作。

（5）自动布线

Protel 99 SE 采用世界最先进的无网格、基于形状的对角线自动布线技术。只要将有关的参数设置得当，元器件的布局合理，自动布线的成功概率可达 100%。

（6）手工调整

自动布线结束后，往往存在令人不满意的地方，需要手工调整。

（7）文件保存及输出

完成印制电路的布线后，保存完成的印制电路线路图文件。然后利用各种图形输出设备（如打印机或绘图仪）输出印制电路的布线图。

4. PCB 设计编辑器

（1）进入设计管理器

进入 Protel 99 SE 系统，从"File"中用"Open"命令打开一个已有的设计文档或用"New"命令创建新的设计管理器。

（2）建立 PCB 文档

进入设计管理器后，接着执行"File"中的"New."命令，系统弹出"New Document"对话框，如图 8 - 18 所示。

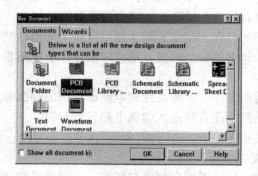

图 8 - 18　New Document 对话框

单击"OK"按钮后就会在设计管理器界面上自动生成 PCB1 的文档，当然可以改名。进入 PCB1 后就可以进行印制电路编辑了。

（3）印制电路绘制工具的使用

可以通过执行"View"→"Toolbars"→"Placement Tools"命令来打开或关闭工具栏。

1）绘制导线。执行"Place"→"Track"或直接单击" "按钮，在放置导线时按 Tab 键或在放置后双击鼠标左键，打开导线属性设置对话框。对话框中的各项说明如下。

Width　　　　设置导线宽度。

Layer　　　　设定导线所在的层面。

Net　　　　　设定导线所在的网格。

Locked　　　　设定导线位置是否锁定。

Selection　　　设定导线是否处于选取状态。

Start-X　　　　设定导线起点的 X 轴坐标。

Start-Y　　　　设定导线起点的 Y 轴坐标。

End-X　　　　 设定导线终点的 X 轴坐标。

End-Y　　　　 设定导线终点的 Y 轴坐标。

2）放置焊盘。用鼠标单击绘制焊盘命令按钮 ◉ 或执行"Place"→"Pad"命令，待光标变成十字形后移到所需的位置并单击鼠标左键即可把焊盘放置在该位置。要退出该命令，只需要双击鼠标左键即可。当用户在该命令下时，按 Tab 键即可打开焊盘属性对话框。在该对话框内有 3 个选项卡。

"Properities"选项卡内的"Use pad stack"项用于设置特殊焊盘，选中该复选框则该页不可设置；"Designator"项用于设定焊盘序号；"Shape"项用于选择焊盘的形状，单击下拉式按钮即可选择焊盘的形状，有 Round（圆形）、Rectangle（正方形）、Octagon（八角形）。

"Pad stack"选项卡共有 3 个区域，即 Top、Middle、Bottom。

"Advanced"选项卡中的"Electrical type"项用于指定焊盘在网络中的电气属性，包括 Load（中间点）、Source（起点）、Terminator（终点）；"Plated"项用于设定焊盘的通孔孔壁是否需要电镀。

3）放置过孔。用鼠标单击工具栏中的"🖝"按钮或执行"Place"→"Via"命令，用法与焊盘的放置相同。下面介绍一下其属性对话框中部分操作项的意义。

Diameter　　　设定过孔直径。

Hole Size　　　设定过孔的通孔直径。

Start Layer　　设定过孔穿过的板层的开始层。

End Layer　　　设定过孔穿过的板层的结束层。

Net　　　　　 用来显示该过孔是否与印制电路板的网络相连。

Solder Mask　　设置过孔的阻焊层属性，用户可选择 Override（替代）属性。

4）放置字符串。用鼠标单击绘图工具栏中的"**T**"按钮，按 Tab 键在字符串标注属性对话框中设置字符串的内容和大小。设置完成后，关闭对话框，选择字符串的放置位置并单击鼠标左键即可放置字符串。属性对话框中的"Mirror"复选框用于使选中的字符串以镜像方式放置。用鼠标单击字符串，待光标变成十字形，按空格键或在属性对话框的"Rotation"中设置角度即可改变字符串的放置角度。

5）放置坐标。该命令用于在当前鼠标处放置该点在工作平面上的坐标。用鼠标单击绘图工具栏中的"₊₁₀,₁₀"按钮，按 Tab 键即可打开坐标属性对话框，对坐标属性设置完毕后把鼠标移到所需位置，单击鼠标左键即可在该点放置坐标值。

6）放置尺寸标注。单击绘图工具栏中的"⁄₁₀✓"按钮，移动光标到尺寸标注的起点处单击鼠标左键，用来确定标注尺寸的起点，再把光标移动到所需位置，单击鼠标左键即完成尺寸标注。

8.5 印制电路板的手工制作方法

印制电路板的制作，往往是电子爱好者比较头痛的一件事，许多电子爱好者为了制作一块印制电路板，往往采用油漆描板、刀刻、不干胶粘贴等业余制作方法，采用三氯化铁溶液腐蚀速度较慢，而且很难制作出高质量的印制电路板。印制电路板的制作甚至成为许多初学者步入电子殿堂的"拦路虎"。

这里介绍一种工艺简单、成本低廉的印制电路板制作方法，只需要使用一台旧激光打印机、一个家用电熨斗和一张热转印纸，就可在一个小时内完成一块印制电路板的制作。这非常适合同学们学习小批量印制电路板制作及样板制作。

这一方法是基于热转移原理的。激光打印机墨盒的墨粉中含有黑色塑料微粒，在打印机硒鼓静电的吸引下，在硒鼓上形成高精度的图形和文字（印版图），当静电消失后，高精度的图形和文字便转移到打印纸上。热转印纸，其实就是不干胶标签背面的黄色贴纸，也有专门卖的 A4 幅面的热转印纸，表面光滑且耐高温。

把打印好 PCB 底图（Bottom layer）的热转印纸覆盖在敷铜板上，用电熨斗熨烫加热，当温度达到 150 ℃ ~180 ℃时，在高温和压力的作用下，热转印纸对熔化的墨粉的吸附力急剧下降，使熔化的墨粉完全被吸附在敷铜板上，敷铜板冷却后，形成紧固的有图形的保护层，经过腐蚀、清洗、钻孔和后续处理后，印制电路板便制作成功了。

采用这种方法制作精度高，成本低，并且速度极快。一块 110 mm × 170 mm 单面板的腐蚀仅需几十秒到几分钟，可以说是立等可取。

具体的制作过程如下。

1. 打印印版图

用激光打印机将画好的 PCB 底图打印到热转印纸上，如图 8 – 19 所示。

注意：

※ 在打印前后，不要用手或其他东西碰热转印纸上的印版图位置，防止油污污染及墨粉脱落。

2. 将电路印在敷铜板上

将热转印纸上印有印版图的部分剪下，四边留些空白，将其面朝下覆盖在平坦、干净的敷铜板上（可用砂纸打磨敷铜板），用家用电熨斗（非蒸汽式）熨烫贴有热转印纸的敷铜板，可多熨烫几次，使熔化的墨粉完全被吸附在敷铜板上。当然用过塑机过塑的方法转印就更好了，只不过要调整加热辊的间隙。

3. 揭去热转印纸

当敷铜板的温度降至不烫手时就可以揭去热转印纸了，此时墨粉完全转印到了敷铜板上。加热后揭去热转印纸后的效果如图 8 – 20 所示。温度太高或者完全冷却效果都不会太好，墨粉可能会残留在转印纸上，所以一定要反

图 8 – 19　打印印版图

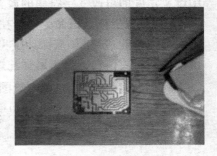

图 8 – 20　揭去热转印纸

复实验几次才能达到最佳效果。

4. 腐蚀、清洗敷铜板

以前制板用的腐蚀剂主要是三氯化铁溶液，现在一般都推荐用盐酸和双氧水混合液。配制混合液时，应将盐酸（市售浓盐酸的浓度为 37%）和双氧水（市售工业双氧水的浓度为 30%）都分别用水稀释成 1:1 的溶液，然后混合在一起，最后将敷铜板放到里边进行腐蚀，如图 8 – 21 所示，由于速度很快，要随时观察腐蚀的效果，一旦腐蚀完毕，应马上捞出并投入清水中反复冲洗干净。这种混合液腐蚀性很强，并且还会产生有毒的氯气，所以操作时一定要注意安全，在通风的地方进行操作，并且注意戴上乳胶手套和口罩及护目镜。

5. 钻孔及后续处理

腐蚀、清洗完后，先对板子进行钻孔和磨边处理，再用湿的细砂纸或汽油去掉表面的墨粉，并在其表面刷一层酒精溶液，这样印制电路板便制作完成了，如图 8 – 22 所示。在表面刷上酒精溶液一来有利于焊接，二来有助于保护铜箔不易被氧化。通常酒精溶液的配比为 1:1.9。若在冬季，酒精不易溶解松香，就会导致刷完印制电路板后发白，而不会形成一层油亮发光的松香保护层，因此也可采用香蕉水（就是油漆店出售的油漆稀释剂或称天那水）加松香的方法，制作出香蕉水松香溶液。由于香蕉水的溶解能力较酒精强，所以制作出来的香蕉水松香溶液刷在印制电路板上的效果非常好，其不足之处就是有较刺鼻的气味。

图 8 – 21　腐蚀敷铜板　　　　　　　图 8 – 22　制作完成的印制电路板

6. 丝印层的处理

如果嫌不够美观，还可以将丝印层文件镜像处理后分别进行再次转印，就可以达到工厂生产的效果，只不过要在刷香蕉水松香溶液的工序前进行。

第 9 章

电子工艺实训项目

9.1 电阻器、电容器、电感器和变压器的识读与检测实训

【实训目的】

1) 熟悉电阻器、电容器、电感器和变压器的外形结构、标志方法及其识读。

2) 掌握用万用表测量电阻器的阻值、检测判断电阻器的质量好坏。

3) 学会用万用表检测判断电容器容量的大小、测量电容器的漏电阻及判断电容器的质量好坏。

4) 学会用万用表检测判断电感器和变压器基本质量好坏。

5) 掌握基础元件的质量检测方法，具备初步的器件故障排除能力。

【工具器材】

1) 万用表一台。

2) 不同标志的普通电阻器、大功率电阻器、电位器若干。

3) 不同标志的无极性电容器、电解电容器、可变电容器若干。

4) 各种电感线圈、变压器若干。

【实训内容】

1) 读出不同标志方法的电阻的标称阻值与允许误差，并用万用表测量实际阻值，计算出其误差，记录在表 9 - 1 中，并分析判断电阻的好坏。

2) 识别不同类型的电容器，读出其在不同标志方法中的各个参数值；用万用表的欧姆挡检测电容器的好坏，检测并判断电容器的容量大小，判断电解电容的极性，并将识读与检测结果记录在表 9 - 2 中。

3) 识别电感和变压器，识读它们在不同标志方法中的参数值，用万用表检测判断电感器和变压器的好坏，并将识读与检测结果记录在表 9 - 3 中。

表 9 - 1 电阻器的识读与检测

序号	元件类型	标志方法	标称阻值	允许误差	测量阻值	实际偏差	性能分析

表9-2 电容器的识读与检测

序号	元件类型	标志方法	标称容量	允许误差	额定电压	绝缘电阻	性能分析

表9-3 电感器与变压器的识读与检测

序号	元件名称	标称值	直流电阻	引脚检测	性能分析	备注

【实训报告】

1）简述电位器的检测方法。

2）简述检测电路板上电阻的方法及注意事项。

3）简述电解电容识读和检测的方法及体会。

4）简述电感和变压器的区别，以及识读和检测的体会、收获。

5）简述万用表欧姆挡的功能、用途及使用体会。

9.2 二极管、三极管的识读与检测实训

【实训目的】

1）熟悉各种二极管、三极管的外形结构和标识方法。

2）学会用万用表测量常用二极管的极性，并判断二极管性能的好坏。

3）学会用万用表检测三极管的极性、三极管的类型，并判断三极管性能的好坏。

【工具器材】

1）万用表一台。

2）各种类型、不同外形、性能好坏的二极管若干（如普通型二极管、发光二极管、稳压二极管等）。

3）各种类型、不同外形、性能好坏的三极管若干（包括 NPN 型、PNP 型三极管，硅管、锗管，大功率管、小功率管等）。

【实训内容】

1. 二极管的识读与检测

1）识读二极管的外形结构和标志内容。

2）用万用表的欧姆挡测量二极管的极性与好坏，并将识读与检测结果记录在表9-4中。

2. 三极管的识读与检测

1）识读三极管的外形结构和标志内容。

2）用万用表检测出三极管的基极b，并判断其管型。

3）用万用表检测判断集电极c和发射极e，判断三极管质量的好坏，并将识读与检测结果记录在表9-5中。

表9-4　二极管的识读与检测

序号	器件名称	正向电阻	反向电阻	极性判别	质量分析	备注

表9-5　三极管的识读与检测

序号	器件名称	发射结测量数据		集电结测量数据		管型	质量分析
		正向电阻	反向电阻	正向电阻	反向电阻		

【实训报告】

1）根据测试数据简述二极管单向导电的原理。

2）稳压管、发光二极管、普通二极管的外形有何特点？测试的正、反向电阻与普通二极管有什么不同？

3）简述检测判断二极管的极性、管型、好坏的方法和步骤。

4）简述检测判断三极管的极性、管型、好坏的方法和步骤。

9.3　集成电路的识读与检测实训

【实训目的】

1）熟悉常用集成电路的外形结构和标识方法。

2）掌握集成电路的封装结构及其引脚识读方法。

3）学会用万用表的欧姆挡初步判断集成电路的好坏。

【工具器材】

1）万用表一台。

2）模拟集成电路、数字集成电路，不同外形的常用集成电路若干。

【实训内容】

1）识读集成电路的外形结构和引脚序号，并将其外形结构简图记录在表9-6中。

2）用万用表的欧姆挡测量各集成电路各引脚的对地电阻，由此初步判断集成电路的好坏，并将识读与检测结果记录在表9－7中。

表9－6 集成电路的识读与检测

序号	器件名称	外形结构	序号	器件名称	外形结构

表9－7 集成电路的识读与检测

序号	器件名称	集成电路各引脚对地电阻测量数据																质量分析
		1	2	3	4	5	6	7	8	9	10	11	12	13	14	15	16	
1																		
2																		
3																		
4																		
5																		
6																		
7																		
8																		

【实训报告】

1）简述集成电路的封装类型及各类型引脚的识读方法。

2）简述集成电路常用的检测方法。

9.4 仪器仪表的使用实训

【实训目的】

1）熟练使用指针万用表、数字万用表、数字电桥等基本测量仪器。

2）熟悉使用数字示波器、信号发生器、晶体管特性仪、扫频仪等波形仪器。

【工具器材】

1）指针万用表、数字万用表、数字电桥各一台，电阻器、电容器、电感器若干。

2）数字示波器、信号发生器、晶体管特性仪、扫频仪等波形仪器各一台，调频调幅收音机一台，5号电池两节，二极管、三极管若干。

【实训内容】

1）用数字电桥测试实训9.1节表9－1、表9－2、表9－3中电阻器的电阻值、电容器容量值、电感器的电感值，并与原有测量结果进行比较。

2）用信号发生器分别产生参数相同（频率及幅度）的正弦波、方波、三角波在示波器中观察，将观察结果记录在表 9 – 8 中。

3）用晶体管特性仪测试二极管的正向特性曲线、三极管的输出特性曲线，记录在表 9 – 9 中。

表 9 – 8　信号发生器波形观察

名　称	正弦波		方形波		三角波	
	波形描绘	参数	波形描绘	参数	波形描绘	参数
信号源波形						
示波器波形						

表 9 – 9　晶体管特性仪的应用

名　称	二极管的正向特性		三极管的输出特性	
	特性曲线	主要参数	特性曲线	主要参数

【实训报告】

1）简述 *RLC* 数字电桥可以测试的基本参数。

2）简述信号发生器的主要功能。

3）简述示波器的用途。

4）简述晶体管特性仪的主要功能及使用注意事项。

9.5　焊接实训

【实训目的】

1）熟练使用电烙铁、吸锡烙铁、恒温烙铁等基本焊接工具。

2）掌握电烙铁的使用方法与使用技巧。

3）掌握焊接"五步法"和"三步法"的操作要领。

4）学会元器件的成型方法及其在印制板上的排列方法。

5）学会在印制板及其焊接部位焊接，掌握常用元器件在印制板上的焊接技巧。

【工具器材】

1）工具：电烙铁、吸锡烙铁、恒温烙铁各一把，烙铁架一个、基础工具一套。

2）材料：0.5 mm 铜导线 100 cm，印制电路板、万能板、焊料、松香焊剂、橡皮擦、细砂纸等材料若干。

3）元器件：电阻器、电容器、二极管、三极管和细导线若干。

【实训内容】

1. 立体造型焊接

1）根据教师提供的参考图形，自己分别设计焊点不少于 20 个的立体与平面图像各一个，记录在表 9 – 10 中，且用 0.5 mm 铜导线构建其造型。

2）用电烙铁焊接造型。

2. 元器件预处理

1）用橡皮擦擦去印制板上的氧化层，并清理干净板面。

2）用细砂纸、小刀或橡皮擦去除元器件引脚上的氧化物、污垢并清理干净。

3）按安装要求，使用镊子或小尖嘴钳对元器件进行整形处理。

4）将整形好的元器件按要求插装在印制板上。

5）对导线的端头进行剪切、剥头、捻头、搪锡等处理。

3. 印制板焊接

1）按照焊接五步法要求在印制电路板上练习焊接。

2）体会电烙铁的使用方法、使用技巧及焊接的操作要领。

表9-10　焊接图形构造

名　称	平面图形		立体图形	
	图形草图	焊点个数	图形草图	焊点个数

【实训报告】

1）焊接铜导线造型与在印制板上焊接元器件有何不同？

2）你在元器件的成型、安装及导线的准备阶段有何收获？

9.6　拆焊实训

【实训目的】

1）学会使用吸锡器或吸锡电烙铁。

2）掌握从印制板上拆卸元器件的方法和技能。

【工具器材】

1）工具：基础工具一套、20～35 W 的电烙铁一把，烙铁架、镊子各一个；帮助拆焊的工具（如吸锡电烙铁、吸锡器、金属编织带等）。

2）材料：安装有元器件、导线的印制电路板及松香焊剂等材料。

【实训内容】

1. 训练分点拆焊法和集中拆焊法

拆焊时，一般在学会分点拆焊后，再练习集中拆焊法更好。

注意：

※ 若待拆卸的元器件与印制板还有粘连时，不能硬拽下元器件，以免损伤拆卸元器件和印制电路板。

2. 收音机电路板的拆焊

根据教师要求拆焊相关元器件，只能使用相关拆焊工具进行拆焊。拆焊时，注意保护电路板，不得将电路板大面积损坏。

注意：

※ 若待拆卸的元器件与印制板还有粘连时，不能剪下或硬拽下元器件，以免损伤拆卸元器件和印制电路板，并将拆焊结果记录在表 9 – 11 中。

表 9 – 11　焊接图形构造

序　号	拆焊元件	焊点个数	拆焊质量	备　注

【实训报告】

1）在电路板上拆焊时，需要注意什么问题？

2）简述集成电路拆焊方法及注意事项。

3）在拆焊过程中遇到了哪些问题？如何解决的？谈谈拆焊的体会。

9.7　表面安装元器件的焊接和拆焊实训

【实训目的】

1）熟悉表面安装元器件的手工焊接方法，掌握焊接技巧。

2）学会表面安装元器件的手工拆焊方法。

3）体会通孔安装与表面安装的异同。

【工具器材】

1）20 W 尖头内热式电烙铁、20 W 刀形头内热式电烙铁、500 W 热风枪各一把。

2）基础工具一套，尖头镊子一把，焊锡丝若干，无水乙醇若干，铜网线 10 cm，棉花、松香若干。

3）片状电阻（不同功率）5 只，片状电容器 3 只，片状二极管（2 脚、3 脚）4 只，片状三极管小功率 2 只，中功率管 2 只。

4）已焊接好的带有 3 片四边表面安装集成电路板一块，印制电路板一块。

【实训内容】

1）预热处理 20 W 尖头电烙铁，在印制电路板上焊接片状元件，要求排列整齐，元件方向符合贴片工艺。

2）用尖形头电烙铁拆焊、焊接表面安装集成电路。

①铜网线压在集成电路的一边，借助电烙铁在铜网线上加少许松香加热，待焊锡熔化后，拉出铜网并带出引脚上的焊锡，用相同方法处理其余 3 边。

②用电烙铁处理焊盘和集成电路中残余的焊锡。

③贴上集成电路，用烙铁尖头将焊锡熔化，并拉动焊锡在集成电路各引脚上滚动，将各

个引脚焊接。

3）用热风枪拆、焊接表面安装集成电路。

①确认电路板上集成电路的引脚顺序与方向，并记住将热风枪温度调在 300 ℃～3500 ℃，风量 3～4 格，垂直并均匀地对着集成电路的 4 边引脚循环吹气，同时左手用镊子尖顶住集成电路的一角，待焊锡熔化时，轻轻用镊子尖挑起集成电路。

②用热风枪吹焊盘，将焊盘上的焊锡吹平，有桥接的焊盘要吹开，用棉花蘸少许无水乙醇清洗焊盘。

③用热风枪将拆下的集成电路引脚上的焊锡吹平，引脚不能有桥接，并用镊子轻轻刮平和整齐集成电路引脚。

④按拆下时集成电路在电路板的引脚顺序和方向对准焊盘贴上，4 边引脚与焊盘应对齐，左手拿镊子轻轻压在集成电路上，右手拿热风枪垂直、均匀地对着集成电路的 4 边引脚循环吹气。直到集成电路引脚与焊盘可靠焊接。

【实训报告】

简述表面安装技术与通孔安装技术的异同。

9.8　导线与电缆线的端头加工实训

【实训目的】

1）熟悉各种常用线材的外形与结构。

2）掌握电线电缆装配焊接前处理的方法和技能。

3）掌握带有金属编织屏蔽层线材的端头加工处理的方法和技能。

4）学会将导线与有关接插件连接。

【工具器材】

1）工具：斜口钳、剥皮刀、电烙铁、焊锡丝、镊子、剪刀、直尺、剥线钳、电热风机（可用家用电吹风替代）等。

2）材料：适量的各种单芯、多芯塑胶绝缘导线和具有金属编织屏蔽层的电缆或高频同轴软线等，各种热缩套管、电源插头、同轴电缆插头或其他接插件等。

【实训内容】

1. 绝缘导线的端头处理

1）剪裁。用直尺和剪刀剪取 5 段长 100 mm 的绝缘导线。

2）剥头。在导线的两端分别剥去 5 mm 和 10 mm 绝缘层。

3）捻头。按要求将导电芯线边捻紧边拉直。

4）上锡。将捻好头的导线放在松香上，电烙铁上锡后对端头进行加热，同时慢慢转动导线，待整个端头都搪上锡即可。

2. 屏蔽线的端头处理

1）剪裁。剪取 5 段长 200 mm 的屏蔽线。

2）剥头。用刃截法剥去 20 mm 绝缘层。

3）屏蔽层地线的处理。将屏蔽层编织线推成球状，在适当的位置上拨开一个小孔，抽出内部芯线。将芯线剥头 10 mm。分别将屏蔽层线和芯线捻紧、浸锡。屏蔽层线浸锡时要用尖嘴钳夹住，防止焊锡渗透距离过长而形成硬结，或者在屏蔽层焊上一段绝缘导线，再套上热缩管。

3. 电缆线的端头处理

1）剪裁。剪取长 1 m 的射频同轴电缆。

2）剥头。先套上后螺母，用刃截法剥去 20 mm 绝缘层。

3）屏蔽线处理。将屏蔽线编织套后翻卷起，套入莲花夹片夹紧，屏蔽线不外露。

4）铜芯线处理。在靠近莲花夹片根部剥去内绝缘介质，露出铜芯线。剪取适当的铜芯线，插入芯线套中，旋紧螺钉锁紧。注意芯线套与莲花夹片之间不应留有空隙。

5）最后套入铜套和前螺母，前后对齐锁紧。

9.9 线把扎制实训

【实训目的】

1）学会线把扎制方法，掌握线把扎制技能。

2）培养电子工程师基本技能。

【工具器材】

1）实训基础工具一套。

2）线扎工艺图、线扎搭扣若干、各种颜色的导线若干。

【实训内容】

1. 线把的绑扎

1）剪取 8～10 根长 1 m 的不同颜色的绝缘导线，在木板上对齐摆好。

2）每间隔 50 mm 用线扎搭扣绑扎，搭扣拉紧后要将多余的长度剪掉。注意不可拉得太紧，以防破坏搭扣。

2. 带分支线束的线把绑扎

1）在木板上按 1∶1 的比例绘制线扎工艺图，并将工艺图草图记录在表 9 - 12 中，在线扎拐弯处钉上掉头的铁钉。

2）按照线扎工艺图将长短不一的绝缘导线排好。

3）对照线扎工艺图用线扎搭扣绑扎，先绑扎主要干线束，再绑扎分支线束。

表 9 - 12 线扎工艺图草图

【实训报告】

1）采用线束的好处有哪些？软线束与硬线束有什么不同？

2）常用的线束绑扎方法有哪几种？

9.10 电路图的识读实训

【实训目的】

1）学会对照方框图看懂电原理图，了解电子整机的结构、原理。

2）掌握电原理图和印制电路板图之间的规律及识图方法。

3）通过电原理图和印制电路板图的对比，提高识读能力。

【工具器材】

同一产品的电路方框图、电原理图及印制板图一套。

【实训内容】

1）看懂方框图，了解产品的基本结构、原理。

2）首先熟悉电原理图及原理图上元器件的编号、分布及参数。对照方框图识读原理图，了解电子整机各部分的组成特点、元件的作用，记录在表 9 – 13 中。

3）对照原理图识读印制板图。

4）注意印制板图外连线的元器件在电原理图上的位置及功能作用。

表 9 – 13 电路图的识读

方框图					
组成结构					
电路功用					
对应电路图上元器件					

【实训报告】

1）简述方框图与电路图的差异与作用。

2）简述读图过程中遇到的问题及解决办法。

9.11 手工制作印制板实训

【实训目的】

1）熟悉并掌握简单电路印制电路的设计方法。

2）熟练掌握手工自制印制电路板的方法、步骤。

3）了解室温和腐蚀液温度对腐蚀印制板的影响。

【工具器材】

1）单面覆铜板（根据电路设置尺寸）。

2）三氯化铁。

3）油漆、无水酒精、松香。

4）铅笔、鸭嘴笔、尺、复写纸、软毛刷、小刀等。

5）腐蚀用的容器、竹夹。

6）小钢锯。

7）小型台式钻床或手电钻、钻头等。

【实训内容】

参照 8.5 节，做以下工作。

1）选择合适的电路，根据该电路的电原理图设计绘制印制板图。

2）下料。

3）拓图。

4）调漆、描漆图。

5）修整线条、焊盘。

6）腐蚀。

7）去漆膜、清洗，打孔、清洁。

8）涂助焊剂。

【实训报告】

1）在设计绘制印制板图的过程中遇到了哪些问题？你是怎样处理的？

2）在描图漆过程中发现了什么问题？你是怎样处理的？

3）腐蚀前怎样修整描漆图？

4）腐蚀过程中发现什么问题？你是怎样处理的？

参 考 文 献

[1] 韩志凌.电工电子实训教程［M］.北京：机械工业出版社，2009.

[2] 陈世和.电工电子实训教程［M］.北京：北京航空航天大学出版社，2011.

[3] 廖爽.电子技术工艺基础［M］.北京：电子工业出版社，2002.

[4] 黄冬梅.电工电子实训［M］.北京：中国轻工业出版社，2006.

[5] 滕国仁.电工技能训练教程［M］.北京：煤炭工业出版社，2003.

[6] 王兰君，黄景皓.电工实用技术巧学巧用［M］.北京：电子工业出版社，2006.

[7] 曹振华.电工技术实用教程［M］.北京：国防工业出版社，2008.

[8] 韩国栋.电子工艺技术基础与实训［M］.北京：国防工业出版社，2011.

[9] 曹海平.电工电子技能实训教程［M］.北京：电子工业出版社，2011.

[10] 钱莉.电工电子技术实训［M］.北京：北京航空航天大学出版社，2010.

[11] 中华人民共和国国家标准 GB/T 4728.4—2005/IEC60617.

[12] 中华人民共和国国家标准 GB/T 4728.5—2005/IEC60617.

[13] 中华人民共和国国家标准 GB 4588.3—1988.

[14] 李哲英.电子科学与技术导论［M］.北京：电子工业出版社，2010.

[15] 廖芳.电子产品制作工艺与实训［M］.北京：电子工业出版社，2010.

[16] 王卫平.电子产品制造工艺［M］.北京：高等教育出版社，2011.

[17] 宁铎.电子工艺训练教程［M］.西安：西安电子科技大学出版社，2010.

[18] 迟钦河.电子技能与实训［M］.北京：电子工业出版社，2008.

[19] 张立毅，王华奎.电子工艺学教程［M］.北京：北京大学出版社，2006.

[20] 陈振源.电子产品制造技术［M］.北京：人民邮电出版社，2007.